全国高等院校电子商务系列实用规划教材

网络信息采集与编辑

主　编　范生万　张　磊
副主编　刘春香　倪　伟
参　编　陈清清　汤　恒　徐逸林

北京大学出版社
PEKING UNIVERSITY PRESS

内 容 简 介

本书是以国家助理网络编辑师(三级)职业工作要求为基础，以职业教育理论为指导而编写的理论教学与知识巩固、技能训练、岗位体验相结合的一体化教材，分为三大部分，共 9 章。第 1 部分为网络编辑基础，包括网络编辑概述、编辑基础知识和计算机与互联网应用概述；第 2 部分为网络编辑基本技术，包括多媒体基本技术、网页制作与发布和信息发布技术；第 3 部分为网络编辑应用，包括网络内容编辑、网络专题策划与制作和网络时评。每章均由知识目标、技能目标、理论知识、知识巩固、技能训练及岗位体验构成，本书的编写既符合职业资格考证要求，又符合最新的职业教育理念。

本书既可作为高等院校电子商务专业、计算机相关专业、文秘等专业的教学用书，也可作为参加国家网络编辑师考试的参考用书。

图书在版编目(CIP)数据

网络信息采集与编辑/范生万，张磊主编. —北京：北京大学出版社，2010.1

(全国高等院校电子商务系列实用规划教材)

ISBN 978-7-301-16557-7

Ⅰ. ①网… Ⅱ. ①范…②张… Ⅲ. ①计算机网络—情报检索—高等学校—教材 Ⅳ. ①G354.4

中国版本图书馆 CIP 数据核字(2010)第 000677 号

书　　　名：网络信息采集与编辑

著作责任者：范生万　张　磊　主编

策 划 编 辑：乐和琴

责 任 编 辑：刘　丽

标 准 书 号：ISBN 978-7-301-16557-7/TP・1073

出 版 发 行：北京大学出版社

地　　　址：北京市海淀区成府路 205 号　100871

网　　　址：http://www.pup.cn　新浪官方微博：@北京大学出版社

电 子 信 箱：pup_6@163.com

电　　　话：邮购部 62752015　发行部 62750672　编辑部 62750667　出版部 62754962

印　刷　者：三河市北燕印装有限公司

经　销　者：新华书店

787 毫米×1092 毫米　16 开本　14.25 印张　333 千字

2010 年 1 月第 1 版　2016 年 1 月第 5 次印刷

定　　　价：24.00 元

前　　言

网络作为一种媒体，已经对人们的生活、学习和工作产生了重要的影响。网络编辑员伴随网络媒体的发展而诞生，在 2005 年 3 月 31 日，中华人民共和国劳动和社会保障部正式向社会发布了第三批 10 个新职业，正式给“网络编辑员”颁发了“许可证”，从此网络编辑员正式成为国家和社会认可的职业。

网络编辑在网站的内容建设中起着非常重要的作用，对于提高网站内容的质量，促进网络的健康发展均有不可估量的作用。本书是以国家助理网络编辑师(三级)职业工作要求为基础，以职业教育理论为指导而编写的理论教学与知识巩固、技能训练、岗位体验相结合的一体化教材。

本书分为三大部分，共 9 章。第 1 部分为网络编辑基础，包含第 1 章～第 3 章的内容，即第 1 章　网络编辑概述，第 2 章　编辑基础知识，第 3 章　计算机与互联网应用概述；第 2 部分为网络编辑基本技术，包含第 4 章～第 6 章的内容，即第 4 章　多媒体基本技术，第 5 章　网页制作与发布，第 6 章　信息发布技术；第 3 部分为网络编辑应用，包含第 7 章～第 9 章的内容，即第 7 章　网络内容编辑，第 8 章　网络专题策划与制作，第 9 章　网络时评。每章均由知识目标、技能目标、理论知识、知识巩固、技能训练及岗位体验构成。知识巩固按照网络编辑职业资格理论考试题型进行设计；技能训练以网络编辑实训系统为基础，按照网络编辑职业资格技能考试题型进行设计；岗位体验则以实际的网络编辑岗位为基础，以案例、岗位训练等方式进行设计。本书的编写既符合职业资格考证要求，又符合最新的职业教育理念。

本书由范生万(安徽工商职业学院)和张磊(安徽工商职业学院)任主编，负责全书的框架设计，拟定编写大纲，并总纂定稿，由刘春香(淮安信息职业技术学院)、倪伟(安徽工商职业学院)担任副主编。本书的编写工作由高职院校的一线老师分工完成，具体分工如下：第 1 章由范生万老师编写；第 2 章由范生万、陈清清(安徽工商职业学院)老师编写；第 3 章和第 5 章由张磊老师编写；第 4 章由刘春香老师编写；第 6 章由倪伟老师编写；第 7 章由陈清清老师和刘春香老师共同编写；第 8 章由汤恒(芜湖信息技术职业学院)老师编写；第 9 章由徐逸林(芜湖信息技术职业学院)老师编写。本书由东北财经大学张慧博老师担任主审，对内容进行认真细致的审阅并提出了许多宝贵的意见。本书的电子教案由安徽工商职业学院刘亚男老师制作。

本书建议理论和实训授课学时为 1∶1，分别为 32 个学时。各章节建议授课学时见下表。

章　　节	理论授课学时	实训学时	合计学时
第 1 章　网络编辑概述	2	2	4
第 2 章　编辑基础知识	4	2	6
第 3 章　计算机与互联网应用概述	2	2	4
第 4 章　多媒体基本技术	4	4	8
第 5 章　网页制作与发布	2	4	6

续表

章　节	理论授课学时	实训学时	合计学时
第 6 章　信息发布技术	2	4	6
第 7 章　网络内容编辑	8	6	14
第 8 章　网络专题策划与制作	4	4	8
第 9 章　网络时评	4	4	8
合　计	32	32	64

在本书的编写中，我们借鉴了国内外许多专家学者的学术观点，参阅了许多报纸杂志、书籍和网站的相关资料，在此特别鸣谢！

由于时间仓促和水平所限，书中难免有不妥之处，敬请广大读者批评指正，并与我们联系(fansvv@126.com)。

编　者

2010 年 1 月

目　　录

第1部分　网络编辑基础

第1章　网络编辑概述

学习目标

❖ 知识目标：

(1) 学生能够了解网络编辑及其发展趋势；
(2) 学生能够理解网络编辑的职业特点及其工作的主要内容；
(3) 学生能够掌握网络媒体的特点和网络编辑的职业守则。

❖ 技能目标：

(1) 学生能够根据网站的媒体元素分析网络媒体的特点；
(2) 学生能够对不同类型的网站进行分析，体验网络编辑工作的特点。

引例

网络媒体日趋成熟全球传播形成新格局(周光召)

第六届亚太地区媒体与科技和社会发展研讨会于11月22日(2008年)在北京开幕，连续六届出任该研讨会大会主席的中国科协名誉主席周光召院士致开幕词称，互联网已由一种信息技术手段，演变为在社会生活中扮演重要角色的新媒体。如今，网络媒体发展已日趋成熟，以互联网、移动媒体为代表的新媒体，正在带来跨媒介、跨产业融合的全球传播新格局。

在1999年举行的第二届研讨会上，针对新兴且发展迅猛的互联网技术，周光召曾提出“第四媒体”概念并引发广泛关注。而统计显示，截至2008年6月30日，全世界网民数量为14.6亿，占世界总人口的21.9%，这一数字比2000年年底增加了近三倍。(注：据CNNIC最新发布的第25次中国互联网络发展状况统计报告显示，截至2009年12月，中国网民规模达到3.84亿人，普及率达到28.9%，居于世界第一。)在北京奥运会上，网络媒体以其报道规模大、原创率高、市场运作和技术水平高等优势，发挥出极其重要的作用。网络媒体在媒体格局中已占据重要的一席之地，由此可见一斑。

周光召表示，网络媒体的迅猛发展再次证明科技进步是推动人类文明发展的根本动力，以即时、海量、互动为特征的网络文化的兴起，其影响涉及人类生活的方方面面。传统媒体与新媒体未来将在竞争与融合的基础上，实现多元化的共同发展。

这位资深科学家指出，消除全球化进程中的数字鸿沟，尊重文化的多样性已成为当务之急，网络作为一种媒体，理应承担起神圣使命：一是应当重视网络文化伦理建设，促进网络新媒体的健康发展；二是要加强交流与合作，促进网络虚拟世界与现实世界的共同繁荣，创建全球和谐网络文明新未来。

(资料来源：中国新闻网，2008-11-22)

互联网的兴起催生了第四媒体，形成了多元化的媒体竞争与共同繁荣的格局。在第四媒体的今天诞生了网络编辑这一职业，那么网络编辑应该是一个什么样的职业，作为网络编辑又该掌握怎样的技能？ 在本章中我们将逐一解决这些问题。

1.1 网络编辑的发展

中国的网络编辑行业，伴随着中国互联网的发展而逐渐壮大，如今已经发展成为中国“三百六十行”的一个单独行业。2005 年 3 月 31 日，劳动和社会保障部正式向社会发布了第三批 10 个新职业，从此网络编辑师正式成为国家和社会认可的新兴职业。

1.1.1 网络编辑与网络编辑职业

所谓网络编辑，就是指利用相关专业知识及计算机和网络等现代信息技术，从事互联网站内容建设的人员，是网站内容的设计师和建设者。网络编辑通过网络对信息进行收集、分类、编辑、审核，然后通过网络向世界范围的网民进行发布，并且通过网络从网民那里接收反馈信息，产生互动。

网络编辑的工作内容在不同规模、不同定位的网站中略有不同，但工作任务基本相同，其主要工作基本类似。主要包括以下工作内容。

(1) 采集素材，进行分类和加工。

(2) 对稿件内容进行编辑加工、审核及监控。

(3) 撰写稿件。

(4) 运用信息发布系统或相关软件进行网页制作。

(5) 组织网上调查及论坛管理。

(6) 进行网站专题、栏目、频道的策划及实施。

在同一网站的不同栏目中，网络编辑的工作内容也不完全相同。

1.1.2 网络编辑的现状与发展趋势

第 24 次中国互联网络发展状况统计报告统计显示，截至 2009 年 6 月 30 日，我国万维网站点数已经达到 306 万个，较 2008 年年末增长了 6.4%，网络已经成为经济发展以及人们生活中不可或缺的信息工具。

据网易 2009 年 8 月 17 日消息，全国 IT 职位需求上涨，网络编辑排热门榜第七位，同时该消息还显示，目前我国拥有网络编辑从业人员多达 300 万人，远远超过传统媒体的编辑队伍。由于网络编辑是一个新兴的职业，其从业人员一般都是从传统媒体(如报纸、杂志、电视、电台)编辑、记者、网站管理员、图文设计等职业中分流出来的。而这些网络编辑的从业人员中，既有新闻、计算机的专业人才，也有中文、法律、财经、历史、外语等专业的人员，从而导致了这支“专业”的队伍并不“专业”的现象。

即便如此，也挡不住互联网的迅速发展。据统计，在未来的 10 年内，网络编辑职位的需求量将继续呈上升趋势，总增长量将超过 26%，高于其他各类职位的平均增长量。网络编辑职业的发展，也已日益引起业界和相关领域的密切关注，将继续呈现出高发展、多专业、强竞争的特点，主要表现在以下几个方面。

首先，网络编辑涉及的专业领域多，工作的整合性强。即使一个普通的网络编辑，也要时常考虑网站的定位、内容的特色以及技术支持对内容实现的影响等问题，其业务范围经常横跨整个编辑部，专业知识涉及众多领域。

其次，网络媒体的迅速发展使网络编辑的竞争性进一步增强，网络编辑队伍流动性大大加剧。网站内容的更新要求质量更高，速度更快，内容更加丰富，从而导致了网络编辑工作的高强度与高效率，加剧了网络编辑队伍的高流动性。

再次，网络媒体的便捷性提高了网络编辑工作的效率，使其工作方式更加现代化。网络编辑除了需要具备传统媒体编辑的业务能力外，还需要掌握相关的法律知识和网络编辑的技术手段，信息技术的使用能大大地提高网络编辑的工作效率。

最后，随着 Web 2.0 的进一步发展，使网络的互动性增强，需要网络编辑正确地把握媒体的舆论导向。Web 2.0 时代是广大网民共建互联网的时代，网民政治觉悟高低不一，网上内容参差不齐，需要网络编辑深入了解国家的大政方针，正确把握舆论导向。

1.2 网络编辑的职业素养

网络编辑应是复合型人才，既要具备传统编辑所具备的基本技能，又要掌握必要的信息技术技能，这是一个具有挑战性的新型职业。

1.2.1 网络编辑的职业特点

网络作为第四媒体出现，不但改变了人们了解现实世界的途径，也改变了人们的行为方式和交流方式。

1. 网络媒体的特点

所谓媒体(media)，是指传播信息的介质，通俗地说就是宣传的载体或平台，能为信息的传播提供平台的就可以称为媒体，例如常见的四大媒体：电视、广播、报纸和网站，此外，还有户外媒体，如路牌灯箱的广告位等。

但随着科学技术的发展，逐渐衍生出了一些新的媒体，例如 IPTV(Interactive Personality TV，交互式网络电视)、电子杂志等，它们是在传统媒体的基础上发展起来的，但与传统媒体又有着质的区别。

从出现的先后顺序可划分为：第一媒体报纸刊物、第二媒体广播、第三媒体电视、第四媒体互联网及第五媒体移动网络。其中第四媒体和第五媒体应属于新媒体范畴，也都属于网络媒体。

但是，就其重要性、适宜性、有效性而言，广播的今天就是电视的明天。电视正逐步沦为“第二媒体”，而网络媒体正在逐步上升为“第一媒体”。相对于传统媒体来说，网络媒体具有无可比拟的优越性，主要表现在以下几方面。

1) 即时性

网络媒体的即时性主要表现在网络信息的制作与传播可以满足时效性很高的信息传播要

求。例如，重大的时事新闻、体育比赛的直播等，可以通过网络媒体立即向社会发布，使受众可以第一时间了解事态的发展。

2) 互动性

传统的媒体是将信息单向传给受众的，而网络媒体则可以提供一种双向的信息传输渠道，建立传播者和受众之间快速、直接交流的平台。例如，2009 年的两会也成了网络媒体的盛宴。2009 年 2 月 28 日，温家宝总理作客中国政府网、新华网，与网友直接对话，听取网民的意见、建议，回答网民的问题。中国香港政协委员梁振英说："这是一次全民参与的'议国事'，也是中国政府政治民主的公开表现。"这正是网络媒体交互性的充分体现。

3) 多媒体性

在传统的媒体中，每种媒体只能使用单一或少量的媒体元素表达媒体信息，而网络媒体的信息表现则兼顾了文字、图形、图像、声音、动画和视频六大元素，丰富了信息传播的手段，使新闻更为直观、形象、生动，增加了新闻的现场感和冲击力。

4) 全球性

"网络传播无国界"，网络传播空间理论上没有国家和地区的限制，其传播范围远远大于报纸、广播和电视等媒体。

5) 新媒体特性

近年来，互联网融合报纸运作模式产生了网络报纸。随着网络流媒体技术的发展，互联网融合电台技术产生了网络电台，融合电视技术产生了网络电视台，融合移动通信技术产生了网络/手机短信、手机网站，变革编辑理念和模式产生了博客，基于互联网的新媒体层出不穷，异彩纷呈。可见，网络媒体既具有大众传播的优势，又兼具小(窄)众化、分众化传播的特点，通过强大的信息技术正在把不同的媒体形态融合，体现了媒体变革最明显的特征。

除了上述特点以外，网络媒体还具有海量性、超文本性等特点。当然，网络媒体在信息传播上也存在一些缺陷，例如，知识产权容易被侵犯、复制抄袭现象严重、信息垃圾泛滥等，公信度不高。

2. 网络编辑的职业特点

网络作为一种新兴的媒体，与传统的媒体相比，具有超链接式编辑、全天候编辑、交互性编辑和数据库化编辑等特点。具体为以下几方面。

1) 超链接式编辑特点

网络编辑工作的编辑特点几乎都可以归功于 Internet 中的超文本/超媒体技术。超文本/超媒体是由相对独立的结点信息和表达它们之间关系的链接所组成的信息网络，结点、超链接和网络是超文本的 3 个基本要素。

结点内容可以是文本、图形、图像、动画、视频、音频、计算机程序等，也可以是它们的组合形式。结点内容的多元化导致了网络编辑元素的多元化。超链接的编辑方式具有非线性的特点。读者利用网络浏览信息时，首先看到的是被传播信息的标题，单击标题后，浏览器会打开一个承载信息内容的页面，这个页面就有可能包含了部分或全部的结点元素。于是读者的阅读视野从一个平面进入到另一个平面，从一个空间进入到另一个空间，实现了时空的变化。这种非线性的编辑方式恰恰是报纸等媒体的线性表达方式所不具备的。

2) 交互性编辑特点

交互性是网络编辑最显著的特征之一。在网络媒体中，网络传播的一对一、一对多、多对一、多对多的传播方式已经模糊了传递者和受众的身份，两者可以互为主体，这在BBS中尤为突出。网络在线聊天、即时工具聊天更是把网络交互性的特点表现得淋漓尽致。

当然，作为网络编辑来说，更应该重视BBS的交互性特点。在虚拟的网络中，信息的传播者和访问者身份都难以确定，信息的真假也难以辨别，作为BBS的网络编辑应该根据互联网和国家的相关法律法规，建立相应的管理制度，约束信息的发布人员，从而构建一个健康、和谐、可信度更高的网络环境。

3) 全天候编辑特点

互联网的出现使得新闻的时效性大大增强，在网络上网络编辑可以第一时间发布新闻信息，可以第一时间更新、修改、删除已经发布的新闻，也可以在网站以图文方式或视频方式在线直播，使新闻的时效性大大增强。

不过在新闻时效性增强的同时，其缺点也显而易见。全天候的新闻编辑是不易于新闻的过滤的，易于虚假、有害信息传播；而且更新的速度过快，易于淹没一些有价值的新闻信息而造成信息泡沫。在这种情况下，网络编辑就应该有高度的职业责任感、高度的新闻敏感以及高度的新闻集纳能力，及时地把有较高新闻价值的东西突出出来，以专题等方式建立栏目频道，给不同兴趣的读者自由选择的余地，满足读者的求知欲。

4) 数据库化编辑特点

目前大多数网站的数据都以数据库的方式进行存储，用数据库系统管理网站数据，与此同时，也在网站页面中建立站内搜索功能，使读者能迅速地找到自己所需要的资料。例如，人民网可以查阅人民日报报系的1995年1月1日以后的全部内容，新华网可以查阅2000年后的新闻资料，中国青年报可以在网上查阅2000年5月15日至今的报纸内容等。这些数据库的建设大大方便了读者查询资料。网络编辑要想使自己的网站有较高的点击率或者稳定的受众，就应该用数据库的方式建造自己的网络资料库，进一步方便读者。

虽然网络编辑工作有以上所述的四大特点，但是网络编辑作为编辑的属性并没有发生根本性的改变，只不过因为技术的发展和网络媒体的崛起，所以传统媒体的编辑方式就不能照搬到网络媒体了，这就需要我们对信息承载的新平台——网路媒体的技术特性和编辑技巧进行研究，更好地在网络上发布信息，努力达到最佳的传播效果。

1.2.2　网络编辑的角色定位

有人说，网络编辑就是网络信息的搬运工，只是一个“Ctrl+C”(复制)、“Ctrl+V”(粘贴)别的媒体内容的“无冕贼王”。难道他们真的是这种角色吗？当然不是。网络编辑应当是网络技术的操作者，也是信息的培育者、舆论导向的把握者。

1. 网络技术的编辑者

纵观各个网站的网络编辑招聘启事，不难发现他们都要求网络编辑需要掌握一定的信息技术知识，例如能熟练使用平面设计软件、能够独立设计网页、能够掌握相关的网络知识等。可见，网络编辑在一定程度上就是网络技术的操作者。

网络媒体具备了传统媒体无法具备的优势，使用一定的信息技术手段可以极大地丰富网络信息，可以减轻网络编辑的工作压力和负担。例如，网络编辑可以使用 RSS 技术帮助他们在互联网上按频道订阅相关的信息，这些被订阅的信息将会按照编辑所希望的格式、时间、地点和方式直接传到计算机上供编辑使用。

当然，网络技术只是网络信息编辑的一个技术手段，网络编辑还应该从宏观和微观上把握受众的多元要求，充当信息的培育者和舆论导向的把握者。

2. 网络信息的培育者

在信息爆炸的时代，广大受众需要专门的人员替他们进行“信息过滤”，从而将无用的信息拒之门外，将有用的信息简单、快速地转化为自己的知识。网络编辑不仅是信息的收集者，而更应该是“信息的培育者”。“信息的培育者”意味着网络编辑要对信息进行仔细鉴别、精心挑选，保证知识的有效性及有用性。

3. 舆论导向的把握者

作为网络编辑来说，必须在舆论导向上严格遵守国家关于发布互联网信息的原则，强调信息的真实性、时效性，同时还要不刻板、不单调，增加受众的互动性与娱乐性，使其活泼新颖，形成自身的突出特点，提高点击率。

由于媒体的表现形式不同，网络编辑从诞生之日起就决定了它的内容、趋势等将更多也更密切地受到技术的影响，网络编辑工作将随着技术的进步而不断发展变化。正是由于技术的深度介入，使得网络编辑工作表现出更多的动态性、开放性。作为网络编辑，应更好地把握网络媒体发展规律，在网络编辑的过程中不断地探索、进取。

1.2.3 网络编辑的职业素养

网络编辑不但是新媒体时代的“把关人”，更是一位思想者，这就对网络编辑的素质与综合能力提出了很高的要求。网络编辑人员素质的高低，将直接影响到网络编辑队伍的整体水平。根据网络编辑的职业特点，网络编辑应该具备以下几种基本素养。

1. 优秀的网络编辑应该具备较高的政治素养

互联网是一个复杂的“社会”，网络信息在其中传播具有不可控性。网络编辑对信息的选择将直接影响网络世界的秩序，这就要求网络编辑在内容选择、传播手段与传播策略上把握好。只有具有较高政治素质和政策水平的网络编辑才能应对复杂的网络环境，严守党的宣传纪律，分清是非，坚持正确的舆论导向，传播有价值的新思想、新观点。

2. 优秀的网络编辑首先应是一个合格的记者

作为一名网络编辑在编辑别人的稿件之前，首先自己要能写出漂亮的文章，有一定的新闻敏感性。如果网络编辑自己的写作水平不高，新闻敏感性不强，又怎能对别人的文章“编辑”呢？要知道，很多作者的水平是非常高的。发现不了文章中的问题中，那就是编辑失职；文章本身没有问题，被编辑修改之后，出了问题，那就闹出笑话了。

3. 优秀的网络编辑应该具备扎实的编辑业务能力

网络编辑除了应具备传统编辑的基本素质外，还应具备一定的文字能力、信息筛选与加工的能力、新闻采访和写作的技能等。

4. 优秀的网络编辑应该具备丰厚的知识储备

网络编辑是一个需要具备复合型知识的职业。在信息时代除了应该具备编辑本身的基本知识外，还应该对所负责的领域的最新发展和动态有较好的了解与掌握，始终保持对相关领域的关注度。例如，汽车频道的编辑至少应该懂得汽车领域的基本概念，体育频道的编辑就需要懂得相关的体育基本知识。

5. 优秀的网络编辑应该具备必要的信息技术素养

网络不仅是网络编辑获取信息的渠道，也是受众参与互动的平台，作为网络编辑应该具备网络的基本知识，掌握基本的网页制作技术，具备娴熟的数字化信息处理能力和网络应用能力，为更好地实现网络信息的传播提供支持。

6. 其他的能力素养

网络编辑除了需要具备上述的基本能力之外，还应该具有较高的外语水平和较强的互动能力，以完成信息采集、编辑与发布等方面的工作。

1.2.4 网络编辑的职业守则

网络编辑作为国家新颁布的职业之一，在从业中除了需要遵守一般的职业道德标准外，还需要履行网络编辑的职业守则。

1. 网络编辑的职业守则

根据网络编辑的职业特点，国家职业标准规定了网络编辑的职业守则。主要包括以下两个方面。

(1) 遵纪守法，尊重知识产权，爱岗敬业，严守新闻出版规定和纪律。

(2) 实事求是，工作认真，尽职尽责，一丝不苟，精益求精，团队精神。

网络编辑工作还是新闻工作的一部分，因此，网络编辑在工作中应遵守新闻工作者的职业道德准则。

2. 文明上网自律公约

网络编辑从业人员既是网络信息的编辑者，同样也是网络信息的使用者。2006年4月19日，中国互联网协会发布《文明上网自律公约》，号召互联网从业者和广大网民从自身做起，在以积极态度促进互联网健康发展的同时，承担起应负的社会责任，始终把国家和公众利益放在首位，坚持文明办网，文明上网。公约全文如下所示。

自觉遵纪守法，倡导社会公德，促进绿色网络建设；
提倡先进文化，摒弃消极颓废，促进网络文明健康；
提倡自主创新，摒弃盗版剽窃，促进网络应用繁荣；
提倡互相尊重，摒弃造谣诽谤，促进网络和谐共处；
提倡诚实守信，摒弃弄虚作假，促进网络安全可信；
提倡社会关爱，摒弃低俗沉迷，促进少年健康成长；

提倡公平竞争，摒弃尔虞我诈，促进网络百花齐放；

提倡人人受益，消除数字鸿沟，促进信息资源共享。

《文明上网自律公约》无疑促进了网络媒体的健康发展。作为新兴的网络编辑职业，其职业道德和职业守则还需要在实践中进一步修订和完善。

知识巩固

1. 单选题

(1) 中国互联网协会发布(　　)，号召互联网从业者和广大网民从自身做起，在以积极态度促进互联网健康发展的同时，承担起应负的社会责任，始终把国家和公众利益放在首位，坚持文明办网，文明上网。

A．文明上网自律公约　　B．互联网自律约定

C．网民上网文明公报　　D．互联网从业守则

(2) 随着科学技术的发展，逐渐衍生出了一些新的媒体，例如 IPTV。这里的 IPTV 指的是(　　)。

A．数字电视　　B．交互式网络电视

C．电子杂志　　D．有线电视

(3) 下列媒体属于新媒体的是(　　)。

A．第一媒体报纸刊物和第二媒体广播

B．第三媒体电视和第五媒体移动网络

C．第四媒体互联网和第五媒体移动网络

D．第三媒体电视和第四媒体互联网

2. 多选题

(1) 超文本的三个基本要素(　　)。

A．结点　　B．超链接　　C．网络　　D．计算机语言

(2) 网络作为一种新兴的媒体，与传统的媒体相比，具有(　　)等特点。

A．超链接式编辑　　B．全天候编辑

C．交互性编辑　　D．数据库化编辑

(3) 通常说的四大媒体指的是电视、(　　)。

A．广播　　B．报纸　　C．网站　　D．杂志

技能训练

1．选择几种不同类型的大型网站，如教育类、政府类、电子商务类等，体验网络媒体和网络编辑工作的特点，进行比较分析后写出分析报告。

2．在腾讯招聘网络编辑的时候，采用了下述题目作为面试试题，该问题采用的是开放性面试，5～10 人一起面试。请根据该题目分析网络编辑应具备的基本技能。

题目：一艘船触礁后只有一条逃生船可以逃生使用，上面有 7 个人，即有伤但经验丰富的船长，有罪的水手，孕妇，单臂少年，日本年轻女子，专家，医生，但是只能有 3 个人留在逃生船上，问留下哪些人？(摘自腾讯网站网络编辑面试题目)

岗位体验

上海：网络编辑将持证上岗

2008年6月23日，记者从上海市劳动和社会保障局获悉，上海有关部门已完成“网络编辑人员”国家职业资格培训鉴定项目的开发工作，上海将在国内率先实施网络编辑人员的注册管理和持证上岗制度。

近年来，网络编辑已成为关系到互联网信息质量和内容安全的重要职业，承担着为网络受众提供高质量信息、防止劣质不良信息传播的职责，对于从业者职业操守的要求也越来越严格。

鉴于网络编辑这一职业的社会就业面不断扩大，以及对社会和文化建设管理的影响力不断提高，有关部门于2007年年初开始对“网络编辑人员”国家职业资格培训鉴定项目进行开发。这一项目已于日前完成。

据悉，这一职业资格将面向从事网络媒体编辑工作的在职人员。对于取得网络编辑国家职业资格证书和取得社会职业考试院网络编辑合格证书的人员，有关部门将统一注册登记，并开展相应的管理和服务工作。

根据这项职业资格培训鉴定项目的定义，网络编辑从业人员包括在互联网网站、企业或社会机构内部网站、电子出版物编辑单位从事内容策划、素材采集管理、内容编辑、内容制作、内容管理、编辑团队管理等工作的人员。

这一培训鉴定项目根据专业技能水平和从事工作责任大小，分为网络编辑员(国家职业资格四级)、助理网络编辑师(国家职业资格三级)、网络编辑师(国家职业资格二级)三个专业等级，而高级网络编辑师的培训鉴定项目将在进一步开发后确定。

(资料来源：新华网，2008-06-23)

讨论：在网络编辑职业中实行持证上岗有什么好处？为什么要对网络编辑职业资格证实行不同的级别制度？

第 2 章　编辑基础知识

学习目标

❖ **知识目标**：

(1) 学生能够掌握现代汉语基本知识；

(2) 学生能够理解单位与数字使用的基本知识与使用场合；

(3) 学生能够了解编辑与校对的基本知识，掌握校对与稿件加工的基本方法；

(4) 学生能够了解网络语言基本知识，理解网络语言与网络编辑的重要关系。

❖ **技能目标**：

(1) 学生能够对稿件中出现的语法、标点符号、用字错误等进行修改；

(2) 学生能够对稿件中涉及的单位与数字的错误用法进行修改；

(3) 学生能够根据使用稿件编辑与校对的方法对稿件进行加工、校对操作。

引例

本富投资(北京)有限公司招聘“网络编辑”启示

职位：网络编辑							
电子邮箱：	scfhr@163.com						
发布日期：	2009-05-17	工作地点：	北京市海淀区	招聘人数：	1	工作年限：	应届毕业生
学　　历：	大专						

职位描述如下。

1. 工作职责

(1) 相关栏目日常内容更新；

(2) 规划和建设自己所负责的栏目；

(3) 参与频道内容策划、采编；

(4) 策划并制作专题页面。

2. 工作要求

(1) 大专以上学历；

(2) 有良好的计算机基础，丰富的互联网经验和网页制作能力。懂 HTML 语言，能熟练使用 Dreamweaver、Photoshop 等网页编辑和图形处理软件，有丰富的销售经验；

(3) 中文功底扎实，知识面广，有良好的文字表达和协调沟通能力；

(4) 具备大型网站工作经验者优先；

(5) 工作吃苦耐劳，有团队合作精神；

(6) 性格开朗，能承受工作压力。

(资料来源：http://search.51job.com/jobsearch/show_job_detail.php?id=(39735482))

这是2009年5月17日本富投资(北京)有限公司在前程无忧网(http://www.51job.com/)上发布的招聘“网络编辑”一职的启示，从启示中我们可以看到，作为网络编辑在这里需要有扎实的文字功底、较强的文字表达能力和沟通能力，同时还需要参与频道的策划与采编工作。因此，作为网络编辑编辑中文稿件是不可或缺的工作。在本章中我们将根据网络编辑的工作要求，对现代汉语知识、单位与数字的使用和文字稿件的编辑与校对的基础知识做简单阐述。

2.1 现代汉语基础知识

作为网络编辑了解汉语的基础知识，掌握汉语的基本使用规范，是进行稿件编辑和加工的前提和基础。

2.1.1 汉语用字规范

2000年10月31日，第九届全国人民代表大会常务委员会第十八次会议通过《中华人民共和国国家通用语言文字法》，并于2001年1月1日起正式实施。该法规定，国家推广普通话，推行规范汉字。汉语出版物应当符合国家通用语言文字的规范和标准。这里的汉语出版物也包含汉语网络出版物。

1. 汉字规范标准

规范汉字适用于现代汉语，其规范标准主要有以下几个方面。

1) 简化字

1956年1月31日，经国务院全体会议通过公布了《汉字简化方案》；1964年，中国文字改革委员会编辑出版了《简化字总表》，共简化了2 236个汉字；1986年10月10日，经国务院批准重新发表了《简化字总表》，对个别简化字做了适当调整，实际简化汉字2 235个，是我国政府公布推行的全部简化字的总汇，是现阶段简化字的统一的规范标准。

2) 异体字

异体字又称又体、或体。《说文解字》中称为重文，是指读音、意义相同，但写法不同的汉字。

1955年12月22日，中华人民共和国文化部和中国文字改革委员会联合公布《第一批异体字整理表》，淘汰了1 055个异体字。该字表先后做了一些调整，例如，1956年，文化部和文改会发出修正通知，将淘汰的“阪”、“挫”恢复使用；1986年10月，重新发表了《简化字总表》，恢复了“晔”、“诓”等11个已经淘汰的汉字；1988年3月25日，国家语委与新闻出版署联合发布了《现代汉语通用字表》，确认恢复了已经淘汰的“骼”、“蒴”、“彷”、“薰”、“黏”等15个字为规范汉字，这样先后有28个异体字被恢复为规范的正体字。

2000年颁布的《中华人民共和国国家通用语言文字法》规定异体字为非规范汉字。除了以下场合外，其他场合一般不允许使用。

(1) 文物古迹。

(2) 姓氏中的异体字。

(3) 书法、篆刻等艺术作品。

(4) 题词和招牌的手书字。

(5) 出版、教学、研究中需要使用的。

(6) 经国务院有关部门批准的特殊情况。

3) 生僻字

生僻字又称冷僻字，指不常见的或人们不熟悉的汉字。汉语和其他国家的语言文字一样，字典里的字词，绝大部分都是不常用的。以目前公认的《汉语大字典》为样本，共收单字五万多。但是，实际常用的汉字并不很多。据统计，3 500 个常用字就覆盖了现代出版物用字的99.48%。

4) 计量单位名称用字

1959 年，国务院发布了关于《统一我国计量制度的命令》，确定以米制(公制)为基本计量制度，是我国计量制度统一的重大措施。自从命令发布以来，“公分”、“公厘”等既表示长度概念，又表示重量概念的混乱状况，在语言中澄清了；表示长度的“粍、糎……”，重量的“瓩、兣……”，容量的“竓、竰……”，这些特造的汉字也淘汰了。1977 年 7 月 20 日，中国文字改革委员会和国家标准计量局又联合发出《关于部分计量单位名称统一用字的通知》，共淘汰旧译名中的 20 个复音字和生僻字。

5) 字形标准

以 1988 年 3 月 25 日由国家语委和新闻出版署联合发布的《现代汉语通用字表》中规定的字形为准，包括笔画数、笔顺和组合结构等方面的标准，这个字表同时也是现行印刷标准字形的范本。

现行规范汉字，除了上述经过整理简化(包括后来的调整)并以字表的形式公布的汉字外，还包括大部分未经整理简化并一直在使用着的汉字，例如，人、手、水、口、上、日、月、从等汉字，也是规范汉字。

2. 音、形、义相近的字词的区分

现在人们使用的汉语中，有很多字或词的音、形、义相近，但其使用场合却不同。我们在使用的时候应该注意其差异，正确使用。下面列举一些常见的容易混淆的字、词。

1) 象、像和相

(1)“像”的使用范围。

① 特指比照人物制作的形象时，使用“像”字，此时具有名词义，例如人像、头像、肖像、画像、偶像、塑像、像章等。

② 不特指比照人物制作的形象但具有名词义的其他词，一般也都写成“像”，例如图像、实像、虚像、录像、摄像、音像等。

③ 具有动词或介词义时，使用“像”字，例如甲像乙、好像、不像话、相像等。

(2)“象”的使用范围。

① 用具体事物表现某种特殊意义时使用“象”，例如绿色象征生命、红色象征革命等。

② 表示形状、样子时使用“象”，例如形象、景象、气象、印象等。

③ 表示模仿时使用“象”，例如象形等。

(3) 在以下情况一般应使用“相”字，例如照相、照相机、相纸、相册、相片等。

2) 的(de)、地(de)和得(de)

三者均为结构助词，读音相同，但其具体用法不同。

(1)“的”的用法。

① 用在定语之后，例如，我的笔、幸福的时光。

② 用在名词、动词、形容词之后，例如，中国的、吃的、红的。

③ 用在句末，例如，这是不行的、什么时候来的。

④ 用在句子的动词和宾语之间，例如，他写的字、在国外念的大学。

(2)“地”的用法。

状语的标记，一般用在谓语(动词、形容词)前面。“地”前面的词语一般用来形容“地”后面的动作，说明“地”后面的动作怎样。结构方式一般为：形容词(副词)+地+动词(形容词)，例如，她愉快(形容词)地接受(动词，谓语)了这件礼物。

(3)“得”的用法。

① 补语的标记，一般用在谓语后面。“得”后面的词语一般用来补充说明“得”前面的动作怎样。结构形式一般为：动词(形容词)+得+副词。

② 用在动词或形容词的后面连接表程度和结果的补语，例如，讲得很清楚、做得好。

③ 用在某些动词后面表可能，例如，听得清楚、提得动。

3) 作和做

“作”和“做”，都有“从事”、“制作”、“充当”的含义，在使用时很多人容易混淆。常见的错误是，将“作为”写成“做为”，将“看做”、“称做”、“当做”、“用做”等写成“看作”、“称作”、“当作”、“用作”等。

以下是《现代汉语词典》中“作”和“做”的用法举例。

①“作”的用法举例。

对于“作”：振作、日出而作、一鼓作气、自作自受、写作、著作、作曲、作书、杰作、成功之作、作态、过期作废、作呕、作怪、作案、作罢、作保、作弊、作壁上观、作别、作成(成全)、作答、作对、作恶、作伐(做媒)、作法、作法自毙、作风、作梗、作古、作家、作假、作价、作客、作奸犯科、作茧自缚、作践、作件(工件)、作乐、作脸、作料、作乱、作美、作难、作孽、作弄、作陪、作品、作色、作势、作死、作数、作速、作祟、作痛、作威作福、作为、作伪、作文、作物、作息、作兴(可能流行)、作揖、作艺、作俑、作用、作战等。

②“做”的用法举例。

做衣服、当做、做伴、做诗、做工、做寿、做官、做朋友、做样子、做东、做法、做功、做鬼、做活儿、做客、做礼拜、做媒、做梦、做派、做圈套、做人、做人家(俭省)、做声、做手脚、做戏、做学问、做贼心虚、做针线、做主、做作、做买卖、文章可以做教材、做母亲的等。

从上述的用法中我们可以看到，“作”和“做”都有从事的意思，涉及具体的事物，习惯用“做”，涉及抽象的事物，习惯用“作”。“作”一般是动名词做宾语，“做”一般是名词做宾语。

4) 其他和其它

二者音义相同。有的工具书指出，“其它”用于事物，实际上现在凡是使用这个词的地方，都用“其他”而不用“其它”。

容易混淆的词还有很多，应注意掌握它们各自的用法。例如：

报复—抱负，爆发—暴发，变换—变幻，篡改—窜改，处世—处事，法制—法治，反应—反映，抚养—扶养，沟通—勾通，贯注—灌注，功夫—工夫，检查—检察，截至—截止，界限—界线，刻画—刻划，权利—权力，启示—启事，熔化—溶化，委屈—委曲，需要—须要，必须—必需，以至—以致，品味—品位，意气—义气，施行—实行。

3. 异形词

异形词指普通话书面中并存并用的同音、同义而书写形式不同的词语。

2002年3月，中华人民共和国教育部和国家语言文字工作委员会发布了第一批异形词整理表。在运用汉字书面语进行表达时，应该尽量使用推荐词形。

2.1.2 常见语法错误

现代汉语中有很多基本语法规则，违背这些规则就会导致语法问题。在实践中，常见的语法错误主要有以下几类。

1. 词类误用

词类误用主要是由于没有掌握词的词性和用法造成的，也有的是因为不了解词义造成的。主要有：名词、动词、形容词的误用；数词、量词的误用；代词的误用；副词的误用；介词的误用；连词的误用和助词的误用等。

【例1】 王老师已年过花甲，他还常年坚持为学生讲座。

“讲座”是名词，应改为动词“讲课”，或者在名词“讲座”前加一个动词“做”。

【例2】 听众对他精彩演讲报以了热烈的掌声。

“以”是介词，后面不能有助词“了”。

【例3】 毕业之际，我面临工作和专升本的两种选择。前者自然会对减轻家庭负担非常裨益。

名词“裨益”误用为动词，可改为“……非常有益”。

【例4】 你如果替我做完了所有的文章，你都署第一作者，我排第两就行。

这是数词“二”与“两”的误用，应该是“我排第二就行”。

2. 指代不明

指代不明的第一种情况是，前词语在文中没有出现或没有交代清楚，而使用代词。

所谓前词语是指代词所代的词语。句子里要用到除第一、第二人称代词(如“你、你们、我、我们、咱们”)以外的代词时，必须先出现前词语。如果前词语在文中没有出现，或没说清楚，而运用了代词，便会造成指代不明的毛病。

【例1】 同学之间，特别是班级干部之间有了意见，应开诚布公地交流，否则，这将不利于团结，不利于工作。

此例中的“这”指代没着落，是多余的，应删去。

用相同的代词指代不同的对象也是指代不明的一种表现。

【例2】 我刚把书发给大家，就你一言我一语地议论开了。

此例中的“我”指代不明。第一个“我”是实指，第二个“我”是虚指，同时使用就会产生混乱。

如果可以被视为前词语的词不止一个，而代词只有一个，也会造成指代不明。

3. 搭配不当

搭配不当主要有：主语和谓语搭配不当；述语和宾语搭配不当；定语、状语、补语与中心语搭配不当；主语和宾语搭配不当等。

【例 1】 虽然家境贫寒，父母多病，但是学习千万不能荒废。

这是主谓搭配不当的用法。后一分句中主语“学习”与谓语动词“荒废”不能搭配，可改为“……学业千万不能荒废”。

【例 2】 中国队在比赛中充分发挥了自身的水平和风格，但也暴露了一些问题和不足。

这是述语和宾语搭配不当的用法。句中“发挥”与“风格”不能搭配，“风格”一般只能与“发扬”搭配。本句的错误在于联合短语做中心语时，其中含有不能与定语搭配的词，可改为“……发挥了自身的水平……”。

【例 3】 近年来，中国高等职业教育的改革和发展却是历史上从未有过的阶段。

这是主语和宾语搭配不当的用法。句中“改革和发展”与“阶段”搭配不当，可将“却是”改为“却经历了”。

4. 成分残缺

句子里应有的成分缺少了，就是残缺。主要有：主语、谓语、宾语残缺；定语、状语残缺。

【例 1】 从中国人民认识到再也不能错过历史机遇之日起，就开始了新的长征。

句中误将主语“中国人民”放到了介词短语“从……起”之中，可将主语“中国人民”放在介词“从”之前。全句改为：中国人民从认识到再也不能错过历史机遇之日起，就开始了新的长征。

【例 2】 一个人的见解代表他自己，你认为好的教材或许在别人眼里未必就好。

这是状语残缺。句中动词“代表”之前状语残缺，与后一分句的表义不协调，可加上“只能”做状语。

5. 成分冗余

句子中出现多余的成分，便是成分冗余。

【例 1】 因为版面有限，我们不得不对你的来稿略加删改一些。

“略加删改”含有“删改一些”的意思，因而“一些”是多余的，应删去。

【例 2】 由于没有招聘到符合条件的员工，那家公司的招聘进行降低标准了。

句中谓语中动词“进行”是多余的，应去掉。

6. 句式杂糅

句式杂糅是把两句话糅到一句话里，该结束的地方不结束，前后交叉错叠，句子结构混乱，形成病句。

【例 1】 作为一个网络编辑，一方面要掌握新闻知识，一方面要掌握相关计算机知识也是非常重要的。

此例可以改为："一方面要掌握新闻知识，另一方面，掌握相关计算机知识也是非常重要的。"当前后该用同一种句式而杂用不同句式时，也会带来语法问题。

【例 2】 雷锋同志有善于挤和善于钻的"钉子"精神作为我们学习的榜样。

句中前一句话是"雷锋同志有善于挤和善于钻的'钉子'精神"，后一句话是"善于挤和善于钻的"钉子"精神是我们学习的好榜样"，可改为：

雷锋同志善于挤和善于钻的"钉子"精神是我们学习的榜样。

或者改为：

雷锋同志有善于挤和善于钻的"钉子"精神，这是我们学习的榜样。

7. 语序错位

语序错位主要是指句中定语、状语或其他成分的顺序错误。主要表现为：定语和中心语位置颠倒、定语误做状语、状语误做定语、多层定语语序不当和多层状语语序不当。

【例 1】 这次展览中有几千年前新出土的珍贵文物。

"几千年前"的位置不当，应将其移到"珍贵文物"之前。

【例 2】 他向我招了招手转身走了，但父亲的背影永远留在了我心中。

这个例句中"他"和"父亲"易被误认为是两个人，原因是代词与前词语的位置颠倒了。应把前词语"父亲"与代词"他"交换一下位置。

【例 3】 在学代会上，我们向学院提出了关于学生社团改革的明确意见。

该句中形容词"明确"应该做状语修饰"提出"，而不是做定语修饰"意见"，因此，应把"明确"放在"提出"之前。

8. 逻辑顺序错误

逻辑顺序错误主要有因果牵强、自相矛盾、并列不当等。

【例 1】 他是多少个死难者中幸免的一个。

既然"幸免"，就不是死难者，说法显然自相矛盾。

【例 2】 都是党的政策好，今年的庄稼才长得格外好。

党的政策与庄稼长得好之间并无必然的因果关系。

【例 3】 这种电子产品已经出口到美国、韩国、亚洲等地。

韩国属于亚洲，二者并列是不恰当的。这类问题属于形式逻辑问题。

以上是常见的一些汉语语法问题，但在实际应用中出现的语法毛病可能更复杂，我们应该将各种因素加以综合考虑，做到不犯或少犯上述类似的错误。

2.1.3 标点符号的使用

标点符号是汉语写作规范中必不可少的，但是，很多人对标点符号的用法却认识得不够清楚或不够全面。在文章中，误用或滥用标点符号的情况常常出现。作为网络编辑，改正标点符号错误也是一项基本的工作内容。

1995 年 12 月 13 日，国家技术监督局发布了我国标准标点符号用法，并于 1996 年 6 月 1 日施行。

1. 基本规则

标点符号是辅助文字记录语言的符号，是书面语的有机组成部分，用来表示停顿、语气，以及词语的性质和作用。

常用的标点符号有 16 种，分为点号和标号两大类。

点号的作用在于点断，主要表示说话时的停顿和语气。点号又分为句末点号和句内点号。句末点号用在句末，有句号、问号、叹号 3 种，表示句末的停顿，同时表示句子的语气。句内点号用在句内，有逗号、顿号、分号、冒号 4 种，表示句内的各种不同性质的停顿。

标号的作用在于标明，主要标明语句的性质和作用。常用的标号有 9 种，即引号、括号、破折号、省略号、着重号、连接号、间隔号、书名号和专名号。

根据标点符号的用法标准，不同的标点符号应该处于不同的位置。

(1) 句号、问号、叹号、逗号、顿号、分号和冒号一般占一个字的位置，居左偏下，不出现在一行之首。

(2) 括号、引号、书名号的前半边可以标在一行的开头，但不能标在一行的末尾，后半边可以标在一行的末尾，但不能标在一行的开头。如果句子的最后一个字恰好在一行的末尾，引号、括号和书名号的后半边必须紧跟句子，标在最后一个字的旁边，不能标到下一行的开头。括号和引号经常和其他的标点符号连用，书写时，它们的前半边和后半边可以和其他的标点符号合占一个字格。

(3) 破折号和省略号都占两个字的位置，中间不能断开。连接号和间隔号一般占一个字的位置。这四种符号上下居中。

(4) 着重号、专名号和浪线式书名号标在字的下边，可以随字移行。

2. 点号的正确用法

1) 句号

句号的形式为“。”。句号还有一种形式，即一个小圆点“.”，但一般只用在科技文献中，且全文应统一，不能混用。其主要用法如下：

(1) 陈述句末尾的停顿，用句号。

【例 1】 北京是 2008 年奥运会主办城市。

【例 2】 虚心使人进步，骄傲使人落后。

(2) 语气舒缓的祈使句末尾，也用句号。

【例】 请您再等会儿。

2) 问号

问号的形式为“？”。其主要用法如下。

(1) 疑问句末尾的停顿，用问号。

【例 1】 你去过故宫吗？

【例 2】 他的笔名是什么？

(2) 反问句的末尾，也用问号。

【例 1】 难道不是你的错吗？

【例 2】 你怎么能这么不讲理呢？

3) 叹号

“叹号”又叫“感叹号”，形式为“！”。其主要用法如下。

(1) 感叹句末尾的停顿，用叹号。

【例】 为祖国的繁荣昌盛而努力奋斗！

(2) 语气强烈的祈使句末尾，也用叹号。

【例1】 你马上给我出来！

【例2】 停止答题！

(3) 语气强烈的反问句末尾，也用叹号。

【例】 我哪里能和他比呀！

3. 标号的正确用法

1) 逗号

逗号的形式为“，”。其主要用法如下。

(1) 句子内部主语与谓语之间如需停顿，用逗号。

【例】 我们看得见的星星，绝大多数是恒星。

(2) 句子内部动词与宾语之间如需停顿，用逗号。

【例】 我们应该知道，作为一个网络编辑需要掌握很多学科的知识。

(3) 句子内部状语后边如需停顿，用逗号。

【例】 对于这个结果，早在他的预料之中。

(4) 复句内各分句之间的停顿，除了有时要用分号外，都要用逗号。

【例】 这道数学题有多种解法，可是多数同学只能想到一种解题方法。

2) 顿号

顿号的形式为“、”。其主要用法如下。

句子内部并列词语之间的停顿，用顿号。

【例】 指南针、火药、活字印刷术和造纸术是中国的四大古发明。

3) 分号

分号的形式为“；”。其主要用法如下。

(1) 非并列关系(如转折关系、因果关系、选择关系、承接关系、递进关系、假设关系等)的多重复句，第一层的前后两部分之间，也用分号。

【例】 我国年满十八周岁的公民，不分民族、种族、性别、职业、家庭出身、宗教信仰、教育程度、财产状况、居住年限，都有选举权和被选举权；但是依照法律被剥夺政治权力的人除外。

(2) 复句内部并列分句之间的停顿，用分号。

【例】 Word，可以用来进行文字处理；Excel，可以用来进行表格处理。

(3) 分行列举的各项之间，也可以用分号。

【例】 词大致可分三类：①小令；②中调；③长调。

4) 引号

引号表示文中引用的部分。引号的形式为双引号(“”)和单引号(‘’)。其主要用法如下。

(1) 需要着重论述的对象，用引号。

【例】 古人对写文章的基本要求叫做“有物有序”。“有物”就是要有内容，“有序”就是要有条理。

(2) 行文中直接引用的话，用引号标示。

【例】 爱因斯坦说：“想象力比知识更重要，因为知识是有限的，而想象力概括着世界上的一切，推动着进步，并且是知识进化的源泉。”

(3) 具有特殊含义的词语，也用引号标示。

【例】 这种人过分“聪明”了，以至于把自己都送进了监狱。

(4) 引号里面还要用引号时，外面一层用双引号，里面一层用单引号。

【例】 举手站起来问：“老师，‘学习实践科学发展观’的基本内涵是什么？”

5) 冒号

冒号的形式为“：”。其主要用法如下。

(1) 用在“说、想、是、证明、宣布、指出、透露、例如、如下”等词语后边，表示提起下文。

【例】 老师告诉我们说：“你们一定要好好努力，争取在全国技能大赛中取得好成绩。”

(2) 用在称呼语后边，表示提起下文。

【例】 同志们，朋友们：

晚会现在正式开始。

(3) 用在总说性话语的后边，表示引起下文的分说。

【例】 中国的四大名著包括：《三国演义》、《水浒传》、《西游记》、《红楼梦》。

(4) 用在需要解释的词语后边，表示引出解释或说明。

【例】 省技能大赛日程安排

日　　期：2009 年 4 月 11 日至 12 日

地　　点：合肥

主办单位：省教育厅、省职教学会等

6) 括号

括号常用的形式是圆括号“()”，此外还有方括号“[]”、六角括号“〔〕”和方头括号“【】”。其主要用法如下。

行文中注释性的文字，用括号标明。注释句子里某种词语的，括注紧贴在被注释词语之后；注释整个句子的，括注放在句末标点之后。

【例】 施耐庵(1296—1371 年)名子安(一说名耳)，又名肇瑞，彦端，号耐庵。籍贯：兴化白驹场人(今属江苏)。

7) 省略号

省略号的形式为“……”，6 个小圆点，占两个字的位置。如果是整段文章或诗行的省略，可以使用 12 个小圆点来表示。其主要用法如下。

(1) 引文的省略，用省略号。

【例】 她轻轻地哼起了《摇篮曲》：“小宝贝快快睡，梦中会有我相随，……”。

(2) 说话断断续续，可以用省略号标示。

【例】 “我……对不起……大家，我……说……谎了”。

(3) 列举的省略，用省略号标明。

【例】 在广州的花市上，牡丹、吊钟、水仙、梅花、菊花、山茶、墨兰……春秋冬三季的鲜花都挤到一起啦！

使用省略号时应注意以下问题。

(1) 省略号后语境不明的不能用省略号。

(2) 用了“等”、“等等”就不能再用省略号。

(3) 要正确处理省略号前后的点号问题：一是省略号前是个完整的句子的，省略号前应使用句末标点，表示省略的是句子；二是省略号前不是完整句子的，省略号前一般不用点号，表示省略的是词语、短语；三是省略号后一般不用标点。

(4) 如果省略的是一大段或几段文字，用 12 个圆点来表示，单独成行，不顶格。

8) 破折号

破折号的形式为“——”，占两个字的位置。——是表示话题或语气的转变，声音的延续等的符号。其主要用法如下。

(1) 话题突然转变，用破折号标明。

【例】“怎么突然下雨了！——你不是出差了吗？”张三对刚刚进门的李四说。

(2) 声音延长，象声词后用破折号。

【例】“滴滴——”汽车启动了。

(3) 事项列举分承，各项之前用破折号。

(4) 行文中解释说明的语句，用破折号标明。

【例】 迈进金黄色的大门，穿过宽阔的风门厅和衣帽厅，就到了大会堂建筑的枢纽部分——中央大厅。

9) 连接号

连接号的形式为“—”，占一个字的位置，连接号还有另外三种形式，即长横“——”(占两个字的位置)、半字线“-”(占半个字的位置)和浪纹“～”(占一个字的位置)。其主要用法如下。

两个相关的名词构成一个意义单位，中间用连接号；相关的时间、地点或数目之间用连接号表示起止；相关的字母、阿拉伯数字等之间用连接号，表示产品型号；几个相关的项目表示递进式发展，中间用连接号。

10) 着重号

着重号的形式为“.”。在要求读者特别注意的字、词、句中用着重号标明。

【例】 事业是干出来的，不是吹出来的。

11) 间隔号

间隔号的形式为“·”。其主要用法如下。

(1) 外国人和某些少数民族人名内各部分的分界，用间隔号标示。

【例】 卡尔·亨利希·马克思

(2) 书名与篇(章、卷)名之间的分界，用间隔号标示。

【例】《中国大百科全书·地质学》

12) 书名号

书名号的形式为双书名号“《》”和单书名号“<>”。其主要用法如下。

(1) 书名、篇号、报纸名、刊物名等，用书名号标志。

【例】《西游记》的作者是吴承恩。

他手里拿着一本《网络编辑》。

(2) 书名号里边还要用书名号时，外面一层用双书名号，里边一层用单书名号。

【例】《<中国工人>发刊词》发表于 1940 年 2 月 7 日。

4. 标点符号使用中的注意事项

不同的标点符号在直行文稿与横行文稿中有着不同的位置或形式。

1) 标点符号在横行文稿中的注意事项

(1) 句号、逗号、顿号、问号、叹号、冒号和分号一般占一个字的位置，不出现在一行之首，居左偏下。

(2) 引号、括号、书名号的前一半不出现在一行之末，后一半不出现在一行之首。

(3) 破折号和省略号占两个字的位置，中间不能断开，上下居中。

(4) 连接号和间隔号占一个字的位置，上下居中。

2) 标点符号在直行文稿中的注意事项

(1) 句号、逗号、顿号、问号、叹号、冒号和分号放在字下偏右。

(2) 破折号、省略号、连接号和间隔号放在字下居中。

(3) 双引号为“『』”，单引号为“「」”。

2.2　单位与数字使用基本知识

单位和数字在各类稿件中都会经常出现，其表达方式多种多样，了解和掌握正确的使用规范是网络编辑的必修课之一。

2.2.1　单位及其名称、符号的使用规则

在各种稿件中，经常会使用到各种计量单位，计量单位的使用主要应注意单位、单位名称、单位符号的规范问题，下面从这 3 个方面来进行介绍。

1. 国家法定计量单位

国家法定计量单位是政府以命令的形式明确规定要在全国采用的计量单位制度。现行的我国法定单位是以国际单位(SI)为基础，加上我国选定的一些非 SI 的单位构成的。

1) 我国法定单位的组成部分

(1) SI 基本单位(7 个)，它们是 SI 单位的基础，如表 2-1 所示。

(2) 具有专门名称的 SI 导出单位和 SI 辅助单位(21 个)。

(3) 我国选定的非 SI 单位(16 个)，如表 2-2 所示。

在国际标准中升的符号为 l、L；科技界倾向于用 L，我国和美国等国的国标中都推荐采

用 L。公顷的法定符号为 hm^2，而不是国际标准推荐的 ha。

(4) 由以上单位构成的组合单位。

(5) 由 SI 词头(20 个)与以上单位构成的倍数单位。

物理量有基本量与导出量，因此单位也必然有基本单位和导出单位。导出单位是用基本单位以代数形式表示的单位。这种单位符号中的乘和除采用数学符号。详情可参见有关国家标准。

表 2-1　SI 基本单位

量的名称	单位名称	单位符号
长度	米	m
质量	千克(公斤)	kg
时间	秒	s
电流	安[培]	A
热力学温度	开[尔文]	K
物质的量	摩[尔]	mol
发光强度	坎[德拉]	cd

表 2-2　我国选定的作为法定单位的非 SI 的单位

量的名称	单位名称	单位符号	换算关系和说明
时间	分	min	1 min=60 s
	[小]时	h	1 h=60 min=3 600s
	H(天)	d	1 d=24 h=86 400 s
[平面]角	[角]秒	″	1″=(π/648 000) rad
	[角]分	′	1′=60″=(π/10 800) rad
	度	°	1°=60′=(π/180) rad
旋转速度	转/每分	r/min	1r/min=(1/60) s^{-1}
长度	海里	n mile	1 n mile=1 852 m(只用于航程)
速度	节	kn	1kn=1n mile/h(1 852/3 600)m/s(只用于航行)
质量	吨	t	1 t=10^3 kg
	原子质量单位	u	1 u≈1. 660 540×10^{-27} kg
体积	升	L	1 L=1 dm^3=10^{-3} m^3
能	电子伏	eV	1 eV≈1.602 177×10^{-19} J
级差	分贝	dB	
线密度	特[克斯]	tex	1 tex=10^{-6} kg/m=lg/ km
面积	公顷	hm^2	1 h m^2=10 000 m^2

2) 应停止使用的非法定单位举例

(1) 应停止使用所有市制单位。

所有市制单位从 1992 年 1 月 1 日起都已停止使用。现在仍在使用的应该纠正、停止。

1990 年 12 月 28 日，在由农业部、国家土地管理局和国家技术监督局联名发布的文件(该文件经国务院批准)中公布，从 1992 年 1 月 1 日起实施关于土地面积的法定计量单位规定，如表 2-3 所示。考虑到我国的实际情况，对于以农民为主要读者的普通书刊，土地面积单位用公顷时，可以括注亩。例如：“1 公顷(15 亩)”。

表 2-3　土地面积法定单位及其大致使用场合

名　称	中文符号	国际符号	换算关系	大致使用场合
平方千米	千米 ^{2}	km^2	L $km^2=10^6\ m^2$	国家版图、地区疆域面积
公顷		hm^2	1 $hm^2=10^4\ m^2$=15 市亩	耕地、林地、草地面积
平方米	米 ^{2}	m^2		建筑面积、宅基地面积

(2) 应停止使用除公斤、公里、公顷以外的“公”字头单位。

公尺(米)、公分(厘米)、公亩(百平方米)、公斤(升)、公方(立方米)、公吨(吨)等都应废弃。但是考虑到国内长期形成的使用习惯，“公斤”、“公里”两个不规范的称呼也可以作为“千克”与“千米”的同义语和俗称使用。

(3) 应停止使用的英制单位。

英制单位是必须废弃的单位。当必须用到某些英制单位时，一是应把名称写对，例如英寸、英尺、英里等不应写成 “吋”、“呎”、“哩”；二是要利用脚注等方式注明与法定单位的换算关系。

(4) 应停止使用的其他非法定单位。

例如，微米、标准大气压、毫米汞柱、卡、度(电能)等，详情可参见相关国家标准。

常见废弃单位及换算因数如表 2-4 所示。

表 2-4　常见废弃单位及换算因数

量的名称	符　号	换算因数
微	μ	1 μ=1 μm
千克力	kgf	1kgf=9.806N
吨力	tf	1 tf = 9.806 kN
标准大气压	atm	1 atm = 101.325 kPa
托	Torr	1 Torr = 133.322 Pa
毫米汞柱	mmHg	1 mmHg = 133.322 Pa
大卡	kcal	1 kcal= 4.2 kJ
体积克分子浓度	M	1 M = 1 mol/L
化学位移	ppm	改用δ

2. 单位名称的使用规则及常见错误

1) 法定计量单位的名称

(1) 单位的中文名称分全称和简称两种。例如，电压单位全称为“伏特”，简称为“伏”。

(2) 组合单位的中文名称与其符号表示的顺序要一致。符号中除号的对应名称为“每”，无论分母中有几个单位，“每”字都只能出现一次。例如，某电动机的转速可表示为 800 r/min，正确的单位名称是 800 转每分，而不能读成每分 800 转。乘号没有对应名称。

(3) 乘方形式的单位名称，其顺序应是指数名称在前，单位名称在后。相应的指数名称由数字加“次方”构成，但长度的 2 次和 3 次幂在表示面积和体积时，可用“平方”和“立方”做指数名称，例如 10^5 m^2。

(4) 书写单位名称时，不加任何表示乘或除的符号。

(5) 单位名称和符号必须统一使用，不能分开。例如，温度单位的摄氏度不能写成“摄氏 37 度”，而应写成“37 摄氏度”。

2) 单位名称与符号的使用规则

单位名称，一般只用于叙述性的文字中；单位符号则在公式、数据表和产品品牌等需要简单明了表示的地方使用，也可用于叙述性文字中。

不过，这里需要注意以下事项。

(1) 单位的简称在不会导致混淆的场合下可等效于其全称使用，可以用于叙述性文字中。

(2) 国际符号可使用于任何场合，但不能借做文字使用。

(3) 在使用符号时，应优先使用国际符号。

(4) 中文符号一般在初中、小学课文和普通书刊中使用。

3) 网络编辑中使用单位名称时常见的错误

(1) 词头和单位的大小写混乱。

计量单位符号用大写，但米(m)、克(g)用小写，书写时数字与单位之间必须空半字距离，例如，10 m、10 kg、10 A、220 V、50 MHz、10 kW，不能写成：10 M、10 KG、10 a、220 v、50 mHz、10 Kw。

(2) 中英文混用。

例如传输速率应为：Gb/s 或吉比特/秒或 Mb/s，不能为：Gb/秒或 Mb/秒。

(3) 不能独立使用词头。

不使用单位而独立使用词头是错误的。在文稿中常见的独立使用的词头有μ，k 和 M。

【例】 电容 C=10 μ，应为 C=10 μF

电阻 R＝10 k，应为 R=10 kΩ

频率 f＝50 M，应为 f=50 MHz

(4) 不得重叠使用词头。

在文稿中常见的 mμm， mμs， μμm， μμF 和 kMW 等，都是错误的，应分别改为 nm，ns，pm，pF 和 GW。在纯叙述性文字中，常见的“毫微秒级”、“微微米级”一类说法，也是不允许的，应分别改用“纳秒级”(或 ns 级)、“皮米级”(或 pm 级)。

需要指出的是，由于历史的原因，质量的 SI 单位名称“千克”中，已经包含词头“千”，所以质量的十进倍数或分数单位应由词头加在“克”(g)之前构成，如微克(μg)不得写做纳千克(nkg)。

以上是单位及其名称和符号的常见用法，具体的使用规则可参见《中华人民共和国法定计量单位使用方法》和相关规则。

2.2.2 数字的规范使用

在网络稿件的撰写中，我们经常会用到阿拉伯数字和中文数字，在虚拟的网络世界中我们同样需要遵循国家出版物数字用法的规定。

1. 阿拉伯数字与汉字数字使用的一般原则

国家语言文字工作委员会、国家出版局、国家标准局、国家计量局等单位为使出版物在涉及数字(如表示时间、长度、重量、面积、容积和其他量值)时使用汉字和阿拉伯数字体例统一，特联合制定了关于出版物数字用法的规定。规定中明确指出：凡是可以使用阿拉伯数字而且又很得体的场合，均应使用阿拉伯数字。遇到特殊情况，可以灵活变通，但力求相对统一。重排古籍，出版文学书刊等，仍依照传统体例。

2. 阿拉伯数字的适用场合

1) 公历的世纪、年代、年、月、日和时刻等的用法

常见用法：20 世纪，80 年代，20 世纪 80 年代，公元前 100 年，公元前 6 世纪，2009 年 4 月 20 日 22 时 30 分。

引文著录、行文注释、表格、索引、年表等，年、月、日的标记格式可表示为另一形式。年、月、日间用半字线，月、日是一位数时，在前面上加“0”。例如，2001 年 4 月 20 日可写成 2001-04-20，仍读做 2001 年 4 月 20 日。

时、分、秒的表示格式也可表示为另一形式。例如 9 点 30 分 50 秒可写成 9:30:50，其中以“：”作为分隔号。

2) 物理量值

物理量即科学技术领域里使用的表示长度、质量、时间、电流、热力学温度、物质的量和发光强度的量，等等。使用的单位是法定计量单位。

物理量值必须使用阿拉伯数字，并正确使用法定计量单位。

常见物理量值如：10 km(千米)，5 KB(千字节)，1 000 W(瓦)，1 kW(千瓦)，220 V(伏特)，10 A(安培)，5Ω (欧姆)，1 000 g(克)，1 kg(千克)，5 m^2(平方米)，32℃(摄氏度)等。

3) 一般情况下的非物理量应使用阿拉伯数字

【例】 如各国货币的表示：5 角 10 万元，70 美元，80 日元等。

【例】 如年龄大小的表示：18 岁，3 个月，2 周等。

其他的一些表示方法：1 000 份，10 万册，20 名等。

4) 统计表中数值的用法

如正、负整数，小数，分数，百分比，比例等。例如，55，-70，0.8，1/3，80%，1∶100。

5) 多位整数与小数应使用阿拉伯数字

用阿拉伯数字书写的多位整数和小数要分节，有两种情况：

专业性科技出版物的分节法：从小数点起分别向左向右每 3 位数字一组，组间空四分之一个汉字(二分之一个阿拉伯数字)的位置。例如，1 234 567，3.141 592，6 666 666.666 666 6。

非专业性科技出版物因排版留四分之一空有困难，可仍采用传统的千分撇“,”分节的办法，小数部分不分节。四位整数也可以不分节，例如，6,666,666，3.114159，8705。

6) 数值巨大的精确数字中阿拉伯数字的用法

数值巨大的精确数字为了便于定位读数或移行，作为特例可以同时使用“亿、万”单位。

例如，根据相关数据显示，至 2007 年年末，我国总人口数为 13 亿 2 129 万 0010 人。

7) 非科技出版物中的数值用“万”、“亿”与阿拉伯数字配合使用

在非科技性出版物中的数值一般可以用“万”、“亿”做单位，与阿拉伯数字配合使用。例如，123,000,000 可写成 12,300 万或 1.23 亿，但一般不能写成 1 亿 2 千 3 百万。

8) 在部队番号、文件编号、证件号码等中阿拉伯数字的用法

部队番号、文件编号、证件号码和其他序号均用阿拉伯数字。

例如，12345 部队，国家标准 GB/T 1234—1995，教秘字[2006]16 号文件，Z73/14 次特快，93 号汽油等。

9) 引文标注中版次、卷次、页码等中阿拉伯数字的用法

引文标注中版次、卷次、页码，除古籍与所据版本一致外，一般均使用阿拉伯数字。

10) 竖排文章的竖排文字中涉及的数字应使用阿拉伯数字。此时，阿拉伯数字、外文字母应用横排，即按顺时针方向转 90°。如图 2.1 所示。

根据《全国年节及纪念日放假办法》及国务院办公厅通知，2009年【五一】放假调休具体安排：5月1日至3日放假，共3天。其中，5月1日为法定节假日，5月2日，5月3日为公休日，5月4日上班。

图 2.1　竖排文字中的阿拉伯数字用法

11) 用“左右”、“上下”、“多”、“余”、“约”等表示约数时阿拉伯数字的用法

用“左右”、“上下”、“多”、“余”、“约”等表示的约数，如果一组具有统计和比较意义的数字，其中既有精确数字，也有用“多”、“余”等表示的约数，为保持局部体例上的一致，其约数也可以使用阿拉伯数字。例如，有 325 人出席了会议，一共进行了 6 次小组会议，讨论了 30 多个问题，约 200 人进行了重点发言。

12) 使用阿拉伯数字中需要注意的问题

(1) 年份一般不应简写。例如 1980 年不应写成“八〇年”或“80 年”。书稿中应避免出现“今年”、“明年”等字样。

(2) 阿拉伯数字书写的数值在表示数值范围时使用浪纹式连接号“～”，例如，120～150 公斤，-1～4℃。

(3) 用阿拉伯数字书写的一个数值应避免断开移行。一旦断开，数值便难以准确、快速地识读。如果一行的末尾没有足够的空间放下一个数值，最好把它放到下一行的开头，特别大的数值，可以用“亿”、“万”等做单位。

(4) 阿拉伯数字字体一般使用正体二分字身，即占半个汉字位置。

(5) 纯小数必须写出小数点前定位的“0”，小数点是齐底线的黑圆点“.”。例如，“0.28”不能写成“.28”。

3. 汉字数字的适用场合

(1) 定型的词、词组、成语、惯用语、缩略语和具有修辞色彩在词语中作为语素的数字，必须用汉字数字。例如，应是“八国联军”，而不是“8 国联军”；“二万五千里长征”不能写成“25000 里长征”。

(2) 中国干支纪年和夏历月日，以及清代以前的历史纪年，多民族的非公历纪年，例如，丙寅年十月十五日，八月十五，正月初一，嘉庆八年。

(3) 含有月日简称表示事件、节日和其他意义的词组，例如，五一国际劳动节，七七事变，国家“十一五”规划。

(4) 整数一至十，如果不是出现在具有统计意义的一组数字中，可以用汉字，但要保持上下文体例的一致性，例如，一个人，三本书，四种产品，六条意见，五个百分点。

(5) 相邻的两个数字并列连用表示概数必须用汉字。连用的两个数字之间不能用顿号“、”隔开，例如，七八米高，两三岁，五六十种。

(6) 用带有“几”的数表示约数，必须使用汉字，例如，几千年的历史，十几个小时之后，几十万分之一。

(7) 用“左右”、“上下”、“多”、“余”、“约”、“之间”等表示的约数一般用汉字，例如，招收了约三千名学生，发表论文二十余篇，在三十至五十之间。

(8) 汉字数字使用中需要注意的问题。

① 涉及一月、十一月、十二月，应用间隔号“•”将表示月和日的数字隔开并外加引号避免歧义，例如，“一・二八”事变(1 月 28 日)，“一二・九”运动(12 月 9 日)。

② 在汉字数字中是否使用引号，视事件的知名度而定，例如，八一建军节，五一国际劳动节，“十五”规划，五卅运动。

③ 星期几中不能使用阿拉伯数字，例如“星期三”不能写成“星期 3”。

2.3 稿件编辑与校对基本知识

扎实的编辑业务能力是网络编辑应具备的主要能力之一。网络编辑是对传统编辑工作的继承，主要工作包括对稿件的编辑与校对等。

2.3.1 稿件编辑基本知识

无论是哪种类型的稿件，其编辑过程一般可分为稿件的审读与稿件加工两个环节。

1. 稿件的审读

以下是上海市《报刊审读稿件录用办法》的摘录。

上海市《报刊审读稿件录用办法》中规定的审读内容可以概括为“三审”：一是审导向。看报刊是否坚持党的基本路线，是否坚持为人民服务、为社会主义服务的方针，是否坚持正面宣传为主的原则和党的新闻宣传纪律，是否遵守各项法规。二是审秩序。看报刊社是否坚持办报办刊宗旨，报名、主管主办单位、开版、刊期、文种、期数、版序、出版日期、定价、地址、印刷版位、文章署名是否标志规范。三是审质量。标题、内容、编排、图片、校对、印刷、广告和整体版面等，是否存在重大质量问题。特别注意报刊登载的内容是否存在以下问题：否定马列主义、毛泽东思想、邓小平理论和“三个代表”重要思想指导地位的；违背党的方针、路线、政策的；泄露国家机密，危害国家安全，损害国家利益的；违反民族、宗教政策，危害民族团结，影响社会稳定的；宣扬凶杀、暴力、色情、迷信和伪科学的；传播谣言，编发假新闻的；违反出版管理法规和规定的。当前，应特别把学术理论、时事政治、文化生活、文学艺术、文摘类报刊(或文章)作为重点进行审读。

从这里我们不难看出：对稿件的审查既要对思想政治性方面进行审查，还要对稿件的自身价值、文字质量和规范性进行审查。

1) 思想政治上的审查

思想政治上的审查主要是看文章或新闻是否坚持党的路线方针政策，是否遵守各项法律法规。特别注意文章的内容是否存在以下问题：否定马列主义、毛泽东思想、邓小平理论和“三个代表”重要思想指导地位的；违背党的方针、路线、政策的；泄露国家机密，危害国家安全，损害国家利益的；违反民族、宗教政策，危害民族团结，影响社会稳定的；宣扬凶杀、暴力、色情、迷信和伪科学的；传播谣言，编发假新闻的；违反出版管理法规和规定的。当前，应特别把学术理论、时事政治、文化生活、文学艺术、文摘类报刊(或文章)作为重点进行审读。

2) 稿件自身价值的审查

稿件自身价值的审查主要是指判断稿件是否具备发表的基本条件，稿件是否能满足读者的需要。如果是新闻稿，可以从时新性、重要性、显著性、趣味性等方面判断其自身的价值，即新闻价值。

时新性：指事实在时间上新近发生的，在内容上是人们所知的新鲜事。

重要性：由新闻所报道的事件、现象对社会所产生的影响所决定的。

显著性：指的是新闻事实的知名度，这一知名度与新闻中所涉及的人物、地点、事件、时间等因素所具有的知名度相关。

趣味性：指新闻事实中所具有的调动人们共同兴趣的能力。趣味性主要可以有两层含义：①指新闻信息轻松、有意思，能调节人的情绪；②指新闻可以引发人们的情感。

3) 稿件文字质量的审查

稿件文字质量的审查是稿件的审读的另一个重要任务，主要是发现稿件中存在的各方面的问题或错误，并采取相应措施，改正错误。在稿件中常见以下问题或错误类型。

(1) 文字类差错。文字差错是稿件中最常见的错误之一，主要表现为四类，即错别字、多字、漏字、错位，尤以错别字为最常见。

(2) 语法、逻辑类差错。

(3) 标点符号类差错。

(4) 数字及量和单位类差错。

(5) 内容差错。内容差错主要是指观点性差错、知识性差错、事实性差错、表达性差错、法律性差错和引用性差错等。

4) 稿件规范性的审查

稿件规范性的审查主要是指来稿的标题、导语、主体要素、背景等是否符合稿件的规范性要求。在新闻稿件中要求标题要引人注目，导语要不绕弯、切题快，主体要素“5W”、“五有”要全。“5W”即何人(Who)、何事(What)、何时(When)、何地(Where)、何故(Why)。“五有”即有观点、有情况、有分析、有措施、有结果。语言要简练准确。

通常，对于稿件审查的方法主要包括：通读、比较、分析和综合等。通过这些方法来完成审稿任务：①判断稿件是否具备发表的基本条件；②稿件是否能满足读者的需要；③在思想政治上有无重大问题；④是否符合科学性、知识性、艺术性的要求等。

2. 稿件的加工

稿件的加工是对已采用的稿件做修改和规范化处理的活动。通常，作者的来稿只是一个半成品或原材料，距离刊出还有差距，只有经过编辑的加工整理后才能成为产品刊载登出。

在稿件加工整理方面，网络编辑和传统媒体编辑具有相似的工作。主要包括以下几个方面的工作。

1) 对稿件中的差错做修改加工

发现政治性差错是稿件加工的首要任务，网络是无国界的，传播速度快，如果网络编辑忽视了政治性差错的修改，将会给国家带来相当严重的危害。其次是思想性、知识性、科学性和文字、语法、逻辑、标点符号等的差错修改加工。

2) 对稿件做规范性修改

网络编辑需要在国家规定的统一规范要求的指导下，按照自己所属网站的规范要求，对同一稿件中的人名、地名、科学数据、体例等做规范性统一。

3) 对稿件做润色修饰

润色修饰主要是对稿件的内容进行合理性的增补和修饰。增补主要是补充原稿件中没有的内容，以便读者能够更好地理解稿件中的内容。修饰主要是对稿件中的主题、结构、文字等进行润饰，从而提高稿件的可读性。

4) 其他加工工作

稿件加工的其他工作主要有推敲标题、校对中英文引文、查对资料等。

作为网络编辑要想很好地完成稿件加工工作，一般可以采用以下几种稿件加工方法。

1) 标题加工的方法

标题加工是网络编辑工作的一项重要内容。网络标题和传统媒体的标题有着很大的区别。网络标题一般是独立出现的，具有超链接性，这就要求网络上的新闻标题必须包括新闻内容的基本要素，而且要准确明断。为了达到这个目的，更容易让人接受，网络编辑可以对稿件的标题进行重新加工或者重新拟定。

2) 对稿件内容和结构进行调整的方法

根据网站栏目的需要，网络编辑需要对篇幅较长、不符合网站栏目需要的文章进行内容的删减，对结构做相应的调整，并给重要稿件加上内容提要或评论等。

3) 对素材进行重新组织的方法

在备选的稿件中，有的素材有独特之处，很适合网站栏目的需要，但是稿件本身有逻辑混乱、语言啰唆、观点不明等问题，进行简单的加工很难获得满意的效果，这时网络编辑可以考虑以原稿为素材，确定一个新的角度重新组织材料。

由于网络媒体具有多媒体的特点，网络编辑的对象就不仅包含文本，也可以包含图像、动画、声音和视频等。所以网络编辑不仅需要对文本内容进行加工，同时也需要对其他的媒体元素进行加工、修改。

2.3.2 稿件校对基本知识

校对是指依照原稿及设计要求在校样上检查、标注排版差错，以保证精神产品质量的工作。校对是保证稿件质量的重要环节，是对编辑工作的继续和补充。校对人员必须高度负责，认真细致，树立严谨周密，一丝不苟的作风。

1. 校对的方法

校对最基本的功能有两个：一是校异同；二是校是非。这是清代著名文学家段玉裁首先提出的，现在已经成为校对界的共识。基本的校对方法主要有 4 种：对校法、本校法、他校法和理校法。这 4 种方法是古籍校雠的基本方法，完全适用于现代图书校对工作，因而也是现代校对的基本方法。

(1) 对校法。对校法也称“版本校”，是最基本的校勘方法。指根据底本内容校对样稿，主旨是“校异同，不校是非”。

(2) 本校法。本校法即通过稿件前后文字的对照，比较分析其异同，从而找出其中的错误。

(3) 他校法。他校法即通过查检与稿件相关的权威工具书或权威著作，找到稿件错误或是非的可靠依据，从而达到校对目的的校对方法。

(4) 理校法。理校法即在发现疑问而又找不到可靠依据时，应进行推理判断，包括分析字词含义、进行逻辑推理等，从而实现校对目的的方法。

2. 网络编辑校对的内容

网络媒体有别于传统的媒体，其校对内容不尽相同，主要包括以下校对内容。

(1) 检查核对多字、漏字、错字及标点、符号错误。

(2) 核对稿件标题、署名、文中人名、地名、数字、公式。

(3) 检查版面、格式，图表位置及表题、图题、字体、字号、字距和行距。

(4) 检查标题位置、层次及转行、注释、参考文献及序号等。

3. 计算机自动校对——黑马校对软件

除了传统的人工校对方法外，网络编辑也可以借助计算机软件进行校对。常见的校对软件有编辑助手、黑马校对软件等。通过这些软件借助计算机可以轻松地完成校对工作。这些校对软件具有校对范围广、功能多、校对速度快和开放性能好等特点。但是校对软件仅仅是一种校对工具而已，不具备高级的智能校对能力，很多校对工作还是不能很好地完成，需要网络编辑再次仔细认真地做好各项内容的校对工作，以免出现谬误。

下面以黑马校对软件为例，对计算机校对做进一步说明。

黑马校对系统现在的最高版本是 V12F.0 版，该版本是北京黑马公司全力开发的新一代校对系统，内含 S2 版、PS 版、Word 版、小样版、飞腾插件版和 PDF 插件版 6 个全新的校对界面，采用超大规模词库和先进的校对计算技术，在校对质量、校对功能和易用性等方面都有了飞跃性的提高，达到了当前计算机校对软件发展的最高水平，智能技术居于国际领先水平。

黑马校对 V12F.0 版的研制基于覆盖社会科学和自然科学各领域的 300 亿字汉语语料的分析，采用国际计算语言先进的语法分析和语料库统计相结合的方法，具有汉语切分技术、汉语语法分析技术、汉语依存关系分析技术等先进的中文智能技术，内嵌 79 个专业词库、4 000 万专业词汇，查错准确率和校对效率已经达到一个崭新的高度。它能够支持各种主流文字处理及排版系统的文件格式，支持各种专业文稿的校对。

对于编辑人员来说，可以根据文件的类型来选择不同的黑马校对界面进行校对，一般可使用黑马嵌入在 Word 里的“Word 版校对界面”校对 Word 文件，或者使用“小样版校对界面”校对普通的文本文件或小样文件。校对后，可以利用黑马提供的纠错功能结合人工对错误进行修改，修改后的结果再用于排版。校对流程如图 2.2 所示。

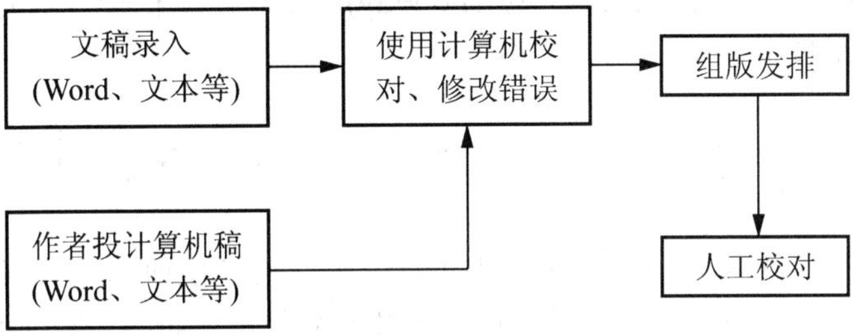

图 2.2　黑马校对系统编辑校对流程图

4. 网络编辑校对的特点

网络编辑是一个新的职业，在很多网站里还没有健全的网络管理队伍，没有专职的稿件校对人员，校对工作和编辑工作往往合二为一，都落在编辑头上，形成了别具一格的“编校合一”的新特点。

从校对内容和校对范围来看，网络编辑的校对工作比期刊、报纸等媒体校对的范围更广，校对的内容更复杂，时效性要求更强。不但要校对文字图片，还应包括别的一些多媒体元素。

2.4　网络编辑与网络语言

网络语言是以现代汉语为基础，在网络环境中通过特有的文字符号表示不同含义而逐渐形成的一种语言功能变体，是一种新的语言表现形式。作为网络编辑应加强网络语言的学习，紧跟网络时代的步伐，以科学的态度面对网络语言及网络语言给编辑带来的影响。

2.4.1　网络语言及其特点

1. 网络语言的概念

网络语言是现代汉语的一种网络变体，是伴随着网络的发展而新兴的一种有别于传统平面媒介的语言形式。网络语言包括拼音或者英文字母的缩写，或者是含有某种特定意义的数字以及形象生动的网络动化和图片，起初主要是网虫们为了提高网上聊天的效率或某种特定的需要而采取的方式，久而久之就形成特定语言了。网络语言是不断发展的，网络上会不断冒出一些新词汇，一旦这些新词汇能够经得起时间的考验，约定俗成后我们就可以接受，新的网络语言也就随之诞生了。

2. 网络语言的特点

网络环境的高度互动性和快捷性在一定程度上促进了网络语言的诞生，从而也导致了网络语言的独有特性。

1) 字母化

字母使用起来快捷方便，和汉字一起使用有一种醒目凸现的效果，能给人视觉上的冲击。造词方法主要有两种。一是汉语拼音缩写和谐音，例如，MM(美眉)，PP(漂漂)，PL(漂亮)，JS(奸商)，BT(变态)等；二是英文缩写或谐音，例如，E 文(英文)，r(you)，r(are)，BBS(电子公告牌系统)，OMG(Oh My God BTW=By The Way)。此外，还有一些是英汉双语混杂词，例如 I 服了 you(我服了你了)等。

2) 数字化

通过不同的数字组合可以表达不同的语义，例如，886(拜拜了)，1314(一生一世)。

3) 符号化

在网络中，网民们不能够像现实生活中那样交流，为了使他们相互间的交流更加生动有趣，一些表意的表情符号就应运而生了。这些表情符号将一些符号、数字或字母组合在一起，模拟一定的表情，传达自己的喜怒哀乐。多以简单符号表示某种特定表情或文字，以表情居多，例如，“==”表示“等等”；“o”表示“哦”；“**”表示不雅语言等。o(∩_∩)o... ^_^ 表示高兴的心情，╭∩╮()^)) ╭∩╮ 表示鄙视你；“：)”表示开心的微笑等。

4) 英语单词汉语化

英语单词汉语化一般是指根据原英文单词的发音，找合适的汉字代替，例如，“伊妹儿”(E-mail)，“瘟都死”(Windows)等。

2.4.2 网络编辑与网络语言

在网络时代，作为网络编辑用好网络语言可更好地与读者、作者沟通。虽然网络语言给汉语的规范化、纯洁性带来极大的冲击，但不可否认，网络语言确实也为汉语注入了新鲜成分。网络语言已经介入现实生活，要使其成为编辑与读者、作者和谐的催化剂。

1. 网络编辑要掌握网络语言的特点

网络语言的出现对现有语言形成了一定的冲击。网络作为第四媒体，除了应该具备传统媒体使用的语言之外，还应有其独特的地方，网络语言的使用。在虚拟空间使用的网络语言，其构成特点、所蕴涵的社会文化、心理因素等，都将是今后信息传播方面一个十分重要的课题。作为网络编辑应当，也必须了解和掌握网络语言的特点。

2. 网络编辑要不断学习网络语言

语言总在随时进行新陈代谢，这是语言的发展规律。2003 年 6 月 6 日，《北京晚报》曾发表了一篇题为《上网说话请用网语》的文章，文章认为，每一种语言都是需要不断学习的，如果你拒绝学习某种语言，那么同时也就等于被使用这种语言的人和圈子拒绝。作为网络编辑应该随时注意学习网络语言，网络语言可以反映作者的心理状态和思维方式，网络编辑学会使用网络语言有助于和作者沟通，更好地了解和理解读者、作者，进一步做好编辑工作。

3. 网络编辑应学会使用网络语言

网络编辑的工作主要是网上办公，除了使用传统的方式和作者、读者交流，还可以使用网络与读者、作者交流。网络交流的特点决定了网友们多采用较为流行的网络术语，例如“雷人”、“剩女”、“宅女”，“大虾(大侠)”等。网络编辑们只有学会使用网络语言才能与读者、作者融合在一起，深入而轻松交流，在网络编辑工作中游刃有余。

网络语言作为一种新的语言现象已经渗透到我们的生活中，它是当代面向世界的汉语语言文字迅速发展的推动力。作为网络编辑不应该排斥它，应该努力学习它，应用它，让它更好地为我们编辑服务，更快、更好地融入我们的现代文化。

知识巩固

1. 单选题

(1) 以下属于法定单位名称的是(　　)。

A．公尺　　B．公斤　　C．公分　　D．公升

(2) 以下符号可以作为长度单位法定符号的是(　　)。

A．M　　B．CM　　C．km　　D．KM

(3) 下列哪一种校对方法不是现代校对的基本方法？(　　)

A．对校法　　B．本校法　　C．计算机校对　　D．理校法

(4) 下列关于标点符号在横行文稿中的使用错误的是(　　)。

A．句号、逗号、顿号、问号、叹号、冒号和分号一般占一个字的位置，不出现在一行之首，居左偏下

B．引号、括号、书名号的前一半不出现在一行之末，后一半不出现在一行之首

C．破折号和省略号占两个字的位置，中间不能断开，靠下对齐

D．连接号和间隔号占一个字的位置，上下居中

(5) 下列哪一种标点符号不属于点号？(　　)

A．句号　　B．问号　　C．叹号　　D．着重号

2. 多选题

(1) 下面关于数字的用法正确的是(　　)。

A．刘翔又跑了第 1　　B．6 时 3 分 25 秒

C．304 医院　　D．酒度 54 度

(2) 稿件审读的任务是(　　)。

A．判断稿件是否具备发表的基本条件

B．稿件是否能满足读者的需要

C．在思想政治上有无重大问题

D．发现稿件中存在的各方面的问题或错误

(3) 以下关于稿件的审读的几种描述中，错误的是(　　)。

A．稿件的审读除了审查稿件文字质量外，还应对稿件思想政治性方面进行审查

B．稿件的审读就是改正稿件中的错别字

C．稿件的审读就是审查稿件是否符合出版社的出版规范

D．稿件审读的目的就是要符合编辑的口味

(4) 名称表达时，应遵循以下哪些规范？(　　)

A．当同一名称在一篇稿件中多次出现时，要保证它在全文中的统一

B．在涉及香港、澳门、台湾等地区的表达时，要防止表达上的政治性错误

C．当同一个人的姓名在一篇稿件中多次出现时，前后可以用他自己的不同名字

D．对一些历史名词，应当注意名称的科学性

技能训练

1．根据一条电视新闻，撰写一篇相关的新闻报道，注意新闻稿件的规范性表述。

2．阅读各种网络稿件，找出其中关于数字、单位及其名称符号、标点符号等使用错误的地方并加以改正。

岗位体验

新华网新疆频道新闻稿件规范性表述

各位报道联络员：

首先感谢大家在过去一年半的时间里为新华社新疆分社积极供稿，使我们的报道面更广、内容更丰富。但在日常的编辑稿件中我们也发现存在一些常见的，且带有普遍性的问题，例如会议稿、检查稿、工作稿多；新闻稿件要素不全，缺少背景；突发事件报道不及时等，图片也存在上述问题。

现将稿件中容易出现的一些问题汇总如下以共勉。另，新华社稿件亦有它不同的要求与格式，现一并通报大家。

希望大家继续支持新华社新疆分社的工作，在对稿件的探讨中共同提高。谢谢！

通联室

2005 年 8 月 3 日

新闻稿件规范性表述

1. 今日新闻使用具体日期

(1) 今日新闻稿件中，不用“今天”，而应使用“×日”，“×日”之前一般不加“×月”。“昨日新闻”的发稿格式比照执行。

(2) 关于“×日”在导语中的表述：按新华社发稿习惯，表示新闻件发生时间的“×日”，一般不作为导语的第一个词使用，例如，一般不用“×日，某某人在某某场合说，……”，而要用“某某人×日在某某场合说，……”。

2. 交代新闻来源

稿件中除非常特殊的情况外，应尽量不用“匿名新闻来源”。稿件中要尽量减少使用“据悉”、“据透露”这类容易使人半信半疑的用语，而使用“记者从××处获悉”、“据××透露”。

3. 关于“此间”的用法

尽管电头中已包含事件发生地的地名，但是，电头地名可能是大范围的地名，而且“此间”的表述也不便于广播电台、电视台口播时使用，因此，要尽可能指明事件发生的具体地点。例如：不要用“某某画家的100遗作×日在此间拍卖”，而要说“某某画家的100幅遗作×日在苏州拍卖”。

4. 关于新闻稿件中记者自称

消息作者(个人)在稿件中出现时一般不使用“我”，而一般使用“记者”。通信中使用“我”有时能够产生生动的效果。新闻稿件中不要使用“本社记者”或“我社记者”，而应使用“新华社记者”。

5. 连续使用两个以上书名号、引号

连续使用两个以上书名号、引号时，因书名号、引号本身已起到间隔作用，书名号、引号之间可不加顿号、逗号等。例如：“此稿件视角独特，被《人民日报》、《科技日报》、《羊城晚报》、《大众日报》、《深圳特区报》等媒体和网站广泛采用。”

6. 温度的标示

一般使用摄氏温标标注温度单位。“摄氏度”应连用，不能分写。例如：“8日的气温下降到零下3摄氏度。”不要使用“8日的气温下降到摄氏零下3度。”

7. 隐去真实姓名

在新闻稿件中，涉及如下报道对象时，不宜公开报道对象的真实姓名：①犯罪嫌疑人家属；②涉及案件的未成年人；③涉及案件的妇女、儿童；④采用人工受精等辅助生育手段的孕、产妇；⑤严重传染病患者；⑥精神病患者；⑦被暴力胁迫卖淫的妇女；⑧艾滋病患者；⑨有吸毒史或被强制戒毒人员。稿件中可使用报道对象姓氏加某字的指代，例如“张某”“李某”。不宜使用化名。

8. 对残疾人不能使用带有歧视性的蔑称

在报道中，不能将“残疾人”称为“残废人”，不能将“盲人”称为 “瞎子”，不能将“聋哑人”称为“聋子”“哑巴”，不能将精神病患者称为“疯子”，不能将智力障碍者称为“傻子”“呆子”“弱智”。在一些非引用不可的对话中无法回避这些蔑称时，应使用单引号。

9. 关于铁路“上行、下行”

我国铁路列车在干线上朝着首都方向行驶、在支线上朝着连接干线的车站行驶，叫做上行；反之叫做下行。写稿时应尽可能注明干、支线上较大站的具体站名。例如：“京九铁路南段下行线15日23时45分恢复通车。江西境内从定南开往赣州的57064次支线货车成为恢复通车后第一辆通过京九铁路南段的列车。”

10. 左岸、右岸

面向水的流向，左侧江(河)岸为左岸，右侧为右岸。这一术语并不利于普通读者理解江(河)流的流向以及一些非东流江(河)流的方向。因此，在报道中应尽可能用东南西北的方位概念来描述，即“东岸”“西岸”“南岸”“北岸”。

新闻稿件中易出错的词

1. 注意“行驶”和“行使”的区别。查《现代汉语词典》(2002年增补本)1409页，行驶：车、船行走，列车向南行驶，长江下游可以行驶万吨轮船。行使：执行；使用职权等，行使国家主权，行使公民权利。

2. 不要把“酝酿”错写成“蕴酿”。查《现代汉语词典》1562页，酝酿：造酒的发酵过程。比喻做准备工作：酝酿候选人名单；大家先酝酿一下，好充分发表意见。

3. 不要将“天分”错写成“天份”。查《现代汉语词典》1243页，天分：天资。无“天份”的提法。

4. 不要将“三驾马车”错写成“三架马车”。查《现代汉语词典》610页，驾：使牲口拉车或农具，两匹马驾着车，驾着牲口耕地；驾驶；驭；驾御；驾辕。

5. 中华人民共和国商务部，简称商务部，不要把“商务部”错写成“商业部”。

6. 不要将“食不果腹”写成“食不裹腹”。查《现代汉语词典》483页，果腹：吃饱肚子，食不果腹。查《现代汉语词典》484页，裹：用纸、布或其他片状物缠绕；包扎；包裹好的东西；为了不正当的目的把人或物夹杂在别的人或物里面。

7. 不要将“指手画脚”写为“指手划脚”。查《现代汉语词典》1620页，指手画脚：形容说话时兼用手势示意，也形容轻率地指点、批评。

8. 不要将“帐篷”写为“帐蓬”。查《现代汉语词典》1587页，帐篷：撑在地上遮蔽风雨、日光的东西，多用帆布、尼龙布等做成。查《现代汉语词典》960页，蓬：飞蓬；蓬松；量词，一蓬凤尾竹。

9. 不要把“过度”错写成“过渡”。查《现代汉语词典》485页，过度：超过适当的限度，过度疲劳、过度兴奋。过渡：事物由一个阶段或一种状态逐渐发展变化而转入另一个阶段或另一种状态，过渡时期、过渡地带。

10. 不要将“舷梯”写为“弦梯”。查《现代汉语词典》1365页，舷梯：上下轮船、飞机等用的梯子。

11. 不要把“剧痛”错写成“巨痛”。查《现代汉语词典》685页，剧：猛烈；厉害、剧烈、剧饮、剧变、病势加剧、剧痛。

12. 不要把“虎视眈眈”错写成“虎视耽耽”。查《现代汉语词典》534页，虎视眈眈：形容贪婪而凶狠地注视。

(资料来源：毛咏. http://www.xj.xinhuanet.com/2005-08/03/content_4791266.htm)

讨论：如果你是某网站的一名记者，会怎么看待新闻稿件表述的规范性问题？

第3章　计算机与互联网应用概述

学习目标

❖ **知识目标**：

(1) 学生能够了解计算机的硬件系统组成和互联网组成；
(2) 学生能够理解计算机网络概念；
(3) 学生能够掌握系统的基本操作方法。

❖ **技能目标**：

(1) 学生能够熟练连接和安装常用计算机外设；
(2) 学生能够使用搜索引擎进行关键字搜索；
(3) 学生能够使用常用软件编辑和传播网络资源。

引 例

互联网新应用提升产业价值空间

工业和信息化部部长李毅中在近日召开的2009中国互联网大会上表示，目前我国网络基础设施日益完善，技术水平不断提高，信息资源和业务应用不断丰富，产业链基本形成。尽管2008年下半年以来国际金融危机对中国经济造成冲击，但中国互联网产业仍然保持增长，并呈现出四方面特点。

第一，网络用户规模进一步扩大。

第二，互联网向各领域渗透不断深入。随着新技术、新业务的发展日新月异，互联网开始广泛渗透到社会各个行业、各个领域。特别是在经济领域，互联网加速向传统产业渗透，产业边界日益交融，新型商务模式和服务经济加速兴起，衍生了新的业态，形成了新的经济增长点，在促进经济结构调整、转变发展方式中，发挥着越来越重要的作用。

第三，电子商务保持快速发展。

第四，移动互联网加速发展。

(资料来源：新华网，2009年11月10日)

中国互联网的迅猛发展得益于我国计算机产业的快速发展。同时，互联网网络资源价值的提升也有助于推动计算机产业的不断发展。那么是什么原因让互联网能够渗透到我们生活的方方面面，计算机又在我们的生活中以及互联网的发展中起到一个什么样的作用呢？本章我们就对计算机和互联网的知识做一个简单的介绍。

3.1 计算机应用基础

计算机系统是由计算机硬件系统和软件系统构成的，计算机硬件系统是整个计算机的躯干，是计算机运行的基础；计算机软件系统是计算机的灵魂，利用软件可以充分发挥计算机的性能，使之能够应用于各行各业。

3.1.1 计算机硬件基本知识

世界上第一台计算机于 1946 年 2 月 15 日在美国宾夕法尼亚大学诞生，称为电子数字积分计算机，即 Electronic Numerical Integrator And Computer，简称 ENIAC。随着电子技术的不断发展，计算机的运算速度越来越快，而体积却不断缩小，当前我们所用的计算机已经可以很方便地随身携带了。虽然计算机的科技不断创新，但是其硬件体系依然遵循美籍匈牙利数学家冯·诺依曼提出的“存储程序”和“程序控制”的原理，即冯·诺依曼结构。下面介绍计算机的结构。

1. 计算机硬件系统

整个计算机硬件系统包括主机和外设两大部分，其中主机由运算器、控制器和内存储器构成，外设由输入设备、输出设备和外部存储设备组成。

2. 常用外设

计算机外设作为人与计算机之间最重要的数据交换设备随着计算机的发展而不断更新。传统的计算机外设如显示器、键盘、鼠标等随着科技的进步不断推出新的产品，然而其功能性方面并没有大的改变。相反，由于计算机产业不断地渗透到人们生活中的各个领域，一些新兴的外设渐渐进入人们的视野，并成为生活中不可或缺的工具。而打印机、扫描仪、数码摄像机、数码照相机等则是网络编辑常用的外设工具。

3.1.2 计算机软件基本知识

软件是指计算机运行所需要的程序及相关的文档资料。软件系统是指各种软件的集合。计算机软件系统由系统软件和应用软件两部分构成。

1. 系统软件

系统软件是为了高效使用和管理计算机而编制的软件。它运行在计算机基本硬件之上，通过对计算机各种资源的控制和管理，为用户提供各种可能的计算机应用手段和应用方式。系统软件在计算机运行过程中的作用有：控制和管理各种硬件装置，对运行在计算机上的其他软件及数据资料进行调度管理，为用户提供良好的界面和各种服务，为用户提供与计算机交换信息的手段和方式等。

系统软件包括操作系统、语言处理软件、数据库管理系统和服务程序。

2. 应用软件

应用软件是指为用户专门开发和设计的，用来解决具体问题的各类程序及相关文档的集合。计算机的应用软件不计其数，但与网络编辑相关的软件大致可分为以下几类。

1) 文字处理软件

文字处理软件是用于输入、存储、修改、编辑、打印文字材料的软件。Windows XP 中的记事本和写字板都是文字处理软件，但是其功能性较弱，只能进行简单的文字处理。微软公司的 Office 系统中的 Word 就是一个功能强大的文字处理软件，也是目前使用率最高的文字处理软件，另外还有金山公司的 WPS 系统也可以实现文字编辑的一些高级功能。

2) 图形、图像处理软件

图形、图像处理软件是对原始图片素材进行编辑和修改的软件，它被广泛应用于广告制作、平面设计、影视后期制作等领域。市面上比较有影响力的图形、图像处理软件有：Adobe 公司的 Photoshop 和 Illustrator、Macromedia 公司的 Fireworks 和 Freehand、Corel 公司的 CorelDraw 等，另外 Macromedia 公司的动画制作软件 Flash 也是一款优秀的矢量图制作软件。

3) 影音编辑软件

影音编辑软件可以实现音频和视频文件的解码、剪辑、编辑等功能，在广告制作、网页设计、动画制作、家庭录像等产业中都可以看到影音编辑软件的身影。常用的影音编辑软件有 Adobe Premier、Sound Forge、绘声绘影等。

4) 其他常用软件

作为一名网络编辑人员，除了掌握以上的应用软件的操作外，还要能够熟练操作以下的常用软件：网页制作软件(如 FrontPage、Dreamweaver)、浏览器软件(如 Internet Explore)、即时通信软件(如腾讯 QQ、MSN)、FTP 软件(如 Flash FTP、CuteFTP)、解压缩软件(如 winrar、winzip)等。

3. 计算机病毒和杀毒软件

1) 计算机病毒

计算机病毒是一种特殊的程序，它指的是编制或者在计算机程序中插入的破坏计算机功能或者破坏数据，影响计算机使用并且能够自我复制的一组计算机指令或者程序代码。

计算机病毒具有破坏性、寄生性、传染性、潜伏性、隐蔽性和可触发性六大特点，绝大部分的计算机病毒都是通过网络传播的。

2) 病毒的分类

(1) 按破坏性分类。

① 良性病毒：是指那些只是为了表现自己而并不破坏系统数据，只占用系统 CPU 资源或干扰系统工作的一类计算机病毒。

② 恶性病毒：是指病毒制造者在主观上故意要对被感染的计算机实施破坏，这类病毒一旦发作就破坏系统的数据、删除文件、加密磁盘或格式化操作系统盘，使系统处于瘫痪状态。

(2) 按寄生方式分类。

① 系统引导型：系统引导时病毒装入内存，同时获得对系统的控制权，对外传播病毒，并且在一定条件下发作，实施破坏。

② 文件型(外壳型)：将自身包围在系统可执行文件的周围、对原文件不做修改、运行可执行文件时，病毒程序首先被执行，进入到系统中，获得对系统的控制权。

③ 源码型：在源程序被编译之前，插入到源程序中，经编译之后，成为合法程序的一部分。

④ 入侵型：将自身入侵到现有程序之中，使其变成合法程序的一部分。

(3) 按广义病毒概念分类。

① 蠕虫(worm)：监测 IP 地址，网络传播。

② 逻辑炸弹(logic bomb)：条件触发，定时器。

③ 特洛伊木马(trojan horse)：隐含在应用程序上的一段程序，当它被执行时，会破坏用户的安全性。

④ 陷门：在某个系统或者某个文件中设置机关，使得当提供特定的输入数据时，允许违反安全策略。

⑤ 细菌(germ)：不断繁殖，直至添满整个网络的存储系统。

3) 病毒防治

杀毒软件也是应用软件中的一种，用于消除计算机病毒和恶意软件的一类软件，它的出现是为了对付病毒。杀毒软件常用的病毒扫描方法有：特征码扫描法、加总比对法、先知扫描法、宏病毒陷阱等。

常用的杀毒软件有：金山毒霸、瑞星杀毒软件、江民杀毒软件等。

3.1.3 内容传输

作为一名网络编辑人员，经常在网上搜索资源，传递信息，与其他部门进行各种编辑素材的内容传输。如何使用我们所讲到的应用软件帮助我们在网络中有效地进行内容传输是我们要解决的一个问题，下面我们就局域网和互联网中如何利用软件高效地进行数据传输进行简单的讲解。

1. 局域网内的内容传输

局域网内的内容传输通常用于同一个公司或同一个部门不同计算机之间的信息传递，合理地利用局域网内的内容传输技巧可以方便地节省资源，达到信息的最大化使用。

1) 利用 Windows 的文件共享实现内容传输

在 Windows 操作系统中自带的文件共享功能就可以很方便地实现局域网内的内容传输，具体操作如下。

(1) 在你要共享的文件夹上单击右键，在弹出的快捷菜单中选择共享和安全。

(2) 在弹出的文件夹属性的“共享”选项卡中选中“在网络上共享这个文件夹”，如图 3.1 所示。

(3) 对于启用防火墙的系统还需要设置防火墙的例外程序，不然其他用户无法访问该共享文件夹。文件夹属性的共享选项卡中单击“查看 Windows 防火墙设置”，在弹出的“Windows 防火墙”窗口中的“例外”选项卡中选中“文件和打印机共享”，如图 3.2 所示。

(4) 设置完成后该文件夹的图标上就多了一个小手，说明该文件夹已经在局域网内共享了，其他用户可以通过网上邻居的“查看工作组计算机”找到已经设置好共享资源的计算机，直接打开就可以访问该文件夹的内容了。

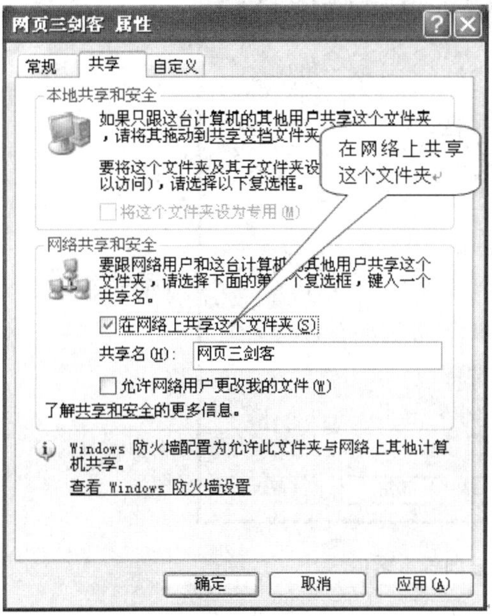

图 3.1　文件夹共享属性

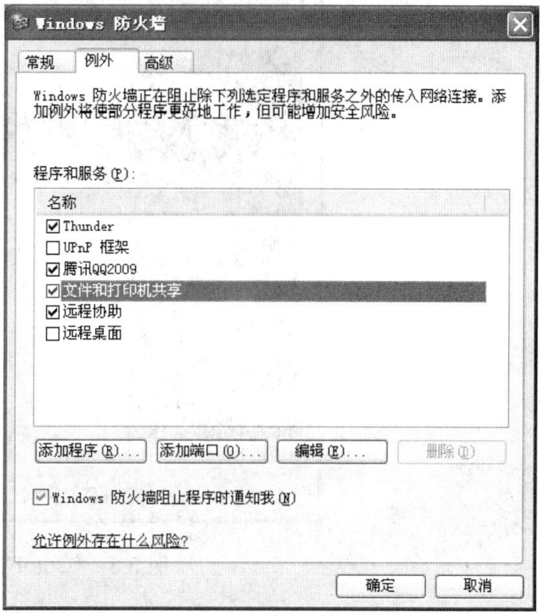

图 3.2　“Windows 防火墙”窗口

注意：如果想让其他机器能够访问你共享的资源，在你的计算机用户管理中要把 Guest 账户启用，具体启用方法这里就不再说明了。

2) 利用软件实现内容传输

除了 Windows XP 的文件夹共享功能可以较好地实现局域网内的文件传输外，还有很多专用局域网文件传输软件也可以实现这个功能，例如飞鸽传书、飞秋(FeiQ)等工具。

此外还可以在局域网内部通过架设 FTP 站点等方式实现内容的传输等。

2. 互联网中的内容传输

互联网中的各种信息资源是我们开展编辑工作的庞大的素材库，如何能将互联网中的信息方便地下载到自己的计算机中或者将自己计算机中的信息上传到互联网上供他人使用也是要掌握的一项技能。

1) 使用 FTP 软件实现互联网内容传输

互联网中有许许多多的 FTP 站点供用户上传和下载文件，有许多都是免费的，利用这些站点我们可以很方便地与他人交换信息，实现资源共享。下面我们就以 CuteFTP 为例讲解如何使用 FTP 软件连接 FTP 站点实现内容传输。

(1) 启动 CuteFTP，在启动窗口中单击“文件”菜单下的“连接向导”。

(2) 在弹出的连接向导中输入要连接服务器的标签，以区别其他的 FTP 站点。

(3) 输入要连接 FTP 站点的网址，这里可以是网站的域名或者 IP 地址，如图 3.3 所示。

(4) 输入要登录 FTP 站点的用户名和密码，也可以选择“匿名访问”。

(5) 设置上传和下载文件存放的默认目录。

(6) 单击“完成”按钮完成连接向导。

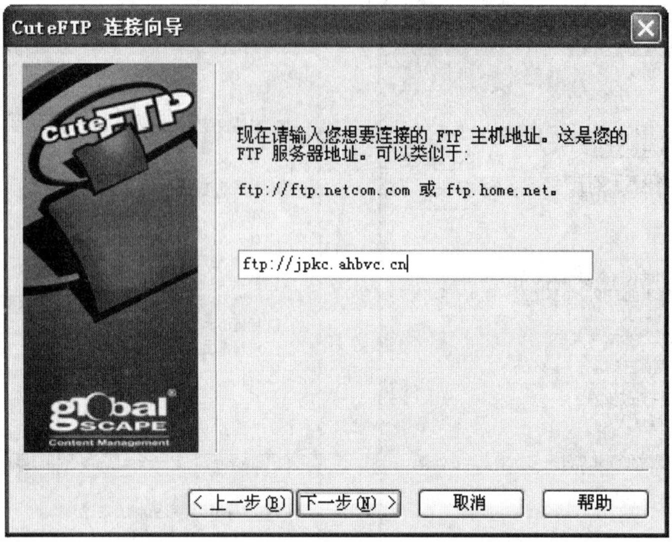

图 3.3 “CuteFTP 连接向导”窗口

连接完成后我们就可以通过 CuteFTP 向连接上的站点上传和下载文件了。CuteFTP 窗口中左边是本地目录，通过这个窗口可以选择本地文件上传到 FTP 站点；右边是 FTP 站点目录，通过这个窗口我们可以把 FTP 站点上的信息下载到本地计算机中；下边是上传和下载任务显示窗口，如图 3.4 所示。

图 3.4 CuteFTP 程序窗口

2) 使用即时通信软件实现互联网内容传输

即时通信软件的出现使得人们相互通信变得异常便捷，可以跟远在千里之外的用户进行聊天式的相互交流，同时即时通信工具也为我们提供了一种很好的内容传输的手段，例如 MSN、腾讯 QQ、ICQ、阿里旺旺等。腾讯 QQ 除了可以即时实现内容传输外，还能实现离线传输文件。

上述工具都是大家常用的即时通信软件，这里就不再一一讲述了。

3.2　互联网基本知识

1969 年，由 ARPA(美国国防部研究计划署)资助，建立一个可靠性较强的通信网络，协定将美国西南部的斯坦福大学、加利福尼亚大学、加利福尼亚大学洛杉矶分校和犹他州大学的四台主要的计算机连接起来。这个协定由剑桥大学执行，并于 1969 年 12 月开始联机，这就是互联网的最早雏形——ARPA 网。起初 APRA 网的目的是促使联网的学校能够方便地交流信息，共享资源。

3.2.1　计算机网络概念

1. 计算机网络概念

凡是利用通信设备和通信介质按不同的拓扑结构将地理位置不同的、功能独立的多个计算机系统连接起来，以功能完善的网络软件(网络通信协议、信息交换方式及网络操作系统等)实现网络中硬件、软件资源共享和数据通信的系统，称为计算机网络系统。

计算机网络的基本功能是数据传输和资源共享。

2. 网络的分类

计算机网络可分为局域网(Local Area Network，LAN)和广域网(Wide Area Network，WAN)两大类。

局域网是指地理位置在一定范围内的多台计算机组成的网络，使计算机之间能够相互通信，共享资源，传递数据。例如校园网、公司内部网、大楼内部网等都属于局域网。

局域网有别于其他类型网络的特点包括如下。

(1) 局域网的覆盖范围有限，一般小于 10 km 范围。

(2) 共享传输信道，基带传输，数字通信。

(3) 数据传输率高，一般在(10～100 Mbps)，现在的高速 LAN 的数据传输率可达到 1000 Mbps 以至 10 Gbps。

(4) 传输的过程中延迟小、差错率低。

(5) 多采用分布式控制和广播通信，其拓扑结构一般采用总线状、星状、树状和环状。

(6) 局域网易于安装，便于维护。

广域网是指将分散在较远距离的计算机连接起来，实现更大范围内的资源共享和数据传递，一般是跨地区、城市、国家的计算机网络。通常是由不同地域的主干节点连接组成的。

当前大多数全国性网络都是广域网，例如中国公用分组交换数据网(CHINAPAC)、中国公用数字数据网(CHINADDN)和中国公用计算机互联网(CHINANET)等。

将全球各地的局域网连接起来而形成的一个网之间的网就是网际网络，简称网际网(Network Of Network)。网际网使网络的功能得到更充分的扩展，例如火车售票网、民航售票网等。

3. 计算机网络的构成

计算机网络包括网络硬件和网络软件两大部分。

计算机网络的硬件包括服务器、工作站、路由器、交换机、网络适配器和传输介质等。

计算机网络软件包括节点工作站操作系统、网络操作系统、网络服务软件和通信协议。

4. 计算机网络的应用

计算机网络的主要应用有

1) 资源共享

通过计算机网络可以快速及时地检索、查询有关资料，使用网络资源。

2) 远程教育

计算机网络使以前的广播电视教育形式得到进一步的拓展，可以实现点播、对话等新功能，能更好地提高教学效果。

3) 金融系统联网

计算机网络能完成银行金融系统大联网，包括银行之间的转账业务、银行的异地存款业务、银行自动取款机的自动取款业务、商店与银行之间的消费结账系统等。

4) 军事应用

现代化战争在很大程度上依赖于通信网络。海、陆、空的立体防卫系统、雷达预警系统、导弹的遥控发射和反导弹系统等，都离不开计算机网络。

计算机网络和人们的生活也密切相关，例如城市交通管理系统、公共安全管理系统、远程医疗、图文传播等。总之，计算机网络将赋予人们更好的现代化生活。

3.2.2 互联网基础知识

1. Internet 的发展

Internet(因特网)是迄今最大的全球性网络。它是由数万个广域网和局域网通过网间互联形成的一个“网际网”，也称国际互联网。

Internet 发展到目前可以划分为 3 个阶段。

1) 研究实验阶段

1968—1984 年。由美国国防部高级计划研究署(ARPA)建立的 ARPA 网，把美国重要的军事基地与研究单位用通信线路连接起来，进行单纯的军事通信。为了在不同结构的计算机之间实现正常的通信，制定了一个网络通信协议(TCP/IP)，供联网用户共同遵守。

2) 实用发展阶段

1984—1995 年。以美国国家科学基金会(NSF)的 NSF 网为主干网，开始对全社会开放，实现了以资源共享为中心的实用服务方式，使因特网得到了迅速发展。

3) 商业化阶段

1995 年以后。其主干网也从原来由政府部门资助转化为由计算机公司、商业性通信公司提供。由于商务的需求，吸引了一批又一批的商业用户，联网的计算机数量也迅猛增长。

我国于1994年4月成为第71个正式连入Internet的国家，在Internet上的最高域名为“cn”。近年来更是发展迅猛，截至2009年12月，我国上网人数已达到3.84亿，互联网域名总数为1.84亿，国家和地区顶级域名为1682万。域名数量最多的国家和地区顶级域名为.cn。由此可见，我国信息化发展已经和世界接轨，域名的使用量越来越多，我国已经成为世界互联网“超级”大国，发展速度十分惊人。通过Internet进行着商贸经济、文化交流和科学研究等活动。随着Internet的不断普及，必将对我国的社会经济和文化事业起到不可估量的作用。

中国建立比较早的4个骨干网是：中国教育科研网(CERNET)、中国公用计算机互联网(CHINANET)、中国金桥信息网(GBNET)、中国科研网(CRN)。

2. Internet的服务系统

万维网在计算机网络中能够得以广泛的应用得益于它庞大而完善的服务系统。

1) 采用客户机/服务器工作模式

服务器：以Web页面方式存储信息资源并响应客户请求，针对请求获取并制作数据，包括VB脚本和程序、Java脚本和程序、为文件设置适当的MIME类型来对数据进行前期处理和后期处理，并将处理好的页面通过互联网发送给客户。

客户机：客户机负责运行客户端程序，处理查询和发送文件或信息传输请求方面的工作。大部分的Internet应用系统有很多不同的客户端程序可供利用，它们能够分别在Windows、Macintosh和UNIX环境下运行。

浏览器：用于接收用户命令、发送请求信息、解释服务器响应的客户端程序。常用的浏览器有：IE浏览器、Netscape Navigator浏览器、Mozilla Firefox(火狐)浏览器等。

2) Internet服务的主要特点

(1) 以超文本方式组织网络多媒体信息。

(2) 用户可以在整个互联网范围内任意查找、检索、浏览及添加信息。

(3) 提供生动直观、易于使用、统一的图形用户界面。

(4) 服务器之间可以互相连接。

(5) 可访问图像、声音、影像和文本信息。

3. Internet提供的服务功能

Internet对用户最大的便利，就是其中取之不尽的信息资源和高效的服务功能。下面介绍Internet的几大主要功能。

1) 电子邮件

电子邮件(E-mail)是Internet出现最早、最基本、最重要的服务功能，它为人们提供了一种方便、快捷而且经济的信息传递的手段。通过网上电子邮件工具，用户之间可以彼此快捷地收发电子邮件。由于Internet几乎覆盖了全世界的所有国家，因此它成了最为便捷的全球通信工具。

2) 文件传输

文件传输功能可以将一台计算机上的文件传送到另一台计算机，且与计算机的位置无关。为了在不同文件组织结构、运行不同操作系统的计算机之间能够交换文件，需要有一个统一的文件传输协议(File Transfer Protocol)，即 FTP。

文件传输功能使得信息共享有了一种很好的实现方式。因特网上有无以计数的 FTP 服务器。连接到 FTP 服务器，输入有效的账号和口令后，才能将文件下载到自己的计算机中。许多文件服务器希望更多的用户访问自己共享的资源以提升网站在国际上的排名，常常将各种软件供用户免费使用。这些公司在网上设置的“匿名(anonymous)FTP”服务器，用户不需要账号和口令，也不需要服务费用，就可获得所需资源。

3) 远程登录

远程登录允许将自己的本地计算机与远处的服务器进行连接，然后在本地计算机上发出命令送到远程的计算机上执行。远程登录所对应的通信协议称为 Telnet，所以远程登录功能又称为 Telnet 功能。

利用远程登录功能，可以足不出户对远在千里的服务器、交换机、路由器等网络设备进行管理和配置，使本地的计算机能作为远程的网络设备的终端进行工作，充分共享了网络的软硬件资源。

4) 电子公告牌系统

BBS 是 Bullet in Board System(电子公告牌系统)的缩写，主要进行信息的发布和讨论，有讨论区、信件区、聊天区和文件共享区等区域。讨论区包含各种各样的分类讨论区，用户可以根据不同的区域挑选感兴趣的话题发表自己的观点；信件区的 BBS 信息可以让各用户之间相互收发消息和邮件；聊天区可以随意谈天说地，即时地发布自己的观点；文件共享区可以让你提供自己的软件与他人共享，也可下载他人提供的软件来使用。

现在网上交流信息用得最多的是论坛、聊天室、博客和虚拟社区，比较著名的有天涯论坛、新浪博客等。

5) 信息检索

Internet，也称万维网，它是一个把信息检索技术与超文本技术融合而形成的，使用简单但功能强大的全球信息系统。可以说 Internet 是由无数 Web 页组成的，即成千上万个分布在与 Internet 相连的计算机上的 Web 页通过链接相互连接在一起，构成了全球的信息资源网络。

全球很多的搜索引擎将全世界 Internet 上不同地点的相关数据库信息有机地编织在一起，只需提供检索要求，而到什么地方检索及如何检索都由搜索引擎自动完成。

6) 电子商务(EC)

电子商务通常是指是在全球各地广泛的商业贸易活动中，在 Internet 开放的网络环境下，基于浏览器/服务器应用方式，买卖双方不谋面地进行各种商贸活动，实现消费者的网上购物、商户之间的网上交易和在线电子支付以及各种商务活动、交易活动、金融活动和相关的综合服务活动的一种新型的商业运营模式。

4. Internet 的通信协议

为了使互联网上不同的计算机能够相互访问，进行数据传输，各计算机之间的信息传递都必须遵守共同的协议才能够使信息顺利传输。Internet 的通信协议包括以下几个。

(1) TCP(Transport Control Protocol)数据传输控制协议：它规定如何对传输的数据进行分组和在网上传输。

(2) IP(Internetworking Protocol)网络互连协议：它主要规定 Internet 中计算机地址的统一

表示方法。由四段 0～255 的数字组成。

以上两个协议是 Internet 上最基本的通信协议。

(3) HTTP(Hypertext Transfer Protocol)协议：超文本传输协议，它使各种文字、声音、图像等信息能在网上传输。

(4) UDP(User Datagram Protocol)用户数据报协议：用于 QQ 等。

(5) FTP(File Transfer Protocol)文件传输协议。

(6) 邮件协议：SMTP(Simple Mail Transfer Protocol)简单邮件传输协议，POP3(Post Office Protocol)邮局协议。

5. URL 的组成

URL 是 Uniform Resource Locator 的缩写，即统一资源定位器。统一资源定位器的格式为"协议名或传送方式://服务器域名或 IP 地址:端口号/路径/文件名"。具体解释如下。

(1) 协议名或传送方式：有 HTTP(超文本传输协议)、FTP(文件传输协议)、Telnet(远程登录协议)。常用的传输方式有电子邮件传送、新闻组传送方式等。

(2) 服务器名或 IP 地址：IP 地址是由四组 0～255 的数字组成，是 Internet 上分配的唯一的地址标志。由于 IP 地址不便于记忆，通常使用计算机域名来代替 IP 地址。当用户输入计算机域名时，Internet 的域名解析服务器会将域名转换成 IP 地址在网络中传输。

(3) 端口号/路径/文件名：是各种协议约定的默认逻辑端口，一般省略不写，路径/文件名是指所访问文件在服务器中的存储路径和文件名。

例如：

某学校的域名和 IP 地址分别为：www.ahbvc.cn 和 61.191.31.12，其某个二级网站的地址是：http://www.ahbvc.cn/jwc/index.asp。在这里协议名就是 http，域名为 www.ahbvc.cn，路径名为 jwc，文件名为 index.asp。在这个二级网站的地址里缺少了端口号，由于采用了 HTTP 协议的默认 80 端口，所以端口号省略。

在这种情况下我们分别输入下面的任何一种形式的地址，都可以链接到该学校的这个二级网站。

A：http://www.ahbvc.cn/jwc/index.asp

B：http://www.ahbvc.cn:80/jwc/index.asp

C：http:// 61.191.31.12/jwc/index.asp

D：http:// 61.191.31.12:80/jwc/index.asp

大家要注意这 4 种访问形式的变化。

3.2.3 搜索引擎的基本使用

随着 Internet 的飞速发展，面对巨大而又不断变化的信息库，网络编辑如何从成千上万个网络站点上快速地搜索到自己需要的站点和信息已经变得越来越重要了。搜索引擎提供了解决这一问题的方法。

1. 搜索引擎的概念

所谓搜索引擎，就是在 Internet 上执行信息搜索的专门站点，这些站点把众多网址(或资料)分门别类地登录在自己的数据库内，用户只要输入关键词就可以很快地找到自己所需要的资料。它们可以对互联网中的网站进行分类与搜索。如果输入一个特定的搜索词，搜索引擎就会自动进入索引清单，将所有与搜索词相匹配的内容找出，并显示一个指向存放这些信息的连接清单。

互联网中有许多著名的搜索引擎，例如 Google，Baidu，Yahoo 等。掌握它们的使用方法，对提高搜索效率很有帮助。常用的中文搜索引擎有百度、搜狐、网易、新浪网和中国雅虎等。它们各自都收录了上万个中文的 Internet 站点，其友好的中文界面很受欢迎。下面就以百度网站为例介绍怎样使用搜索引擎。

2. 搜索引擎的分类

搜索引擎通常由信息收集和信息检索两部分组成。可以根据信息组织方式、语种和搜索范围的不同，将搜索引擎分类。

按信息组织方式分类，搜索引擎可分为目录式(网站级)搜索引擎和全文(网页级)搜索引擎。

按语种可分为单语种搜索引擎和多语种搜索引擎。

按搜索范围，搜索引擎可分为独立搜索引擎和多元搜索引擎。

3. 搜索引擎的使用

由于搜索引擎中涵盖的信息非常广泛，为了避免在搜索结果中涵盖大量的无用信息，首先应做好以下准备：一是要明确搜索目标。明确所查信息是中文的还是英文的、是网站还是文章、是事业单位还是企业单位，等等。根据搜索对象的类型，例如地址的搜索、文字的搜索等，再配合自己的需求查找符合自己搜索需求的搜索引擎。二是要明确问题中的重要概念，选择合适的查询关键词。在查询中，我们建议大家尽可能使用查找内容中存在的一些比较特殊的短句或单词，不要用那些很常见的词，否则查询结果将会显示很多的无用信息。要进行有效的搜索，输入的关键词或词组最好是你感兴趣的，而且要尽可能多，尽可能精确。提供的关键词越精确，搜索所得的结果越少，文档的相关性越强。三是掌握搜索引擎的特性，选择满足需要的搜索引擎。在完成对查找信息的分类分析后，接下来的工作就是利用网络上查询信息的有力工具来检索了。我们就以百度为例介绍怎样使用搜索引擎。

步骤 1：左键双击桌面 Internet Explore 图标启动 IE 浏览器，在地址栏中输入百度的网址：www.baidu.com，进入百度的站点。

步骤 2：在百度首页中心的文本框里输入要查找的内容，如网络编辑师，单击网页中“百度一下”按钮。会搜索出很多与网络编辑师有关的网页，如图 3.5 所示。

步骤 3：我们将鼠标移动到某一个标题项上面，鼠标就会变成“手形”，此时单击鼠标左键就可以打开一个新的网页，这个网页就是涵盖你要搜索的信息的网页。

步骤 4：浏览完网页后关闭，浏览器窗口将会回到百度的搜索结果页面。

除了上述基本操作方法外，我们还可以通过搜索引擎的一些技巧来帮助我们实现相对精确的搜索。

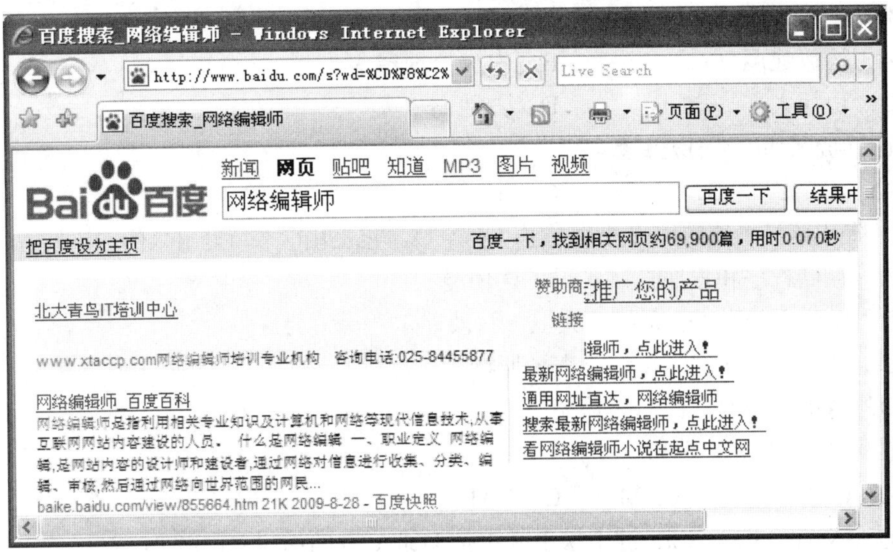

图 3.5 百度搜索

(1)“+”号的使用：用加号把两个关键词连成一对时，只有同时满足这两个关键词的匹配才有效，而只满足其中一项的将被排除。例如我们输入“电脑+计算”，则在查询“电脑”的结果中将不包含“计算”的结果排除。

(2)“-”号的使用：如果两个关键词之间用减号连接，那么其含义为包含第一个关键词，但结果中不含有第二个关键词。例如，我们输入“电脑-计算”，则在查询“电脑”的结果中将包含“计算”的结果排除。

(3)“()”的使用：当两个关键词用另外一种操作符号连在一起，而又想把它们列为一组时，就可以将这两个词加上圆括号。我们可以输入“(电脑-计算)+(程序设计)”来搜索包含“电脑”、不包含“计算”但同时包含“程序设计”的网站。

(4)“*”号的使用：可代替所有的数字及字母，用来检索那些变形的拼写词或不能确定的一个关键字。例如输入“电*”后查询结果可以包含电脑、电影、电视等内容。

(5) 双引号的使用：用双引号括起来的词表示要精确匹配，不包括演变形式。例如我们输入带引号的“电脑报”，则“电脑商情报”等信息就不会在结果中出现。

(6) 逗号的使用：逗号的作用类似于逻辑运算符中的“或”运算，也是寻找那些至少包含一个指定关键字的文档。与其不同的是，查询所得的文档中包含关键字越多，文档排列的位置越靠前。例如，查询的关键字是“数字，图书馆，网络”，在查询时，同时包含这三个关键字的文档将出现在前面。

知识巩固

1. 单选题

(1) 一般个人办公使用的计算机叫(　　)。

A．微型机　　B．服务器

C．计算器　　D．工作站

(2) 代表计算机性能的一项重要指标是(　　)。

A．运算速度　　B．中央处理器多

C．功耗大　　D．占地面积大

(3) 计算机采用(　　)进制数。

A．八　　B．二　　C．十　　D．十六

(4) 目前计算机系统的工作原理是基于(　　)，它是由(　　)提出来的。

A．存储程序和程序控制，冯·诺依曼

B．操作系统和 I/O 系统，大卫·科波菲尔

C．文件系统和网络系统，李·斯特

D．进程和线程，比尔·盖茨

(5) 计算机辅助设计又叫(　　)。

A．CAD　　B．CAM　　C．CAI　　D．EAI

(6) 选中文件，按下 Shift 键不松手，再按 Delete 键的结果是(　　)。

A．将文件删除到垃圾桶中

B．将文件移动到其他位置

C．将文件不可恢复地删除

D．将文件更改名称

(7) 病毒通常通过移动存储设备和(　　)等途径进行传播。

A．非法关机　　B．计算机网络

C．正常操作　　D．声卡和喇叭

(8) 按照距离划分网络，可以分为广域和(　　) 网。

A．电话　　B．有线电视

C．无线　　D．局域

2. 多选题

(1) 处理声音文件常常采用(　　)软件。

A．QuickTime　　B．Sound Forge　　C．Cool EditPro

D．WaveLAB　　E．Media Player　　F．Fireworks

(2) 如果需要制作动画则采用(　　)软件更好。

A．PowerPoint　　B．Notepad　　C．Wordpad

D．Flash　　E．3ds Max　　F．Excel

(3) 对图像的处理可以采用(　　)软件。

A．Photoshop　　B．Fireworks　　C．Illustrator

D．Freehand　　E．CorelDraw　　F．Word

(4) 在网络上需要注意的问题是(　　)等。

A．病毒　　B．说话　　C．黑客

D．写文章　　E．保密　　F．绘画

技能训练

1．在搜索引擎中分别使用+、“”、()、-和*等进行关键词搜索，体验其不同的含义。

2．分别在 MSN、QQ 等即时聊天工具中练习使用其文件传输功能和文字、语音、视频交流功能等。

岗位体验

中国入网 15 年闵大洪说网民心声：感谢互联网

4 月 20 日，中国互联网信息中心(CNNIC)正式对外发布了中国互联网 15 年十件大事的评选结果，包括网民投票和专家评选。

评选结果。

(1) 1994 年 4 月 20 日中国全功能接入 Internet。

(2) 1995 年 1 月 Internet 开始面向全社会提供商业接入服务。

(3) 1996 年 2 月 1 日国务院发布《中华人民共和国计算机信息网络国际联网管理暂行规定》。

(4) 1997 年 2 月中国最早、最大的民营 ISP、ICP 瀛海威全国大网开通。

(5) 1997 年 6 月 3 日中国互联网络信息中心(CNNIC)成立。

(6) 1999 年 7 月 12 日中华网作为首支中国概念网络公司股在美国纳斯达克上市。

(7) 2001 年 5 月 25 日中国互联网协会成立。

(8) 2006 年 1 月 1 日中央人民政府门户网站(www.gov.cn)正式开通。

(9) 互联网在四川“5・12”抗震救灾报道中发挥重要作用。

(10) 我国网民总人数首次跃居世界第一。

《中国互联网发展大事记》发布后，被政府部门、科研机构、业内人士、新闻媒体，以及国外相关机构广泛引用，被视为最权威的记载和反映。它又是一个动态的不断修正的过程。

(资料来源：新华网，2009-6-1)

假如你是某网站的网络编辑员，需要做一个关于互联网发展的专题栏目，请你使用搜索引擎对上述材料中的大事记内容进行收集整理，并体验网络编辑在收集、整理资料的工作过程所付出的艰辛。

第 2 部分　网络编辑基本技术

第 4 章　多媒体基本技术

学习目标

❖ 知识目标：

(1) 了解网络图片的格式特点；
(2) 了解动画的基本概念；
(3) 掌握音频和视频的作用与分类；
(4) 掌握 Flash 动画的作用与分类。

❖ 技能目标：

(1) 学生能使用 Photoshop 对图形图像进行简单处理；
(2) 学生能够使用 Windows 录音机录制和编辑音频文件；
(3) 学生能使用 Premiere 对视频文件进行简单的编辑。

引 例

福建、上海两例甲型 H1N1 流感疑似病例被确诊

央视 2009 年 5 月 28 日新闻视频截图如图 4.1 所示。

央视网消息(新闻联播)：

福建和上海卫生部门昨天报告的 2 例输入性甲型 H1N1 流感疑似病例今天被诊断为确诊病例。广州和上海今天共报告两例输入性甲型 H1N1 流感疑似病例。截至今天下午 6 点，我国内地共报告输入性甲型 H1N1 流感确诊病例 15 例，疑似 2 例。两名已被确诊的病例目前病情稳定。

福建省首例甲型 H1N1 流感患者经过精心治疗，今天已经康复出院。

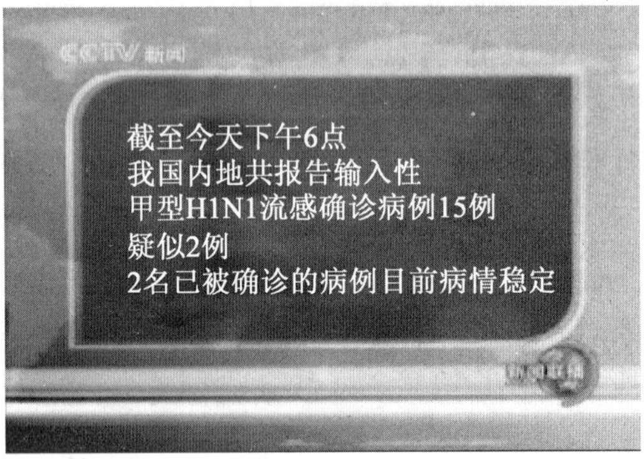

图 4.1　央视 2009 年 5 月 28 日新闻视频截图

(资料来源：http://news.cctv.com/china/20090528/103175.shtml)

互联网以其范围广、传播迅速成为许多新闻的传播平台，除了传统的文字信息以外，图片、音频、视频等多媒体内容也都越来越多地利用互联网来发布。除了新闻外，多媒体信息

还广泛应用在其他领域，例如网上广播、娱乐节目、DV 短剧等，使互联网内容更加丰富，也使人们获取各种需求更加快捷。

4.1　平面图像的基本技术

平面图像是多媒体信息的主要类型，也是信息传递的最常见的方式之一。平面图像的编辑处理技术从属于多媒体技术。

4.1.1　网络图片的格式及特点

在网络中，常用的图像格式主要有 JPEG、GIF、PNG 以及 BMP 等，它们有各自的特点。同一内容的素材采用不同的格式后，其形成的文件大小和质量有很大的差别，应根据不同的需要选用。

1. JPEG 格式

JPEG 的完整含义是联合图片专家组(Joint Photographic Exerts Group，JPG 为缩写格式)，它是开发这种格式的组织机构名称。这种图像文件格式可以用不同的压缩比例进行压缩，其压缩技术十分先进，对图像质量影响不大，是一种略失真压缩的图形文件格式，因此可以用较少的磁盘空间得到较高的图像质量，在 Internet 上是主流图形格式(95%的新闻图片都是 JPEG 格式)，几乎所有的计算机和操作系统都支持，经扫描处理最后所得出的图片大部分也都是这个格式。

JPEG 是一种很灵活的格式，具有调节图像质量的功能，允许用不同的压缩比例对文件进行压缩，压缩比率通常为 10∶1～40∶1，压缩比越大，品质就越低；相反地，压缩比越小，品质就越高。所以如果你需要使用 JPEG 格式保存图像，最好等到图像最后编辑完成后再进行保存。

JPEG 格式压缩的主要是高频信息，对色彩的信息保留较好，适合应用于互联网，可减少图像的传输和下载时间，可支持 24 bit 真彩色，也普遍应用于需要连续色调的图像。目前各类浏览器均支持这种图像格式。

JPEG 的缺点是，它会有损压缩格式，将图像压缩在很小的存储空间，图像中重复或不重复的资料会被丢失，因此容易造成图像数据的损伤。如果追求高品质图像，不宜采用过高的压缩比例。

2. GIF 格式

GIF 图形交换格式是 Graphics Interchange Format 的缩写，该图形格式在 Internet 上被广泛应用，主要原因是文件较小，适合网络环境传输和使用，并且 256 种颜色已能满足主页图形的需要。GIF 格式的一个变种(正式叫 GIF89a)还支持透明区域和小动画，很多人用它来实现小幅动画演示，以前可以说是它最大的优点，不过现在已逐渐被 Flash 所替代。

GIF 也是 Internet 上使用最早、应用最广泛的图像格式。准确地说，GIF 减少了图像调色板中的色彩数量，从而在存储时达到减小图像文件大小的目的。GIF 格式可以在保持图像尺寸不变的情况下，通过减少图像中每点的色彩数来减小图像文件的大小。

GIF 特点：①GIF 只支持 256 色以内的图像；②GIF 采用无损压缩存储，在不影响图像质量的情况下，可以生成很小的文件；③它支持透明色，可以使图像浮现在背景之上；④GIF 文件可以制作动画，这是它最突出的一个特点。

3. PNG 格式

PNG 是 Portable Network Graphics 的缩写，原名为“可移植网络图形”，是一种通用的网页图形格式。PNG 是一种新兴的网络图形格式，结合了 GIF 和 JPEG 的优点，具有存储形式丰富的特点。

PNG 是目前保证最不失真的格式，它的特点是：①它汲取了 GIF 和 JPEG 两者的优点，兼有 GIF 和 JPEG 的色彩模式；②它能把图像文件压缩到极限以利于网络传输，又能保留所有与图像品质有关的信息；③显示速度很快，只需下载 1/64 的图像信息就可以显示出低分辨率的预览图像；④PNG 同样支持透明图像的制作。透明图像在制作网页时非常有用，把图像背景设为透明，用网页本身的颜色信息来代替设为透明的色彩，可让图像和网页背景和谐地融合在一起。

PNG 的缺点是不支持动画应用效果。

4. BMP 格式

BMP 是英文 Bitmap(位图)的缩写，是 Windows 操作系统中的标准图像文件格式，是 Windows 环境中交换与图有关的数据的一种标准，因此在 Windows 环境中运行的图形图像软件都支持 BMP 图像格式。BMP 是一种与硬件设备无关的图像文件格式，使用非常广。

BMP 格式的特点是包含的图像信息较丰富，采用位映射存储格式，除了图像深度可选之外，不采用其他任何压缩，因此，BMP 文件所占用的空间很大。最典型的应用 BMP 格式的程序就是 Windows 的画笔和墙纸。BMP 格式的文件一般不压缩，占用磁盘空间较大，所以只能应用在单机上，不太受网络欢迎，不过网上这种图片还是占据一部分的。

5. Photo CD 和 Pro Photo CD

Photo CD 是伊斯曼柯达公司开发的一种专门用于往 CD-ROM 上传输幻灯片和胶片负片的文件格式。图像编辑和分类程序可以打开 Photo CD 图像，但是不能以这种格式保存。Photo CD 格式可以用 5 种不同的大小保存同一图像，从 128 像素×192 像素一直到 2 048 像素×3 072 像素。Pro Photo CD 格式专门为需要超高分辨率图像的专业人员而设计，它可以以 4 096 像素×6 144 像素标准保存图像。网上的图库有些是由 Photo CD 转化的，一般是数码图库，这些系列图的量非常大，深为设计人士所喜爱，也有人喜欢收集。

6. PICT 格式

PICT 格式是在 Mac 机 QuickDraw 屏幕语言基础上开发的，属于 Mac 机上使用的一种本机图像格式。如果 Mac 机上安装了 QuickTime 软件，就可以使用 JPEG 压缩方式压缩 PICT 图像。但应该知道，QuickTime 格式的 JPEG 压缩可能要比常规的 JPEG 格式保存的文件更多地破坏图像。正因如此，保存成 JPEG 的文件在大多数情况下比 PICT 文件更清晰。使用 PICT 格式的原因是能让那些没有图像编辑软件的人们看到你的图像。这种图在网上并不常见，但不得不提，这毕竟是被称为图形设计专用计算机——苹果机上的图形格式。

4.1.2 Photoshop 的基本使用

在平面图像处理中，Photoshop 是我们常用的一种工具，现将一些基本使用方法介绍如下。

1. 新建文件

打开 Photoshop 主窗口，如图 4.2 所示。新建图像的方式可以使用菜单“文件|新建”，或者快捷键 Ctrl＋N，也可以按住 Ctrl 键双击 Photoshop 的空白区(空白区就是既没有图像也没有调板的地方)，即出现如图 4.3 所示的“新建”对话框。

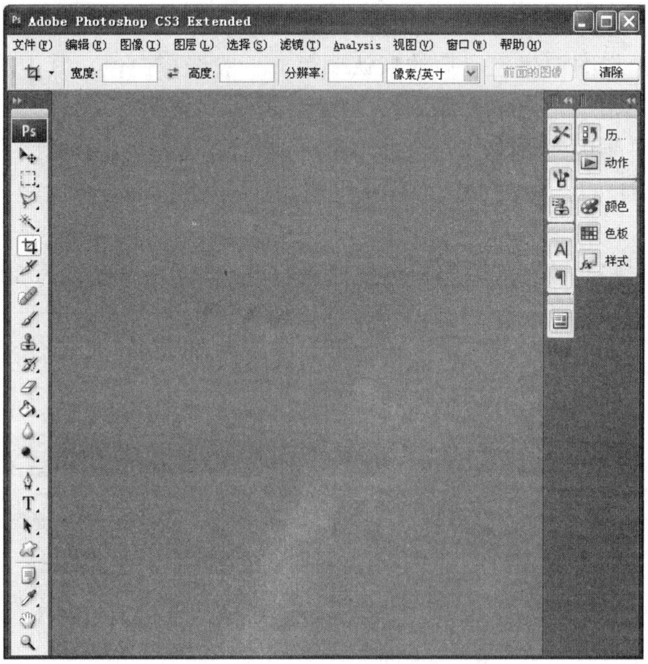

图 4.2 Photoshop 主窗口

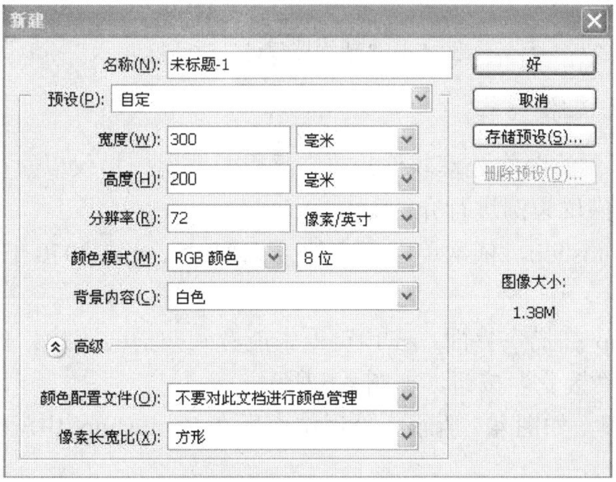

图 4.3 “新建”对话框

名称就是图像存储时候的文件名，可以在以后存储时再输入。

预设指的是已经预先定义好的一些图像大小。如果在“预设”中选择 A4、A3 或其他和打印有关的预设，高宽会转为毫米，打印分辨率会自动设为 300。如果选择 640×480 这样的预设，分辨率则为 72，高宽单位是像素。在“宽度”和“高度”中可以自行填入数字，但在填入前应先注意单位的选择是否正确。避免把 640 像素输入成 640 厘米之类的问题。分辨率一般应以“像素/英寸”为准。

在“颜色模式”的选择上，一般来说，如果是印刷或打印用途选择 CMYK；其余用途选择 RGB 即可。如果用灰度模式，图像中就不能包含色彩信息；位图模式下图像只能有黑白两种颜色；LAB 模式我们将在以后介绍。“颜色模式”后面的通道数一般我们选用 8 位就足够了。但如果颜色模式选择位图的话，通道数只能是 1 位的。

“背景内容”是指图像建立以后的默认颜色，一般选择白色。其中的“背景色”选项需要参照 Photoshop 现在所设置的背景颜色。还有一种是“透明”。

在高级设置中“颜色配置文件”选择不进行颜色管理。像素长宽比为方形。方形就是正方形，长宽比为 1∶1 的。有些 DV(数码摄像机)的像素不是正方形而是各种不同长宽比的长方形。

若手工输入了一些非预设的内容，例如把宽度设为 400，高度设为 300，如果这些设定在原先的预设选项中不存在的话，“存储预设”按钮就可以使用了。所谓存储预设就是把你现在的一些设定保存下来，下次可以直接从预设列表中找到，避免重复输入。单击“存储预设”按钮后，显示“新文档预设”对话框如图 4.4 所示。

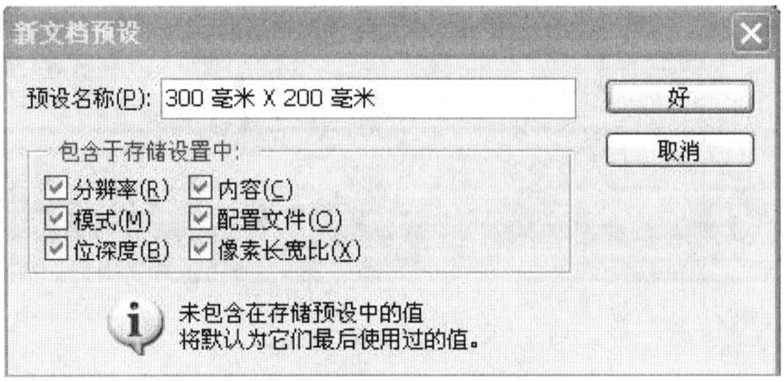

图 4.4 “新文档预设”对话框

2. 扫描输入图形/图像

Photoshop 作为常见的图像处理软件，被广泛用于调用扫描仪以及直接编辑扫描结果。下面以使用 HP(惠普)扫描仪为例进行介绍。

步骤 1：启动 Photoshop，依次单击“文件|导入|HP Scanjet 4070 TWAIN”，即选择扫描仪设备，如图 4.5 所示。

步骤 2：弹出“hp 扫描”界面，在预览框中能看到扫描的图片。拉动虚线框选定需要的范围，操作完成单击“接受”按钮，如图 4.6 所示。

步骤 3：扫描处理，如图 4.7 所示。处理结束后在 Photoshop 中就能看到需要的图片了，如图 4.8 所示。

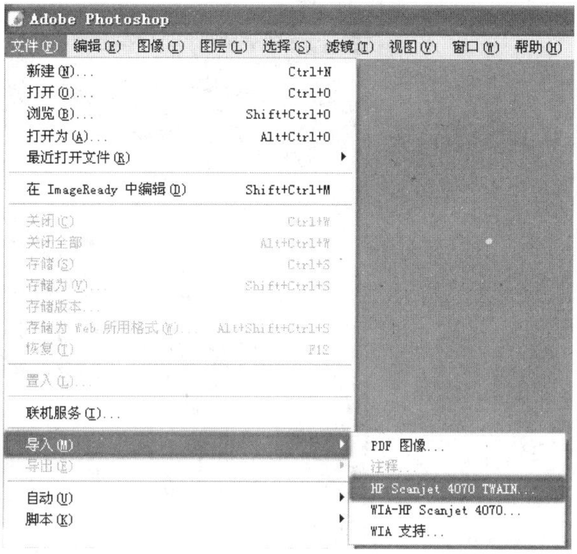

图 4.5　选择扫描仪

图 4.6　预览

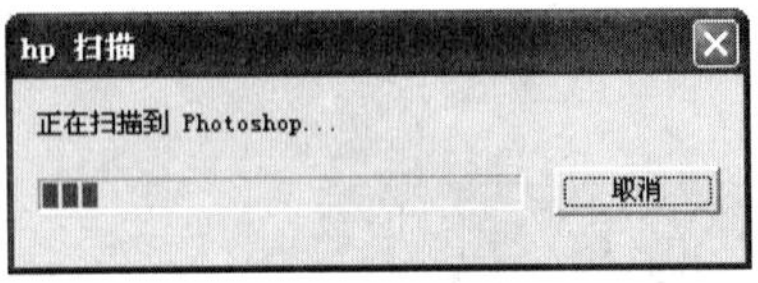

图 4.7　扫描处理

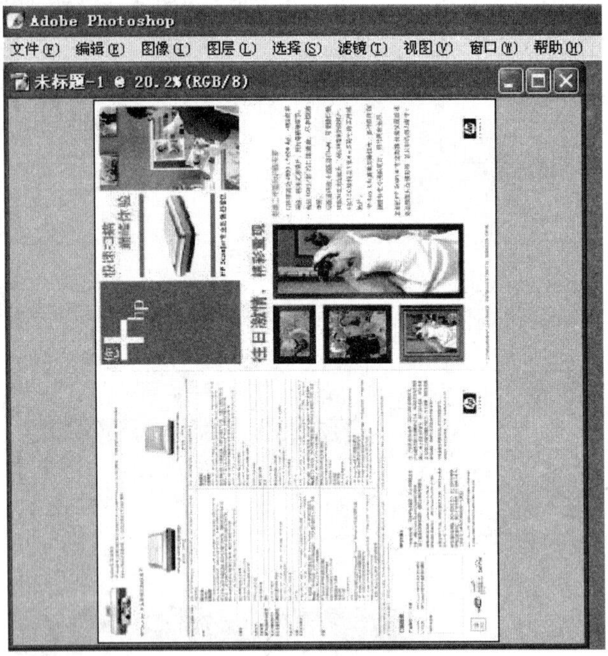

图 4.8　显示扫描图片

步骤 4：保存扫描图片。依次单击“文件|存储为”，保存图片。根据需要用户可将扫描图像存储为 BMP、JPEG、TIF 等多种文件格式。

Photoshop 还具备将已经保存的图片转换成其他图片格式的功能。例如，可以把一个 BMP 格式的文件转存为 JPEG 或其他格式的图片文件，包括 PDF 格式，如图 4.9 所示。

图 4.9　选择保存类型

3. 常用选取工具的使用

在进行图像编辑和处理时，首先要选中一个区域，我们一般用选取工具来完成，选取工具在工具箱的最上面，如图 4.10 所示。选取工具包括规则区域选取工具、不规则区域选取工具、相近颜色选取工具等。被选取区域用沿顺时针转动的黑白线(蚂蚁线)表示。选取区域就是用来编辑的范围，一切命令只对选取区域有效，对选区外无效。

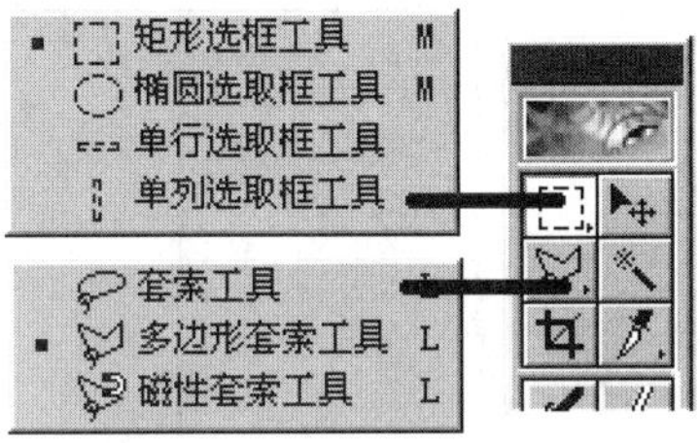

图 4.10 选取工具

1) 规则区域选取工具

规则区域选取工具包括矩形选框工具、椭圆选取框工具、单行选取框工具、单列选取框工具。下面以矩形选框工具为例加以说明。

在矩形选框工具被选中时，可以用鼠标在图层上拖拉选取某个区域，如图 4.11 所示为用矩形选框工具选择的效果图。矩形选取工具选项栏分为三部分：修改方式，羽化与消除锯齿，样式。羽化可以消除选择区域的正常硬变边界对其柔化，也就是使边界产生一个过渡段，其取值为 2～255 像素。样式是用来规定拉出的矩形选框的形状的。椭圆选取框工具和矩形选框工具应用类似。

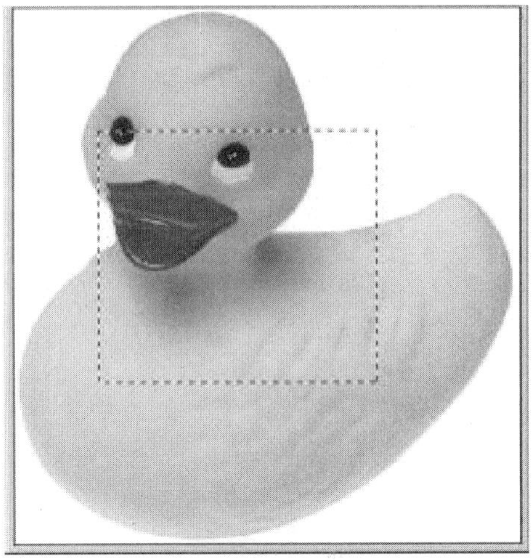

图 4.11 矩形选框工具

2) 不规则区域选取工具

不规则区域选取工具包括套索工具、多边形套索工具和磁性套索工具。

(1) 套索工具。如果所要选取的图形不规则，非矩形面罩和椭圆面罩所能做到的，这时就可以利用套索工具，它以徒手画的方式描绘出不规则形状的选取区域，如图 4.12 所示。

(2) 多边形套索工具。用多边形套索工具可以在图像中选取不规则的多边图形。将鼠标移到图像起点处单击，然后再单击每一节点，来确定每一条直线。当回到起点时，光标下就会出现一个小圆圈，表示选择区域已封闭，再单击鼠标即可完成此操作，如图 4.13 所示。

图 4.12　套索工具

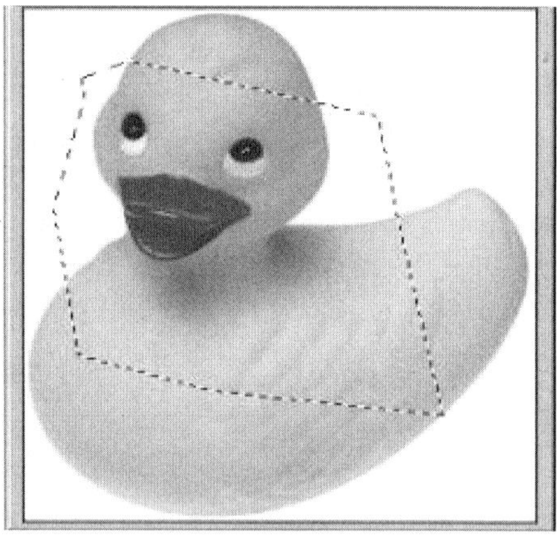

图 4.13　多边形套索工具

(3) 磁性套索工具。磁性套索工具是一种具有可识别边缘的套索工具，可在图像中选出不规则的但图形颜色和背景颜色反差较大的图形。选中按钮，任务栏多了套索宽度和频率，前者用于设置磁性套索工具在选取时探查的距离，后者用来制定套索连接点的连接频率。鼠标移到图像上单击选取起点，然后沿图形边缘移动鼠标，无须按住鼠标，回到起点时会在鼠标的右下角出现一个小圆圈，表示区域已封闭，此时单击鼠标即可完成此操作，如图 4.14 所示。

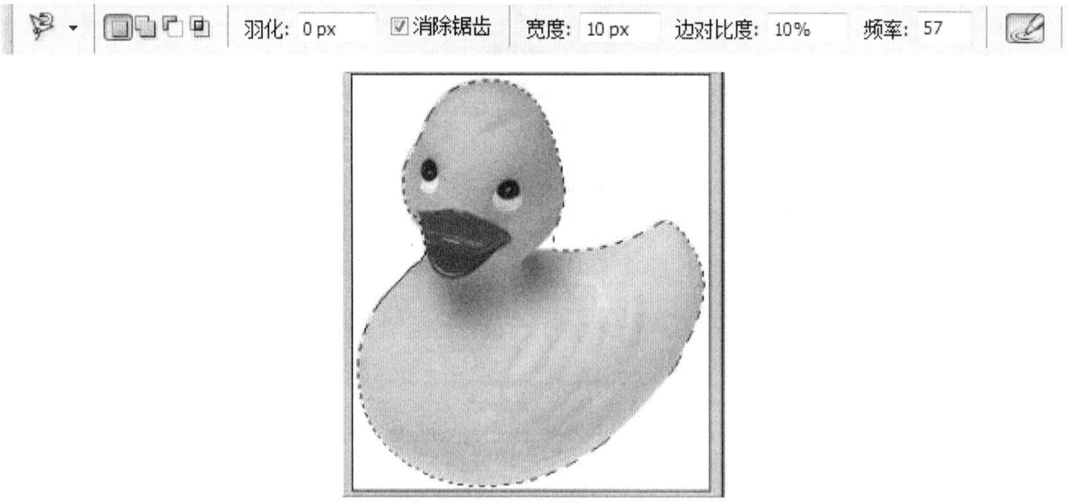

图 4.14　磁性索套工具

3) 相近颜色选取工具

相近颜色选取操作可以使用魔术棒工具或使用菜单“选择|色彩范围”命令来完成。这里以魔术棒为例进行说明。

魔术棒是一个神奇的选取工具，可以用来选取图像中颜色相似的区域。当用魔术棒单击某个点时，与该点颜色相似和相近的区域将被选中，可以在一些情况下节省大量的精力来达到意想不到的结果。通过设定魔术棒的任务面板中的容差值，可以控制其颜色的相似程度，如图 4.15 所示。

图 4.15　魔术棒工具

容差是用来控制颜色误差范围的，值越大，选择区域越广，数值范围为 0～255。图 4.16 是容差取值不同时的效果图。

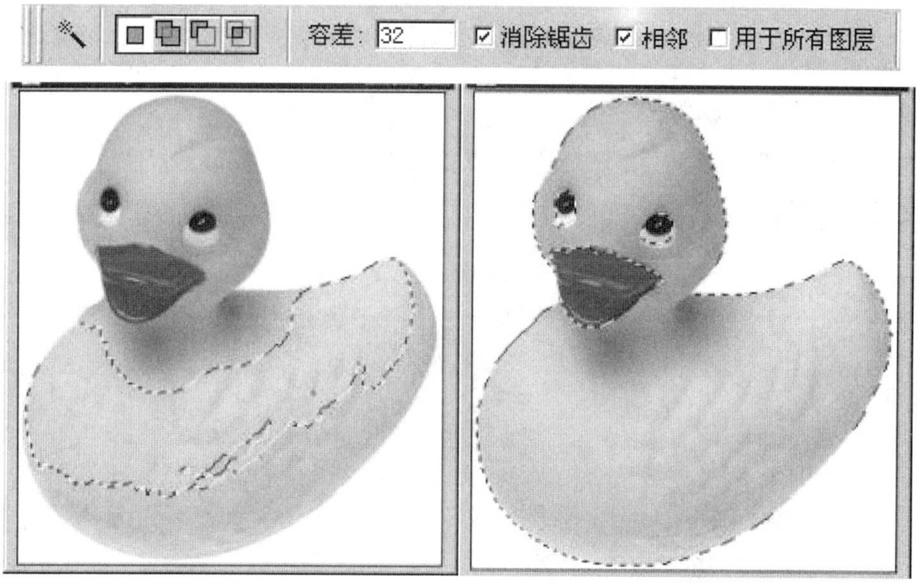

图 4.16　不同容差的效果图

在处理选取区域时，不管对选取区域进行什么处理，只能够编辑选取区域内的部分。被选择部分是画布上唯一被激活的内容。

在 Photoshop 中进行选择的具体步骤如下。

步骤 1：启动 Photoshop，然后单击“文件|打开”命令，打开一张图片，如图 4.17 所示。

图 4.17 打开图片

步骤 2：在工具箱里选择快速选择工具，在图像的红花上试着拖动一下鼠标，可以发现图像中出现了一个虚线框，这个区域就是选中的区域，如图 4.18 所示。

图 4.18 选择区域

步骤 3：单击菜单栏中的“编辑|复制”命令，对选中的图像进行复制。

步骤 4：单击菜单栏中的“文件|新建”命令，弹出“新建”对话框，直接单击“好”，大小便自动调好。

步骤 5：单击菜单栏中的“编辑|粘贴”命令，把刚才复制的图像粘贴到新建的图层里。

步骤 6：把选择的图片单独保存起来，重新命名后，将文件保存到自己的文件夹中。

Photoshop 包括以下选择技巧。

(1) 使用“矩形选框工具”时，按住 Shift 键可以画出正方形和正圆的选区，按住 Alt 键将以起始点为中心勾画选区。

(2) 使用“重新选择”命令或 Ctrl+Shift+D 组合键来载入/恢复之前的选区。

(3) 在使用“套索工具”勾画选区时，按 Alt 键可以在“套索工具”和“多边形套索工具”间切换。

(4) 勾画选区时，按住空格键可以移动正在勾画的选区，按住 Shift 或 Alt 键可以增加或修剪当前选区，同时按下 Shift 键和 Alt 键可以选取两个选区中相交的部分。

4. 修改图形|图像的大小

在 Photoshop 中打开一幅图片，通过菜单栏“图像|图像大小”打开“图像大小”对话框，如图 4.19 所示。

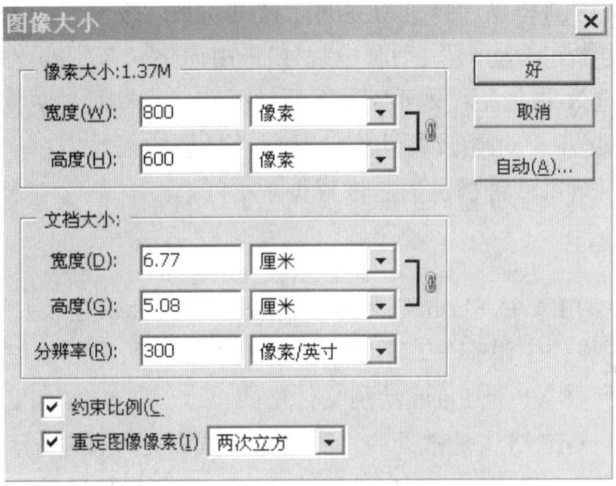

图 4.19 “图像大小”对话框

在图 4.19 所示的对话框中可以根据编辑的需要修改图像的大小，修改好后可以另存为用户需要的图像文件。

4.2 Flash 动画概述

Flash 是一种交互式矢量多媒体技术，是制作互联网上动态效果的二维动画软件。Flash 具有跨平台的特性，无论在哪种平台上，只要安装了支持的 Flash Player，就能保证它们的最终显示效果都一致。它在 Web 应用服务、站点建设、多媒体娱乐、游戏开发、手机领域开发等方面具有广泛的应用。

4.2.1 动画基础知识

1. 动画的概念

动画是通过连续播放一系列连续的多个静态画面，以产生运动画面的一种技术，通过一定速度的播放可达到画中形象连续变化的效果。每一幅图片称为动画的一帧，它可以通过计算机产生和记录。利用人类眼睛的“视觉暂留”(人的眼睛看到一幅画或一个物体后，在 1/24 秒内不会消失)的特性，在一幅画面还没有消失前播放出下一幅画面，就会给人造成一种流畅的视觉变化效果。因此，电影采用了每秒 24 幅画面的速度拍摄和播放，电视采用了每秒 25 幅(PAL 制)或 30 幅(NSTC 制)画面的速度拍摄和播放。如果以每秒低于 24 幅画面的速度拍摄或播放，就会出现不连续或停顿现象。

2. 动画的分类

根据不同的分类方法，动画可以被分为不同的种类。从制作技术和手段看，动画可分为以手工绘制为主的传统动画和以计算机为主的计算机动画。按动作的表现形式来分，动画大致分为接近自然动作的“完善动画”(动画电视)和采用简化、夸张的“局限动画”(幻灯片动画)。如果从空间的视觉效果上看，又可分为平面动画和三维动画。从播放效果上看，可分为顺序动画(连续动作)和交互式动画(反复动作)。从每秒播放的幅数来看，可分为全动画(每秒钟播放 24 幅图像)和半动画(每秒钟播放的图像数少于 24 幅)。

3. 动画文件格式和特点

(1) FLA 格式文件。FLA 是 Flash 源文件存放格式。在 Flash 中，大量的图形是矢量图形，因此，在放大与缩小的操作中没有失真，它制作的动画文件所占的体积较小。

(2) SWF 格式文件。SWF 是 Flash 动画文件格式。

(3) GIF 格式文件。GIF 格式是常见的二维动画格式，是位图动画。

以上是常见的动画文件格式，动画文件格式不同，需要播放的软件也不同。FLA 文件和 SWF 文件可以使用 Flash Player 来播放；GIF 位图动画可以用 Windows 自带的程序打开，如 Internet Explorer 等。

4. 常用动画工具软件

动画制作软件是创作动画的工具，通过交互式的操作，就可根据动画构思制作出计算机动画。根据创作的对象不同，动画制作软件分成二维和三维动画软件两种。比较流行的二维动画软件有 Macromedia 公司的 Flash 和 Autodesk 公司的 Animator Studio。二维动画是平面动画，其中，Flash 已成为交互式矢量动画的标准。使用矢量图形制作动画具有缩放不失真、文件体积小、适合在网上传输等特点。常见的三维动画软件有 COOL 3D 立体字动画制作软件和著名的 3ds Max 等。三维动画属于造型动画，可以模拟真实的三维空间。通过计算机构造三维几何造型，并给表面赋予颜色、纹理，然后设计三维形体的运动、变形，调整灯光的强度、位置及移动，最后生成一系列可供动态实时播放的连续图像。三维动画可以实现平移、旋转、模拟摄像机的变焦、平转等的立体操作。

4.2.2 Flash 概述

Flash 是美国 Macromedia 公司于 1996 年 6 月推出的一款二维矢量动画制作软件，因其体积小，强大的动画制作功能和友好的界面而受到全世界数以亿计人们的喜爱。它使网页中不再只有简单的 GIF 动画或 Java 小程序，而是一个完全交互式的多媒体网站，被广泛应用于网页设计和多媒体创作中。

目前，Flash 技术已经成为交互式矢量图和 Web 动画的标准，它可以将音乐、声效、动画以及富有新意的界面融合在一起，制作出高品质的动画和网页动态效果。Flash 作品占用带宽小，生成的文件小，非常适合通过网络发布和传播。近年来，随着 Flash 软件功能的不断升级与改进，也使 Flash 被越来越多地应用到更多的领域中。

Flash 的制作以时间轴为主线，方便地控制每一关键帧，还可根据需要调整每秒显示的帧数。

Flash 动画具有如下特点。

(1) 使用矢量图形和流式播放技术。与位图图形不同的是，矢量图形可以任意缩放尺寸而不影响图形的质量；流式播放技术使得动画可以边播放边下载，从而缓解了网页浏览者焦急等待的情绪。

(2) 通过使用关键帧和图形、符号使所生成的动画(.swf)文件非常小，几 KB 的动画文件已经可以得到许多令人心动的动画效果，用在网页设计上可以使网页更加生动、小巧玲珑、下载迅速，使得动画可以在打开网页很短的时间里就得以播放。

(3) 把音乐、动画、声效、交互方式等融合在一起，越来越多的人已经把 Flash 作为网页动画设计的首选工具，并且创作出了许多令人叹为观止的动画(电影)效果，而且 Flash 4.0 以后的版本中已经可以支持 MP3 的音乐格式，这使得加入音乐的动画文件也能保持小巧的“身材”。

(4) 强大的动画编辑功能使得设计者可以随心所欲地设计出高品质的动画，通过 Action 和 FS Command 可以实现交互性，使 Flash 具有更大的设计自由度。另外，它与当今最流行的网页设计工具 Dreamweaver 配合默契，可以直接嵌入网页的任何位置，非常方便。

总之，Flash 已经慢慢成为网页动画的制作标准，成为一种新的技术发展方向。

4.2.3 Flash 动画的作用与分类

HTML 语言的功能十分有限，难以实现令人耳目一新的动态效果，在这种情况下，各种脚本语言应运而生，使得网页设计更加多样化。然而，程序设计总是不能很好地普及，因为它需要一定的编程能力，而人们更需要一种既简单直观又功能强大的动画设计工具，Flash 的出现正好满足了这种需求。

Flash 动画是以时间轴为基础的帧动画。简单的 Flash 动画可以由几帧连续的画面组成。对于复杂的动画作品，Flash 用到了“场景”这个概念，每一个场景包含一个独立的主时间轴，可以将多个场景组合以产生不同的交互播放效果。在制作过程中，按照制作方法和生成原理不同，可以将 Flash 动画分成两种类型。

1. 逐帧动画

逐帧动画是最常见且最容易实现的动画形式。逐帧动画在每一帧中都会更改舞台内容，它最适合于图像在每一帧中都在变化而不是在舞台上移动的复杂动画。创建逐帧动画，需要将每个帧都定义为关键帧，然后为每个帧创建不同的图像。每个新关键帧最初包含的内容和它前面的关键帧是一样的，因此可以递增地修改动画中的帧。

逐帧动画在时间帧上表现为连续出现的关键帧，如图 4.20 所示。

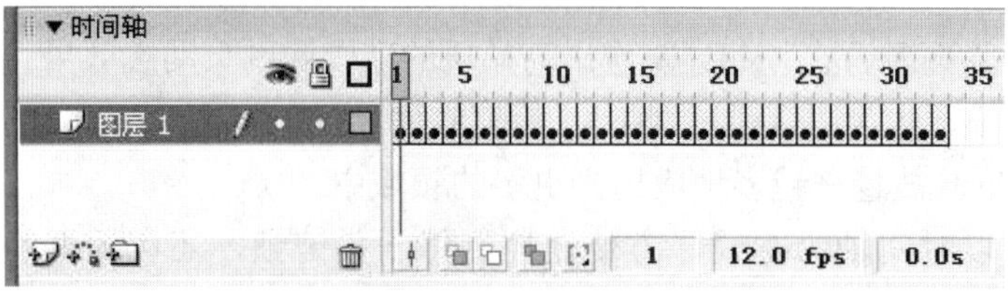

图 4.20　逐帧动画

由于逐帧动画的帧序列内容不一样，因此不仅会增加制作负担而且最终输出的文件量也很大。但它的优势也很明显：因为它与电影播放模式相似，很适合于表演很细腻的动画，如 3D 效果、人物或动物急剧转身等效果。

下面以制作一个圆球从左边运动到右边为例来进行说明。

步骤 1：运行 Flash，执行“文件|新建”命令，在弹出的对话框中选择“Flash 文档”选项后，单击“确定”按钮，新建一个影片文档，文档属性为默认值，如图 4.21 所示。

图 4.21　创建新文档

步骤 2：选择工具栏中的工具，在工作区画一个圆球，如图 4.22 所示。

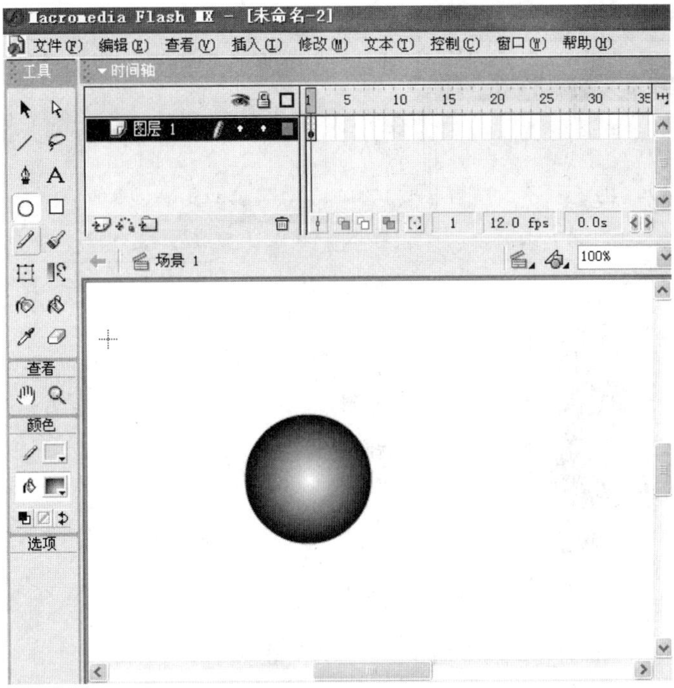

图 4.22　在工作区画一个圆球

步骤 3：选择第 1 帧，把圆球拖到舞台左边，如图 4.23 所示。

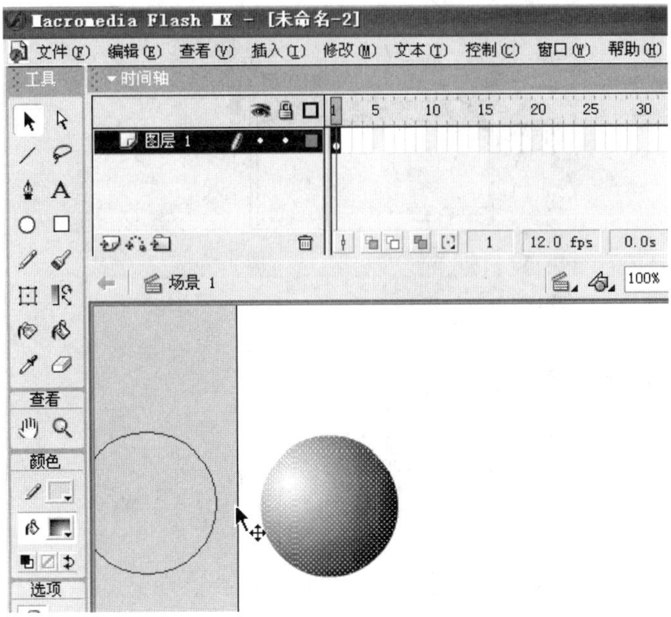

图 4.23　拖动圆球

步骤 4：选择第 2 帧右击，在弹出的菜单中选择“插入关键帧”选项，或按 F6 键插入关键帧，如图 4.24 所示。

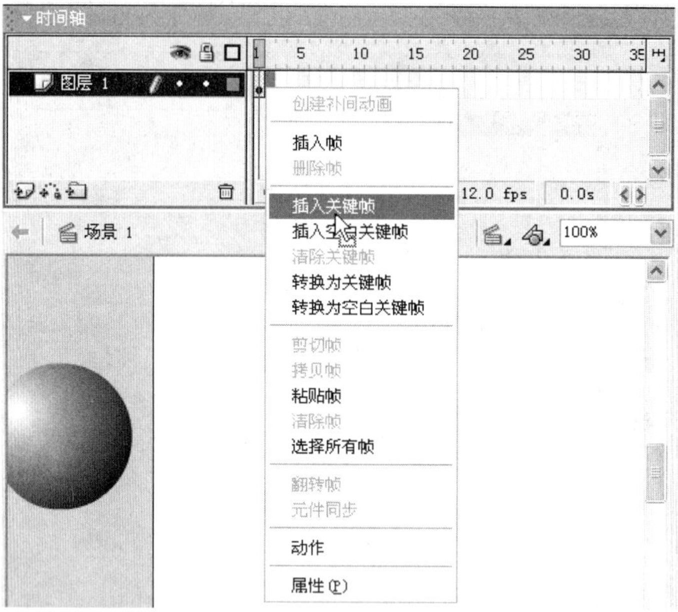

图 4.24 插入关键帧

步骤 5：选择工具栏中的工具，拖住圆球往右移动一点，如果想要圆球运动得快一些，可以移动得多一点，反之则移动得少一点，如图 4.25 所示。

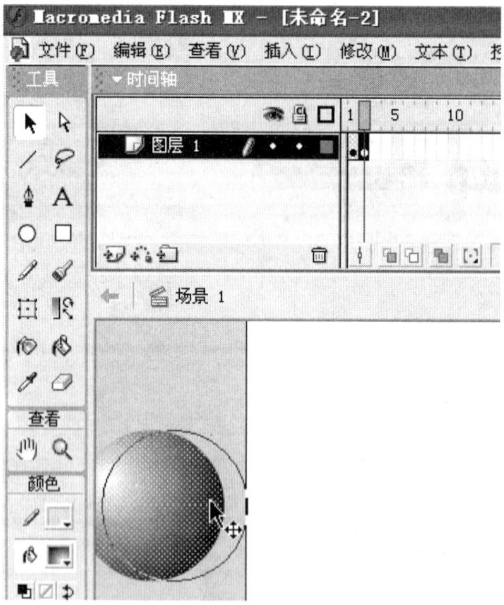

图 4.25 移动圆球

步骤 6：选择第 3 帧，重复步骤 4 和步骤 5，增加过渡帧，使帧内容延续到第 15 帧。

步骤 7：动画制作完成后，单击“控制|测试影片”(快捷键 Ctrl+Enter)，观察圆球的运动效果，如果满意，执行“文件|保存”命令保存文件，如图 4.26 所示。

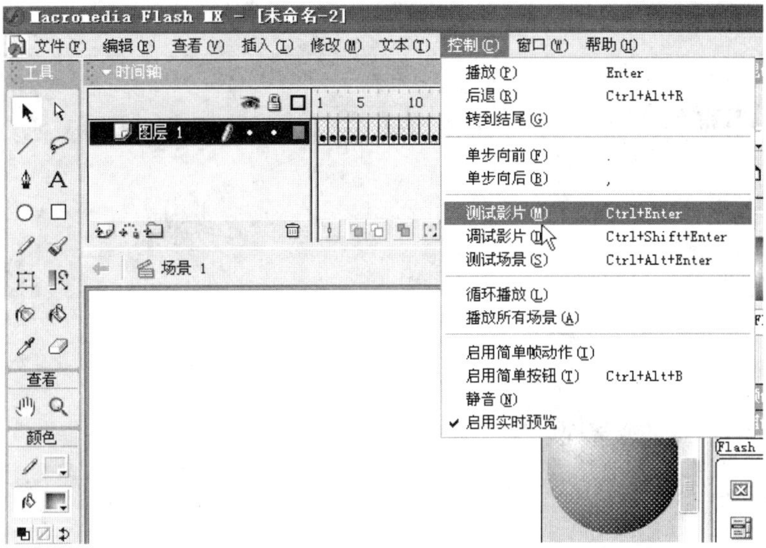

图 4.26　测试影片

2. 补间动画

补间动画又称为渐变动画。补间动画是在动画的重要位置定义关键帧(起始和结束两个关键帧)，Flash 会创建关键帧之间的帧内容。补间动画是创建随时间移动或更改的动画的一种有效方法，并且可以最大程度地减小所生成的文件大小。所以，利用补间方法比逐帧方法做出动画的速度要快。

补间动画又分成形状补间动画和运动补间动画。形状补间动画的变形对象是矢量图。运动补间动画的变形对象是元件、成组后的矢量图、可编辑文本或其他导入的素材对象。利用运动补间，可以使上述对象产生位置、大小、旋转或颜色变化的动画效果。

形状补间动画和动作补间动画都属于补间动画。前后都各有一个起始帧和结束帧，两者之间的区别如表 4-1 所示。

表 4-1　形状补间动画和动作补间动画的区别

区别之处	动作补间动画	形状补间动画
在时间轴上的表现	淡紫色背景加长箭头	淡绿色背景加长箭头
组成元素	影片剪辑、图形元件、按钮、文字、位图等	形状，如果使用图形元件、按钮、文字，则必先打散再变形
完成的作用	实现一个元件的大小、位置、颜色、透明等的变化	实现二个形状之间的变化，或一个形状的大小、位置、颜色等的变化

下面以一个从圆形变方形的补间动画为例进行说明。

步骤 1：新建一个影片文档，文档属性为默认值。

步骤 2：选择工具栏中的工具，在工作区画一个圆形，如图 4.27 所示。

步骤 3：选择时间轴的第 30 帧处右击，在弹出的菜单中选择“插入关键帧”项，如图 4.28 所示。

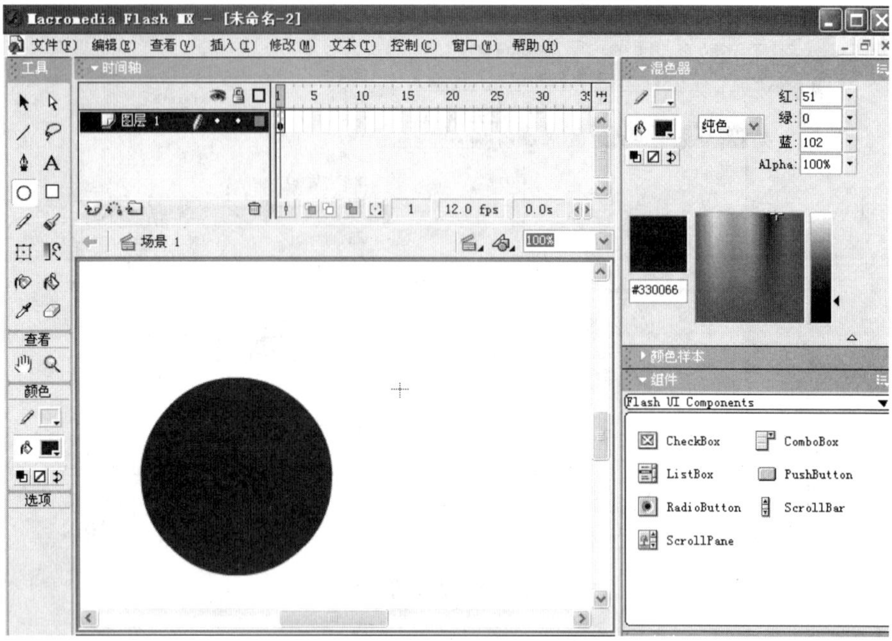

图 4.27　在工作区画一个圆

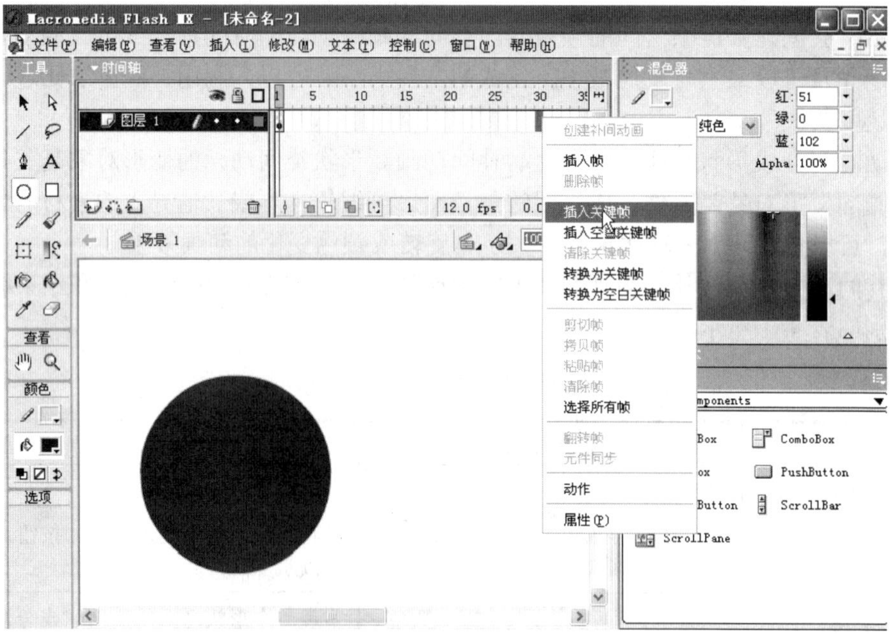

图 4.28　插入关键帧

步骤 4：选择工具栏中的 工具，选定圆后把圆删掉，然后选择工具栏中的□工具，在工作区画一个矩形，如图 4.29 所示。

步骤 5：选择第 1 帧，打开屏幕左下角的属性面板，在“补间”项中选择“形状”渐变，如图 4.30 所示。

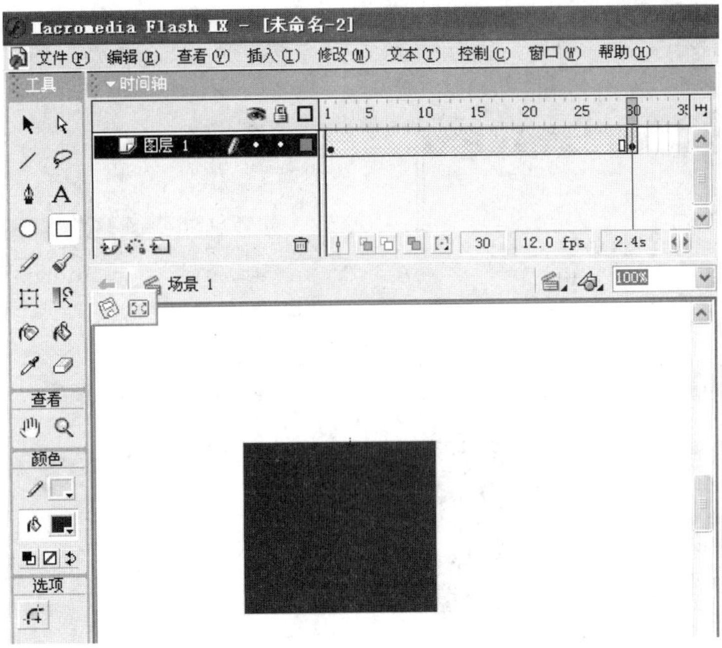

图 4.29　画一个矩形

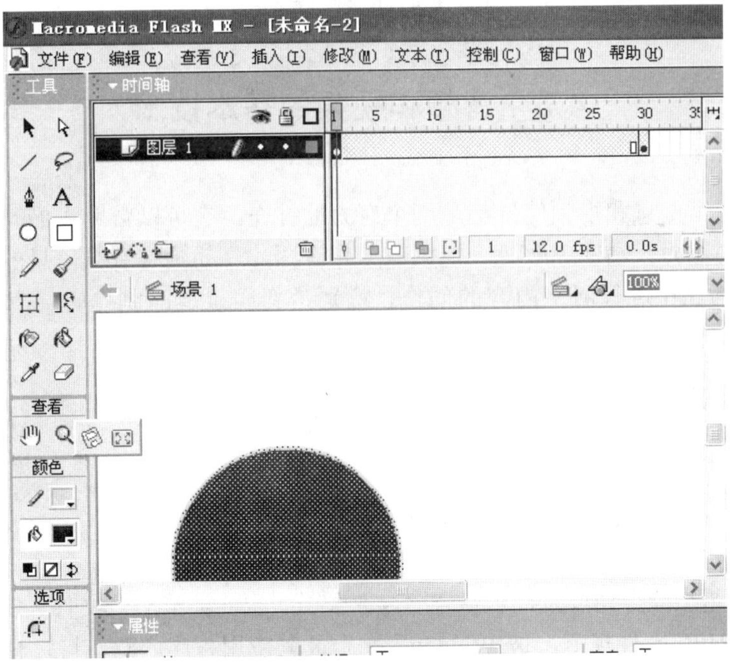

图 4.30　补间属性选择

步骤 6：单击“控制|测试影片”(快捷键 Ctrl+Enter)，观察动画效果，如果满意，执行“文件|保存”命令保存文件，如图 4.31 所示。

步骤 7：执行“文件|导出|导出影片”命令，导出影片为 SWF 文件。

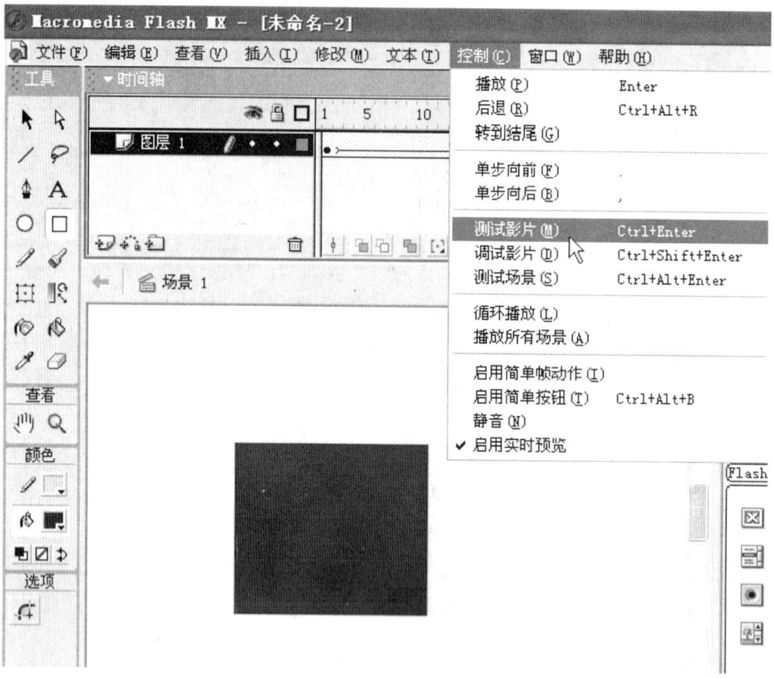

图 4.31 测试影片

4.3 音频和视频的基本技术

声音对于文字信息和视频信息都是一个有力的补充，它可以帮助人们感受现场气氛、体会情绪、增强说服力、辅助理解等。视频信息兼有图片、动画与音频信息的优点，它非常适合于新闻的传播。在进行网络内容的创作，特别是新闻报道的制作时，应该合理利用各种手段。

4.3.1 音频和视频的作用与分类

1. 音频文件的格式及特点

音频文件格式有多种，常见的有 WAV、MIDI、CDA、MP3、RM、WMA 格式。

1) WAV 格式

WAV 格式是微软公司开发的一种声音文件格式，也叫波形声音文件，是最早的数字音频格式，它符合 RIFF 文件规范，被 Windows 平台及其应用程序广泛支持，也是目前计算机上广为流行的声音文件格式，被几乎所有的音频编辑软件和多媒体制作软件支持。WAV 格式记录实际声音采样数据，可以重现各种声音。WAV 格式支持许多压缩算法，支持多种音频位数、采样频率和声道。标准格式的 WAV 文件采用 44.1 kHz 的采样频率，16 位的量化位数，因此 WAV 的音质与 CD 相差无几。但由于存储时不经过压缩，WAV 格式对存储空间需求太大，不适合长时间记录高质量的声音。

2) MIDI 格式

MIDI(Musical Instrument Digital Interface，乐器数字接口)是一种串行接口标准，允许将音乐合成器、乐器和计算机连接起来。现在的计算机声卡支持 MIDI 合成技术。声卡将来源于 MIDI 音源的声音信息转换为数字信息并以 MIDI 文件形式存入计算机。MIDI 文件是一种描述性的“音乐语言”，它将所要演奏的乐曲信息用字节进行描述。例如在某一时刻，使用什么乐器，以什么音符开始，以什么音调结束，加以什么伴奏等。也就是说，MIDI 文件本身并不包含波形数据，所以 MIDI 文件非常小巧。1 分钟的 MIDI 音乐只需要 5～10 KB 的存储空间，但 MIDI 文件重放的效果完全依赖声卡的档次。

3) CDA 格式

CDA 格式文件只存放于音乐 CD 中，大多数音频播放文件都支持 CDA 格式。CDA 格式文件并不是一个真正包含声音的信息，它只是一个索引工具，所以不论 CD 音乐的长短，在计算机上看到的 CDA 文件都是 44 B，也不能直接将 CDA 文件复制到硬盘上播放。如果需要使用 CDA 格式的音频素材，需要使用 Advanced CD Ripper Pro 等抓音轨软件将 CDA 格式的文件转换成 WAV 或者 MP3 格式。

4) MP3 格式

MP3 的全称是 Moving Picture Experts Group Audio Layer III，是当今较流行的一种数字音频编码和有损压缩格式。它被设计用来大幅度地降低音频数据量，而对于大多数用户来说，重放的音质与最初的不压缩音频相比没有明显的下降。由于这种压缩方式的全称叫 MPEG Audio Layer 3，所以人们把它简称为 MP3。MP3 是利用 MPEG Audio Layer 3 的技术，将音乐以 1∶10 甚至 1∶12 的压缩率，压缩成容量较小的音频文件。它能够在音质丢失很小的情况下把文件压缩到更小的程度，而且还非常好地保持了原来的音质。正是因为 MP3 体积小、音质高的特点，使得 MP3 格式几乎成为网上音乐的代名词。每分钟音乐的 MP3 格式只有 1 MB 左右大小，这样每首歌的大小只有 3～4 MB。使用 MP3 播放器对 MP3 文件进行实时的解压缩(解码)，这样，高品质的 MP3 音乐就播放出来了。MP3 不仅有广泛的用户端软件支持，也有很多的硬件支持，例如便携式媒体播放器(指 MP3 播放器)DVD 和 CD 播放器。

5) RM、RA 格式

(1) RM 是 Real 公司开发的网络流媒体文件格式。RM 文件使用流媒体技术，将连续不断的音频分割成一个个带有循序标记的数据包，这些数据包通过网络进行传递，在接收的过程中重新按照顺序组织起来进行播放。如果网络质量太差，有些数据包收不到或者延缓到达，它们就会被跳过不播放，以保证用户聆听的内容是基本连续的。

(2) Real Audio(即时播音系统)是 Progressive Networks 公司所开发的软件系统，是一种新型流式音频(Streaming Audio)文件格式。它包含在 Real Media 中，主要用于在低速的广域网上实时传输音频信息。Real Audio 主要适用于网络上的在线播放。现在的 Real Audio 文件格式主要有 RA(Real Audio)、RM (Real Media，RealAudio G2)、RMX (RealAudio Secured)三种，文件可以很小并且质量损失不大，有利于在网络上传输并实时播放。这些文件的共同性在于随着网络带宽的不同而改变声音的质量，在保证大多数人听到流畅声音的前提下，令带宽较宽敞的听众获得较好的音质。

6) WMA 格式

WMA(Windows Media Audio)是微软公司推出的数字音乐格式，其最大的特点是具有版权保护功能并且比 MP3 有更强大的压缩能力。WMA 格式的可保护性极强，甚至能限定播放机器、播放时间及播放次数，有利于网络音乐版权的保护。除了版权保护外，WMA 还在压缩比上进行了深化，在较低的采样频率下也能产生较好的音质。64 kbps 的 WMA 在波形还原后的效果要好于 128 kbps 的 MP3。另外 WMA 还支持音频流(Stream)技术，适合在网络上在线播放，而不用像 MP3 需要安装额外的播放器。Windows 操作系统和 Windows Media Player 的无缝捆绑让你只要安装了Windows操作系统就可以直接播放WMA音乐。从Windows Media Player 7.0 开始增加了直接把 CD 光盘转换为 WMA 声音格式的功能。微软公司在 WMA 9 大幅改进了其引擎，实际上几乎可以在同文件同音质下比 MP3 体积少 1/3 左右，因此非常适合用于网络流媒体。

2. 常见网络视频的格式及特点

常用的视频格式有 AVI、MPEG、MOV、RM/RMVB、ASF、WMV、DivX 等。

1) AVI 格式

AVI(Audio Video Interleaved)是一种支持音频/视频交叉存取机制的格式，原先用于 Windows 环境，现在已被大多数操作系统支持。AVI 格式兼容性好、调用方便、图像质量好，但缺陷在于占用空间比较大，不利用网络传输和在线播放。另外，在网络视频编辑过程中，AVI 格式缺乏统一压缩标准，某些版本的播放器和视频剪辑软件不能播放其他编码方式压缩的 AVI 文件。例如，在进行一些 AVI 格式的视频播放时，常会出现由于视频编码问题而造成的视频不能播放，或者即使能够播放，但存在不能调节播放进度和播放时只有声音没有图像等一些问题，如果用户在进行 AVI 格式的视频播放时遇到了这些问题，可以通过下载相应的解码器来解决。

2) MPEG 格式

MPEG 是运动图像专家组(Moving Picture Experts Group)的缩写，是国际标准化组织的一部分，因此该组织制定的图像压缩编码的国际通用标准被称为 MPEG 标准。MPEG 标准由视频、音频和系统三部分组成。目前，在人们生活中经常碰到 MPEG-1、MPEG-2、MPEG-4 三种标准。MPEG-1 是 VCD 的视频图像压缩标准，广泛应用于 VCD 的制作和网络视频传播中。MPEG-2 是 DVD 视频图像压缩标准，应用在 DVD 的制作、高清电视和一些高性能视频编辑、处理上。MPEG-4 是一种新的压缩标准，是为了播放流式媒体的高质量视频而专门设计的，它可以利用很窄的带宽，通过帧重建技术压缩和传输数据，以求使用最少的数据获得最佳的图像质量。MPEG 的压缩效率非常高，图像和音响质量好，在计算机上有统一的标准格式，兼容性好，非常有利于网络传播。

3) MOV 格式

MOV 格式是苹果公司开发的一种音频、视频文件格式，具有较高的压缩比率和较完美的视频清晰度，效果较 AVI 格式稍好。MOV 格式还有一个特点是跨平台性，能支持 MACOS，同样也能支持 Windows 系统。MOV 格式以其领先的多媒体技术和跨平台特性、较小的存储空间要求以及系统的高度开放性，得到了业界的广泛认可。目前已经成为媒体软件技术领域的事实工业标准。

4) RM/RMVB 格式

RM 格式是 Real Networks 公司制定的音频/视频压缩规范 Real Media 中的一种。Real Media

规范中主要包括3类文件：Real Audio、Real Video和Real Flash。Real Video是一种流式视频文件格式，可以在数据传输过程中一边下载一边播放，实现影像数据的实时传送和播放。RM格式以牺牲画面质量来换取可连续观看特性，所以图像质量相对较差。Real Media可以根据不同的网络传输速率制定出不同的压缩比率，从而实现在低速率的网络上进行影像数据实时传送和播放。这种格式的另一个特点是用户使用Real Player或Real One Player播放器可以在不下载音频/视频内容的条件下实现在线播放，也可以通过其Real Server服务器将其他格式的视频转换成RM视频并由Real Server服务器负责对外发布和播放。

RMVB格式是一种由RM视频格式升级延伸出来的新视频格式。RMVB打破了原先RM格式平均压缩采样的方式，在保证平均压缩比的基础上，设定了两倍平均采样率的最大采样率值。对于一些静态动作场面少的画面采用较低的采样率，对于复杂的动态画面采用较高的采样率。这样在保证静止画面质量的前提下，大幅度地提高了运动图像的画面质量，在图像质量和文件大小之间实现了较好的平衡。

5) ASF格式

ASF是Advanced Streaming Format(高级流格式)的缩写，是Microsoft公司推出的一个在Internet上实时传播多媒体信息的技术标准。ASF格式使用MPEG-4的压缩算法，压缩率和图像质量都很好，压缩文件体积小，适合网络传输。ASF格式通用性较好，音频、视频、图像以及控制命令脚本等多媒体信息都通过这种格式以网路数据包的形式传输，实现流媒体内容发布。另外，ASF格式的视频可以带有命令代码，用户可以指定在到达视频或者音频的某个时间后触发某个事件的操作。

ASF是一个开放标准，ASF文件是专为在IP网上传送有同步关系的多媒体数据而设计的，特别适合在IP网上传输，它既可以传送人们事先录制好的节目，也可以传送实时产生的节目。

6) WMV格式

WMV格式全称为Windows Media Video，是微软推出的一种流媒体格式，是由“同门”的ASF格式升级延伸而来的。在同等视频质量下，WMV格式的体积非常小，因此很适合在网上播放和传输。目前，WMV格式属于网络视频格式的主流，具有本地或网络回放、可扩充的媒体类型、可伸缩的媒体类型、多语言支持、环境独立性以及扩展性等优点。但WMV技术的视频传输延迟非常大，通常需要10多秒钟。

7) DivX格式

DivX格式是由Microsoft MPEG-4 V3修改而来的一种视频压缩格式。DivX格式压缩包括音频和视频两部分。视频部分采用MPEG-4的压缩算法对视频图像进行高质量的压缩，音频部分使用MP3或AC3技术压缩，然后再将视频和音频合成为AVI视频文件，最后加上相应的外挂字幕软件。DivX格式画质接近DVD而体积比DVD小得多。DivX压缩后的文件是AVI文件，但计算机需要安装DivX解码器才能播放DivX压缩的视频文件。

8) FLV格式

FLV流媒体格式是Flash MX的衍生体，全称为Flash Video。2004年推出的Flash 8版本，其中就包括在Alpha通道支持的FLV视频技术。FLV可以轻松导入其中，速度极快，且以Flash形式播放，不需要Real或微软多媒体播放器播放视频。

FLV 文件体积小巧，清晰的 FLV 视频 1 分钟在 1 MB 左右，一部电影在 100 MB 左右，是普通视频文件体积的 1/3。再加上 CPU 占有率低、视频质量良好等特点使其在网络上盛行。

9) 3GP 格式

3GP 是一种 3G 流媒体的视频编码格式，英文全称是 the 3rd Generation Partner Project。它主要是为了配合 3G 网络的高传输速度而开发的，也是目前手机中最为常见的一种视频格式。该格式是“第三代合作伙伴项目”(3GPP)制定的一种多媒体标准，使用户能用手机享受高质量的视频、音频等多媒体内容，目前大部分支持视频拍摄的手机都支持 3GPP 格式的视频播放。

4.3.2 Windows 录音机使用

Windows 自带的录音机程序是一个最容易得到的音频处理软件。另外，像 Cool Edit Pro、Sound Forge 及 Total Recorder 等都是功能非常强大的编辑软件，可以根据需要选择使用。这里以 Windows 录音机为例说明音频文件的编辑方法。

1. 使用录音机进行录音

步骤 1：将话筒插入主机板的 MIC 插孔中。

步骤 2：单击“开始|程序|附件|娱乐|录音机”菜单命令，打开录音机程序。

步骤 3：将话筒对准音源后，单击“录音”按钮，开始录音，如图 4.32 所示。

步骤 4：录音完成后，单击“停止”按钮停止录音。

步骤 5：单击“文件|保存”菜单命令，完成对音频文件的录音工作。

2. 使用 Windows 录音机剪辑声音文件

1) 剪切声音文件内容

步骤 1：打开录音机程序，如图 4.33 所示。

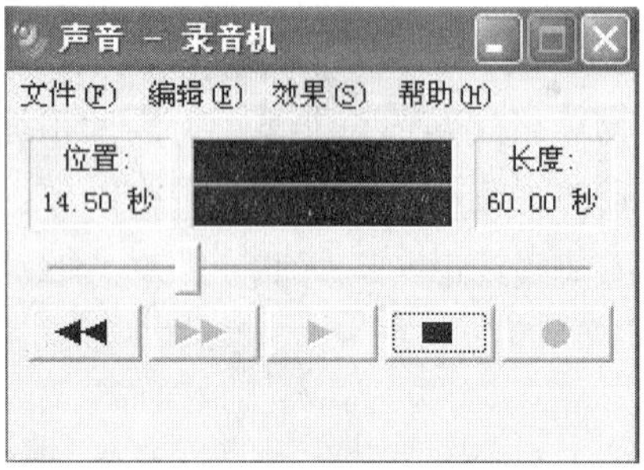

图 4.32　录音

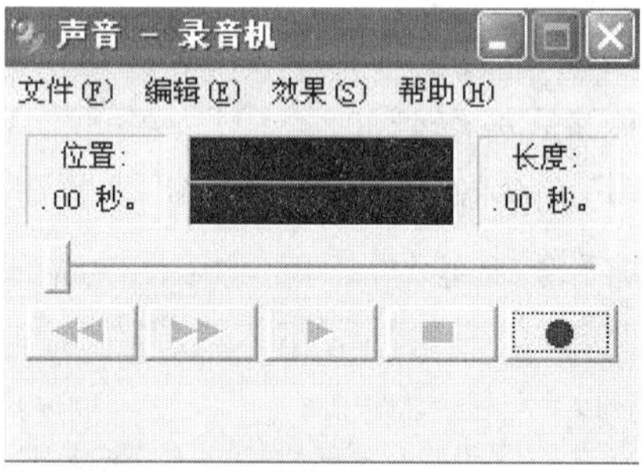

图 4.33　录音机

步骤 2：单击“文件|打开”菜单命令，打开要编辑的音频文件，如图 4.34 所示。

步骤 3：单击“播放”按钮进行播放，仔细分辨要剪辑的位置，确认后，单击“停止”按钮停止播放。

步骤 4：单击“编辑”菜单，根据需要选择“删除当前位置以前的内容”命令或者“删除当前位置以后的内容”命令。

步骤 5：此时会弹出一个要求确认删除的对话框，如图 4.35 所示，单击“确定”按钮继续。

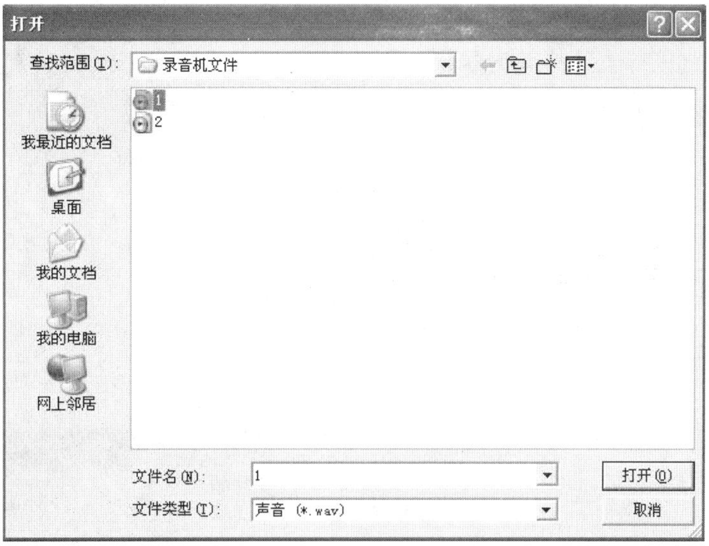

图 4.34 “打开”对话框

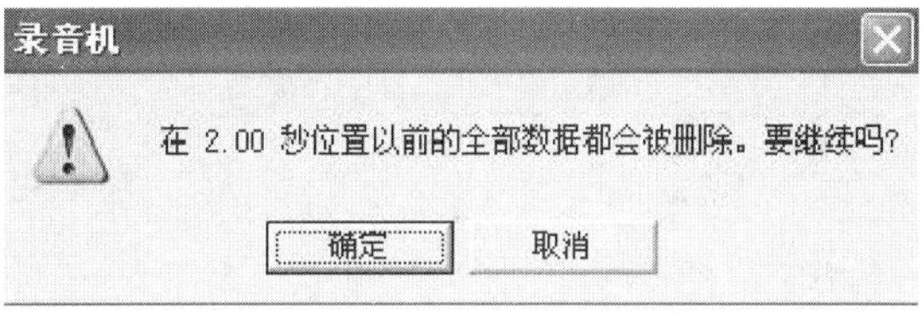

图 4.35 确认删除对话框

步骤 6：单击“文件|保存”菜单命令，完成对音频文件的剪辑。

2) 在已有的声音文件中插入内容

在网页编辑的过程中，需要对采访的录音或收集到的其他声音文件进行处理，从而得到需要的声音。

步骤 1：单击“开始|程序|附件|娱乐|录音机”菜单命令，打开录音机程序。

步骤 2：单击“文件|打开”菜单命令，打开要编辑的音频文件。

步骤 3：用鼠标拖住滑动条，移动到文件的尾部(或者想插入的位置)，如图 4.36 所示。

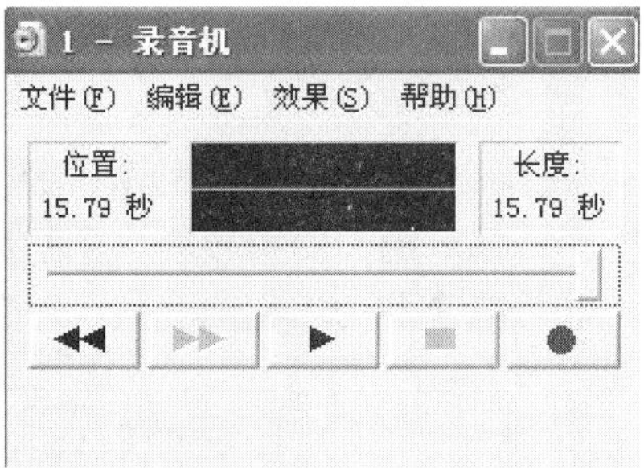

图 4.36 拖移滑块

步骤 4：单击“编辑|插入文件”菜单命令，在弹出的对话框中选择要插入的音频文件，单击“打开”按钮，完成插入操作。

步骤 5：单击“文件|保存”菜单命令，完成对音频文件的剪辑工作。

3. 使用录音机进行文件格式的转换

步骤 1：在录音机中打开 WAV 文件。

步骤 2：单击“文件|另存为”菜单命令，在弹出的“另存为”对话框中单击“更改”按钮，如图 4.37 所示。

步骤 3：在弹出的对话框中选择“MPEG Layer-3”格式(MP3)，如图 4.38 所示。

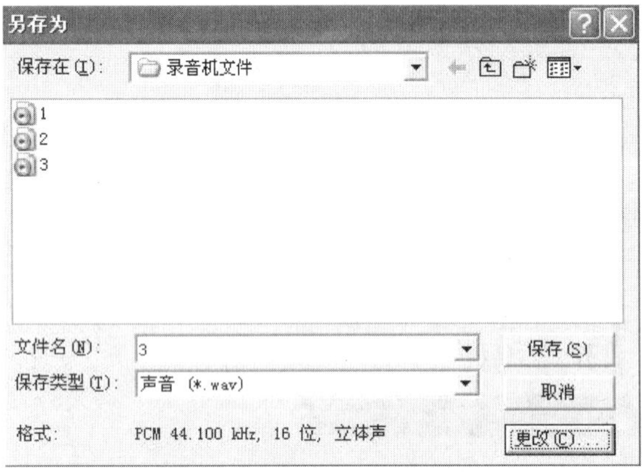

图 4.37　“另存为”对话框

图 4.38　设置压缩格式

步骤 4：单击“确定”按钮，最后输入文件名即可。由于采用了 MP3 压缩算法，该文件小了许多，并且音质变化很小。

4.3.3　Premiere 的使用

常用的视频处理软件有 Adobe Premiere、友立公司的“会声会影”等。

Adobe Premiere 是专业数字视频编辑的重要工具，提供了前所未有的硬件支持，是当今市场上适用性最强的 DV 编辑工具，可以创建令人惊叹的视频产品。无论是在笔记本电脑上编辑数字视频，还是在专业的、硬件实时系统上处理类似电影连续镜头的多层内容，Adobe Premiere 都是桌面视频编辑的最佳选择。Premiere 可以将拍摄后导入计算机的视频文件或截取的影视作品片段进行剪辑、连接；可以给视频片段添加字幕、声音，使作品更加丰满、更具艺术性；可以将照片进行视频处理，并加上音乐，制作电子相册，还可以实现 MTV、滚动字幕等多种特殊效果。

友立公司的“会声会影”是中国最流行的、易用的消费类数码影片剪辑软件，可将数字或模拟摄像机所拍摄的 Video 剪辑成独一无二的精彩影片，并制作成 VCD、DVD 影音光碟网络流媒体影片。完善的编辑功能和极具亲和力的界面使其风靡全球。

下面以 Premiere 为例说明视频文件的编辑方法。

运行 Premiere 时首先进入欢迎窗口，可以选择新建项目、打开和查看系统帮助。选择“新建项目”后，系统进入“新建项目”对话框，在这个对话框中需要设置新建项目的属性、项目位置和名称。这些操作和平时 Windows 系统新建文件的操作类似，但要注意选择项目参数。新建项目后，系统进入主编辑窗口，如图 4.39 所示。Premiere 窗口由菜单栏、项目窗口、监视器窗口、工具箱、时间线窗口、信息窗口和历史窗口等部分组成。

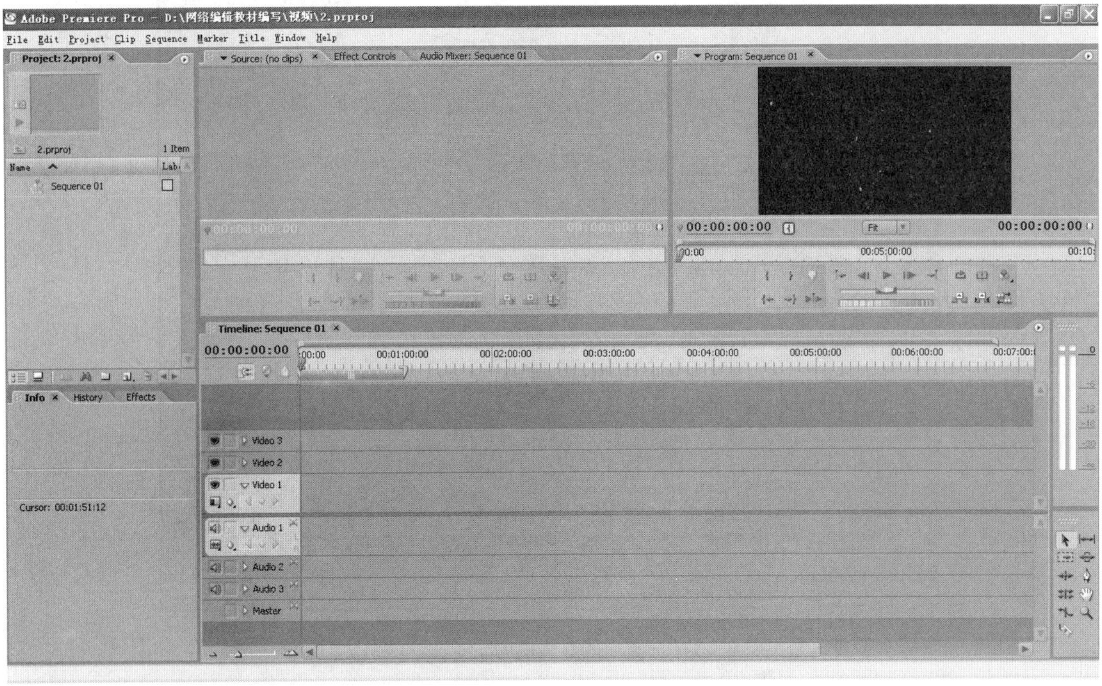

图 4.39　Premiere 主窗口

项目窗口包括素材库面板和特效面板两部分。素材库面板用来管理项目使用的所有素材。特效面板分类管理各类音频、视频特效、视频转场效果等。

监视器窗口包括素材面板、特效控制面板和时间线面板。素材面板用来对选定的素材预览和修整。特效控制面板用来为项目中的视频片段设置特效。时间线面板用来对选定的时间线预览和修整。

时间线窗口包括多条视频轨道、音频轨道和时间刻度，在这里可以对多个轨道的视频和音频内容进行处理。

信息窗口显示当前素材的属性参数信息。

历史窗口显示对素材和时间线执行过的操作，在这个窗口可以选定历史操作记录来撤销最近执行过的动作。上一步的快捷键是 Ctrl+Z。

在 Premiere 中，一个项目意味着一个视频作品。

1. 使用 Premiere 对视频文件进行剪辑

步骤 1：运行 Adobe Premiere，新建一个项目，在左边的窗口中选择“DV-PAL”，再根据需要选择下面四种模式中的一种，一般选择“Standard 48kHz”，在下面的“Name”(名称)文本框中输入项目名，如图 4.40 所示。

步骤 2：单击“文件|导入”菜单命令，打开项目对话框，选择要进行剪辑的视频文件，如图 4.41 所示。

步骤 3：用鼠标拖住刚才导入的视频文件“DSCN0514.AVI”，放到时间线面板中，如图 4.42 所示。

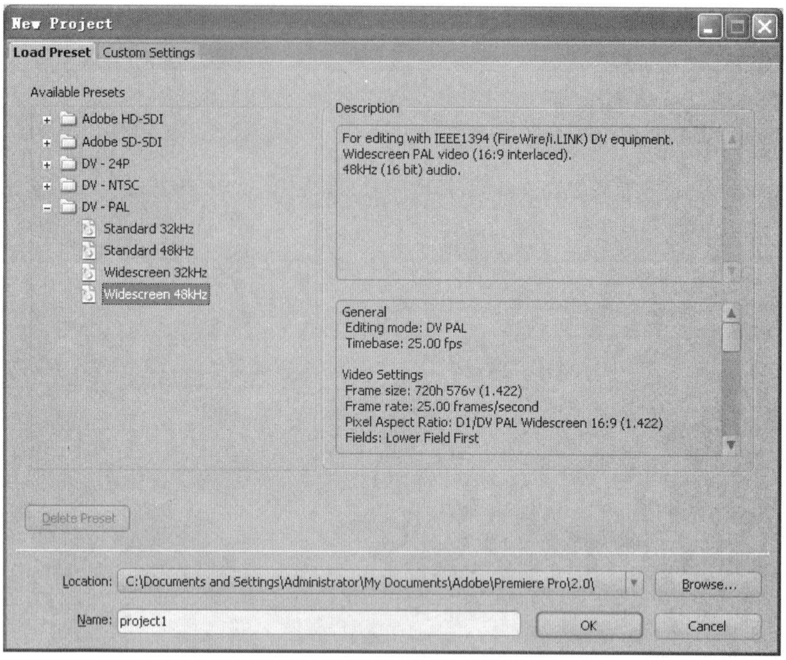

图 4.40 新建项目

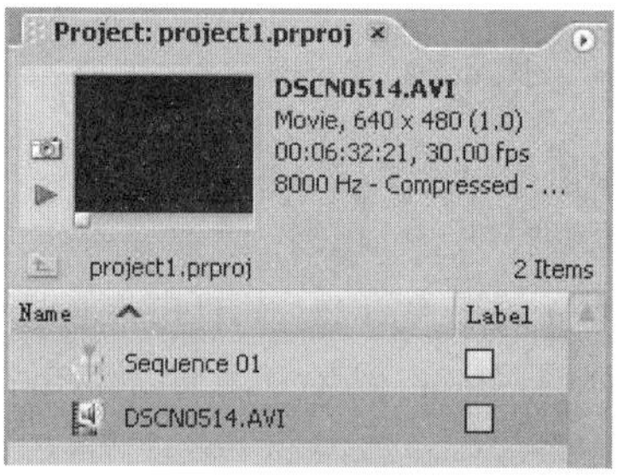

图 4.41 导入待剪辑的文件

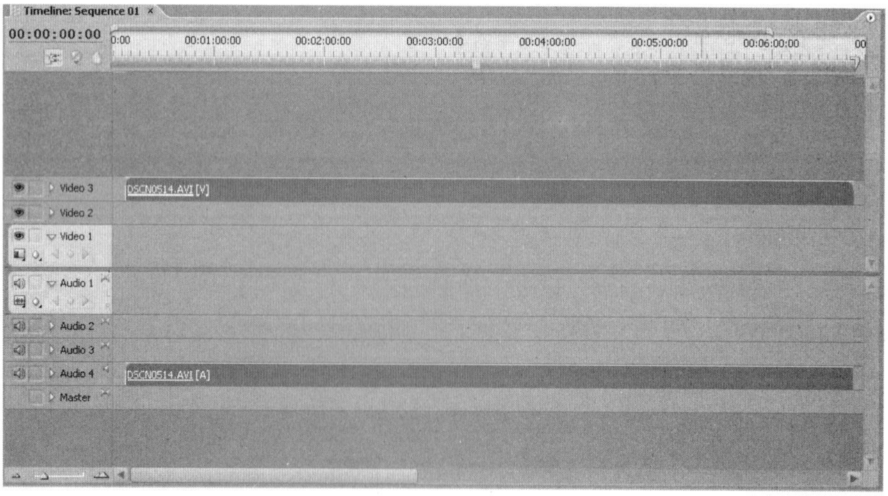

图 4.42 拖入时间线面板

步骤 4：用“选定工具”选定需要编辑的栏目，并调整位置，然后用“剪切工具”在需要把视频切开的地方切一刀，· 如图 4.43 所示。

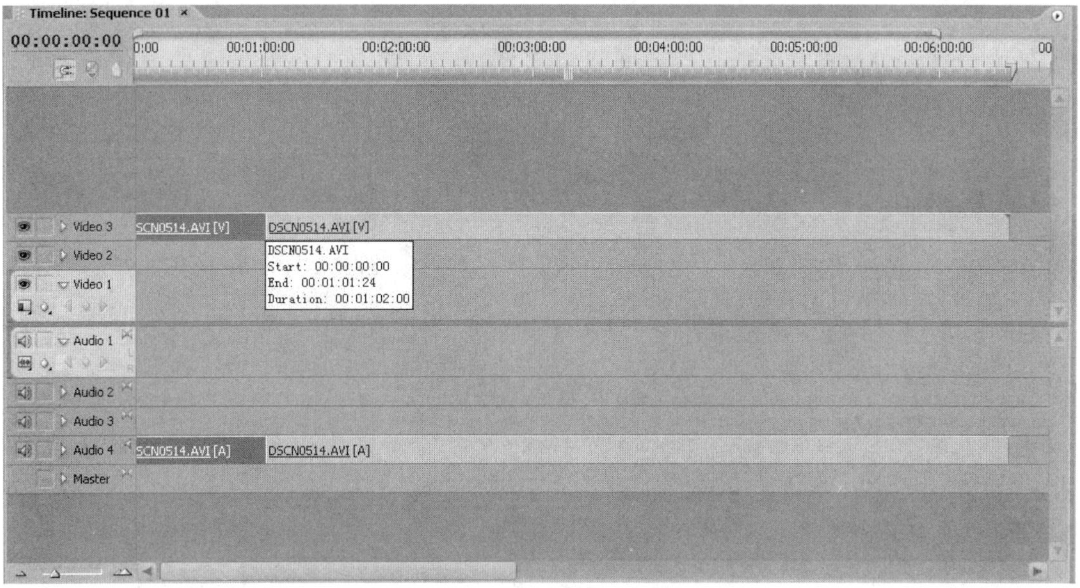

图 4.43　把要剪掉的地方切开

步骤 5：把需要切开的另一边也切开，如图 4.44 所示。

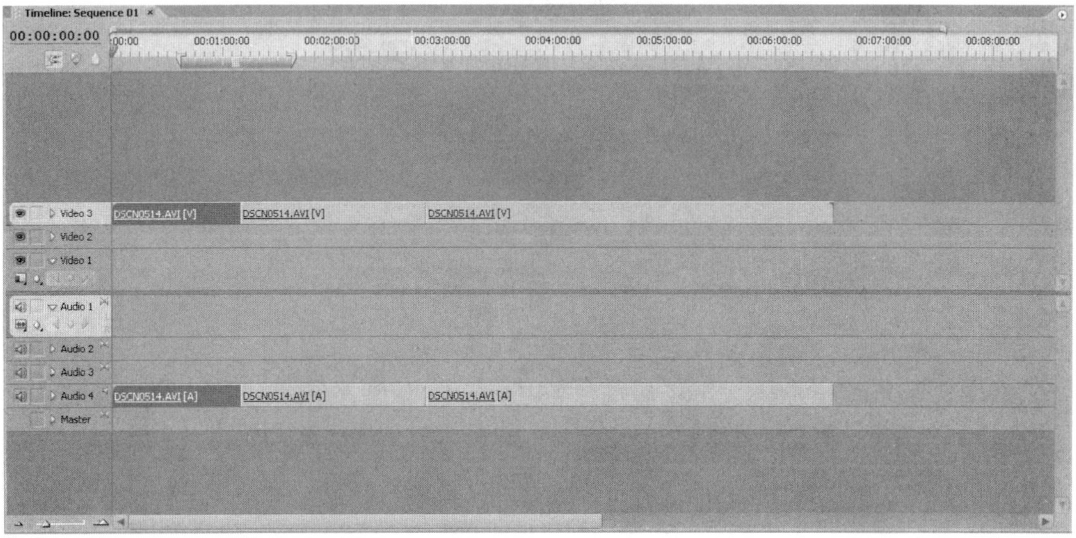

图 4.44　切开另一边

步骤 6：单击“选定工具”选定需要剪掉的部分，按 Delete 键删除不要的这部分，如图 4.45 和图 4.46 所示。

步骤 7：用“选定工具”拖住右边的部分，使其合并到左侧的视频，如图 4.47 所示。

步骤 8：反复播放，看是否还有需要剪辑的部分，完成剪辑工作。

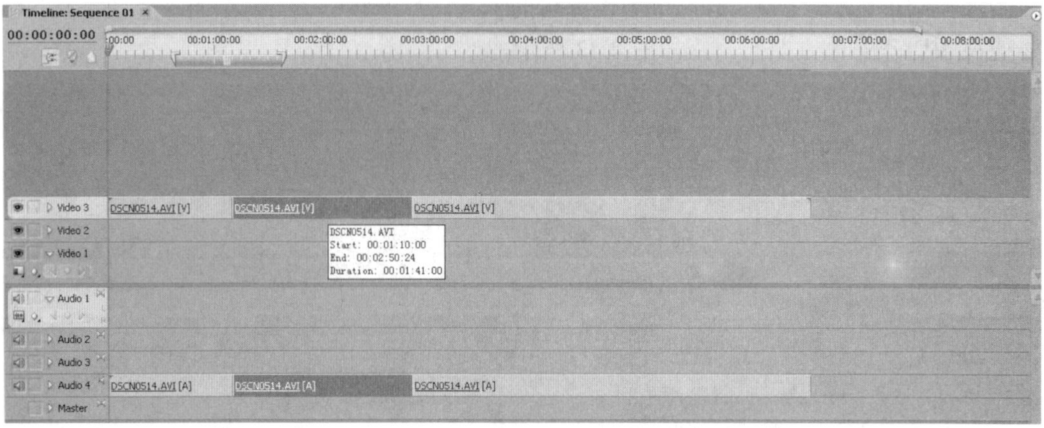

图 4.45　选定

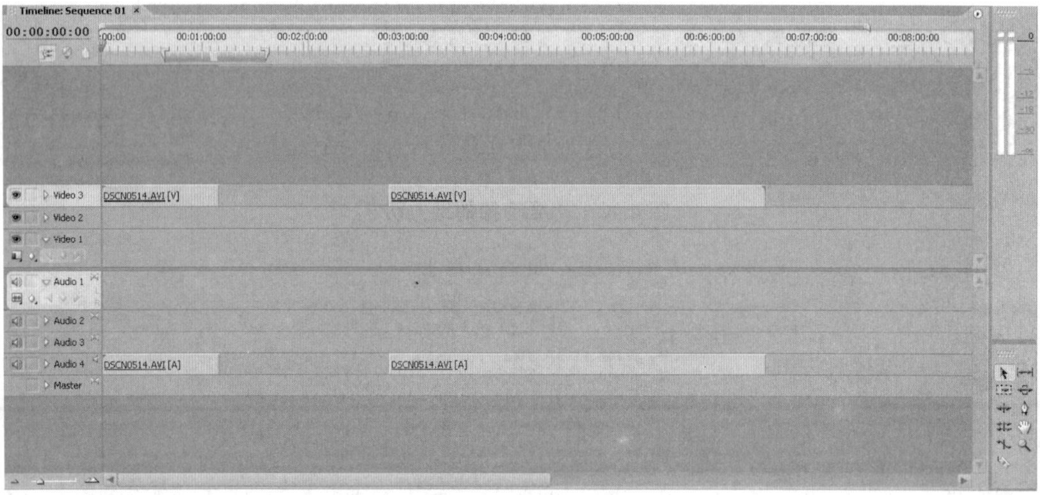

图 4.46　删除

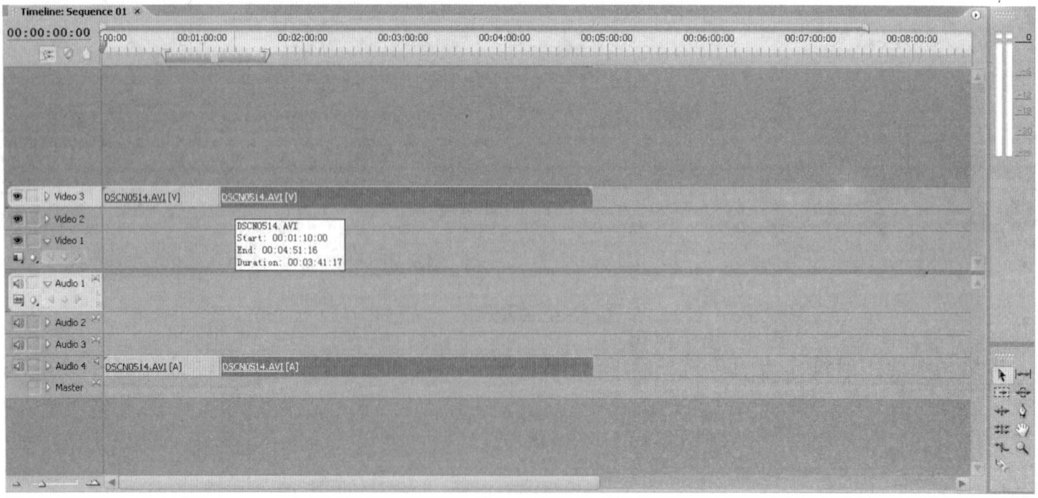

图 4.47　合并到视频

2. 使用 Adobe Premiere 对视频文件进行导出

步骤 1：剪辑工作完成后，单击“文件|输出|影片”菜单命令，在弹出的输出对话框中，单击右下角的“设置”按钮。

步骤 2：在输出电影设置对话框中，左边选择 General(常规)，右边单击 File Type(文件类型)下拉菜单，可以选择输出的格式，如图 4.48 所示。

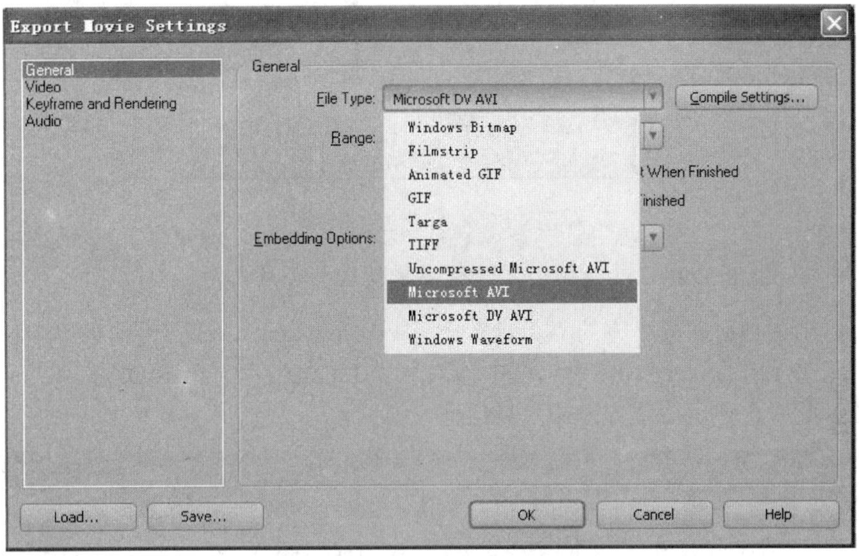

图 4.48　输出电影设置对话框

步骤 3：若在左边选择 Video(视频)，在右边就可以选择输出的 Compressor(压缩器)、Color Depth(颜色深度)及 Frame Size 及(帧大小)等选项，如图 4.49 所示。

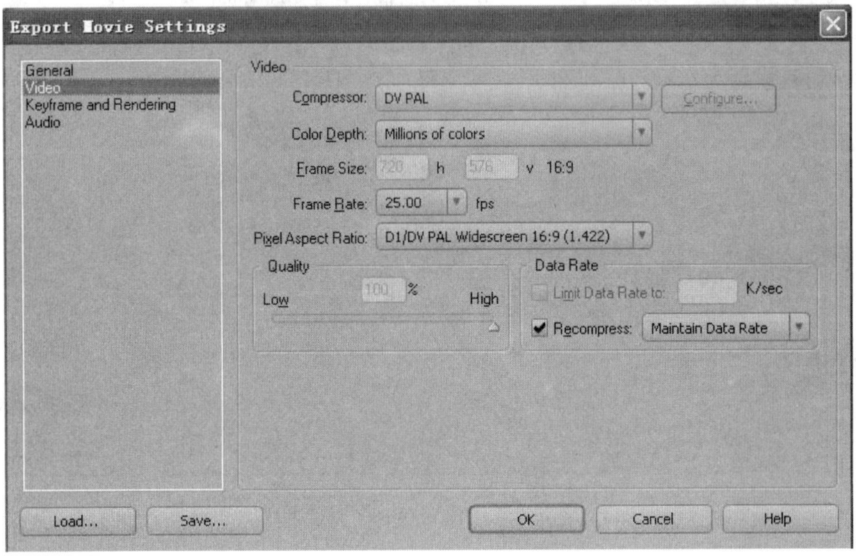

图 4.49　视频设置窗口

步骤 4：在左边的框中选择 General(常规)项，在右边选择 Microsoft AVI 选项，单击 OK

按钮，再单击 Save(保存)按钮，弹出“渲染”对话框，如图 4.50 所示。等渲染结束后，就完成了导出工作。

图 4.50 “渲染”对话框

3. 使用 Adobe Premiere 对视频文件进行字幕处理

步骤 1：单击项目面板下方的“新建”按钮 (New Item)，在弹出的菜单中选择“Title”(字幕)命令，在弹出的 New Title 对话框中输入名称“Title01”，单击 OK 按钮。

步骤 2：此时会弹出“字幕设计”对话框，如图 4.51 所示。

图 4.51 “字幕设计”对话框

步骤 3：单击横向“文本工具” T，然后在视频中想要放置字幕的地方单击。

步骤 4：在右边的 Title Properties(对象风格)设置栏中，设置字幕的字体、字体大小、外观，以及描边、阴影等选项，如图 4.52 所示。

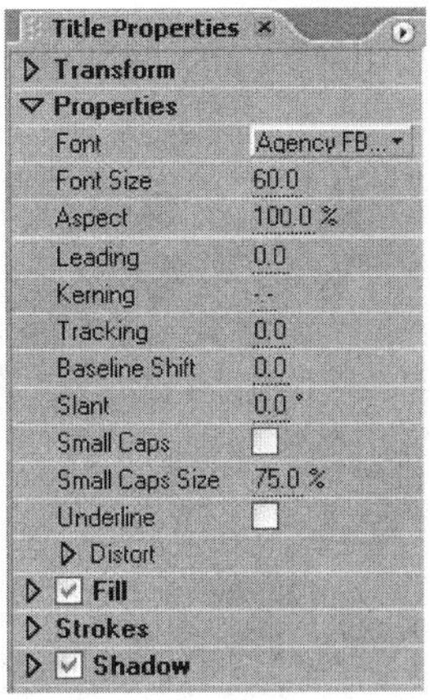

图 4.52　对象风格

步骤 5：设置好后，输入要设计的字幕，输入“OLD STAIR”，如图 4.53 所示。

图 4.53　输入文字

步骤 6：关闭字幕设计对话框，在弹出的对话框中单击“保存”按钮以保存设计字幕。
步骤 7：此时，项目面板中已经出现了刚才设计好的字幕，如图 4.54 所示。

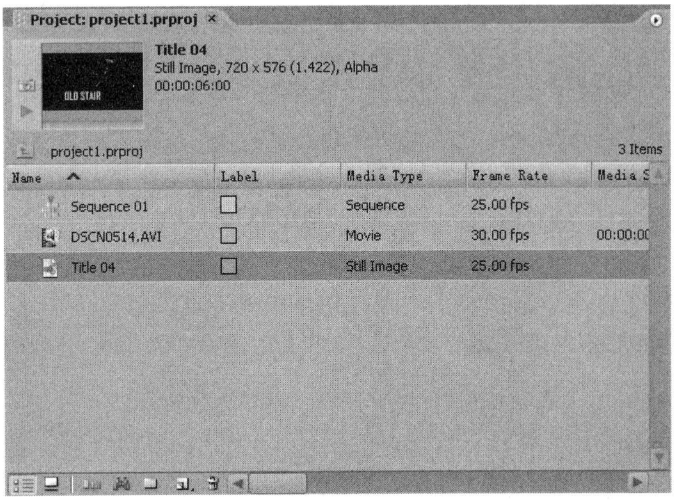

图 4.54　设计好的字幕

步骤 8：将字幕在项目面板中用鼠标拖至时间线面板中，注意字幕层一般在视频层的上面，如图 4.55 所示。

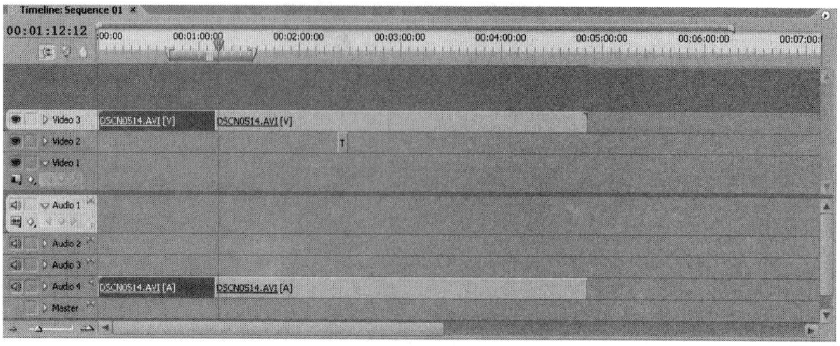

图 4.55　拖至时间线面板

步骤 9：用鼠标调整字幕与视频混合的位置和时间。

步骤 10：重复上述步骤，完成字幕的添加工作。

随着网络技术的发展和完善，图片、动画、音频和视频除了在传递信息上发挥作用外，也丰富了人们的生活。各种网络多媒体技术的出现，集成了某一类或者某些类的节目，省去了使用者的烦恼。人们可以轻松地使用网络享受多媒体技术带来的各种娱乐服务，而且，信息的表达方式也更加多样化。

知识巩固

1. 单选题

(1) “压缩比高，磁盘空间占用较少，可以制作动画”是以下哪种图像格式的特点？(　　)

A．GIF　　B．BMP　　C．JPEG　　D．PNG

(2) 在网络信息编辑和发布过程中，常用的音频编辑软件为(　　)。

A．Cool Edit Pro　　B．Premiere

C．苹果 iLife　　D．Sony_Vegas 6.0

(3) Photoshop 文件的专用格式是(　　)。

A．CDR　　B．PSD　　C．DWG　　D．DOC

(4) 从播放效果上看，动画分为顺序动画和(　　)。

A．交互式动画　　B．三维动画

C．完善动画　　D．全动画

(5) (　　)是一个最容易得到的音频处理软件。

A．Cool Edit Pro　　B．Windows 录音机

C．Sound Forge　　D．Total Recorder

2. 多选题

(1) 下列选项中属于动画文件格式的是(　　)。

A．FLC　　B．SWF

C．位图动画 GIF 格式　　D．PNG 格式

(2) 网络中常见的音频文件格式有(　　)。

A．WAV　　B．MPEG

C．RM/RMVB　　D．WMA

(3) 网络中常用的视频格式有(　　)。

A．AVI　　B．MOV

C．RM/RMVB　　D．MIDI

(4) Premiere 监视器窗口包括(　　)。

A．素材面板　　B．特效控制面板

C．效果面板　　D．时间线面板

(5) 补间动画又分成(　　)。

A．形状补间动画　　B．逐帧动画

C．运动补间动画　　D．渐变动画

技能训练

1．使用 Photoshop 建立一个新文件，设置宽高为 20 cm×15 cm，RGB 模式，150 ppi，白色背景。

2．使用 Windows 录音机录制两段自己的声音文件，并将其合并。

3．制作一个圆球从左边运动到右边的一个 Flash 补间动画。

岗位体验

如何在网络新闻中综合运用各种多媒体手段

多媒体技术是一项综合技术，它将文字、图片、声音、视频等多种手段结合起来加以运用，扬长避短，互为补充。

目前，新华网、人民网、中新网、央视国际、新浪网、搜狐网等很多网站都开设了音频和视频栏目，在其中，对于多媒体手段已从最初的简单利用发展到有机综合。例如各网站大都开设了视频在线栏目，定期邀请一些影视明星、政界要人、经济名流等作为嘉宾，与网民互动，利用网络实时播放嘉宾采访过程。网友可以收看采访，也可以通过论坛向嘉宾提问，采访完成之后，网站编辑多会整理出采访的文字稿，配发一些采访现场图片(有时还有资料图片)，供不方便在线收看视频而又对此次采访颇感兴趣的网友了解采访内容，也为网友收集此次采访的内容提供了通道。在两会报道中，新华网的新闻播报更在多媒体形式综合运用上做了创新，例如其 2005 年的“两会特别报道——沉重的户口”，在同一篇文章中，既使用流媒体在线播放了两会现场讨论的实况，配发了现场图片，同时还以主持人导语、现场解说、同期声的形式发布了文字报道，充分综合运用了各种多媒体形式，网络受众无论以何种方式观看，都能较多地了解到两会上对此主题的讨论。这样的方式不能不令人耳目一新。

在网络多媒体应用中，还有一些特殊的技术手段，可以将多媒体信息集成起来，达到另一种表达效果，例如，Flash，PPT，Director 等。

故此，在网络新闻的采集、制作及发布方面，创造性地利用文字、声音、图像、视频元素，更好地整合内容，加强信息传递的实效，是个常说常新的话题，值得每一个从业者实践和探索。

假如你是某网站的一名网络编辑，需要对某一新闻事件使用多媒体元素进行报道，分别体验不同多媒体元素在新闻报道中的不同作用。

第 5 章　网页制作与发布

学习目标

❖ **知识目标**：

(1) 学生能够了解网站的基本知识；

(2) 学生能够理解网站的定位、HTML 和 WWW 的概念；

(3) 学生能够掌握网站结构设计和网页编排设计技巧；

(4) 学生能够掌握HTML语言的语法和Dreamweaver 8的使用。

❖ **技能目标**：

(1) 学生能够根据不同的因素分析和设计网站；

(2) 学生能够熟练运用HTML语言和Dreamweaver 8设计网页。

引 例

IT 招聘回暖明显——7 月份增加了 5%

晨报记者　刘敏

7 月份，IT 人才招聘回暖势头明显。与 6 月份相比，企业发布招聘的 IT 人才需求职位增加了 5%。

上海、北京、深圳 IT 招聘涨幅位居三甲

企业在前程无忧发布的招聘数据显示，2009 年 7 月前程无忧网站发布全国 IT 职位数为 112 906 个，较 6 月上涨了 5%，为近 3 个月以来的最高涨幅。一线城市中，上海、北京、深圳的 IT 职位需求排名前三。其中，以深圳的涨幅最大，达 8%。二线热门城市中，成都与南京的上升势头十分强劲。民营、私营企业、非上市公司为纳税大户，有 38%的 IT 职位需求来源于他们。

网站编辑职位，增幅较大

7 月全国统计显示，软件工程师，高级软件工程师，网页设计、制作、美工成为热门 IT 类职位，需求总量占据了前三甲。全国来看，排名第 7 的网站编辑职位，近期增幅较大，正受到越来越多的关注。国内的网站编辑，作为一个新兴职业，从最初枯燥的“搬运工”已发展为“全能健将”。Ctrl+C、Ctrl+V 早已不是如今网站编辑的主要职责了，而是需要图片、音频、视频、网页设计等无所不能。对他们的要求也不仅限于维护好公司的对外宣传“门面”，还需具备一定的与各部门交流的能力和与客户沟通的能力。

(资料来源：新浪网，2009 年 8 月 27 日)

随着网络技术的不断发展，网页设计和网站建设已经成为整个计算机网络从业人员必备的技能，作为一名网络编辑人员更要很好地掌握如何利用网络知识设计好网站和网页。本章将详细介绍整个网页设计与网站建设的过程。

5.1 网站的设计

一个好的网站不仅可以让发布的信息清晰有序、一目了然，而且还可以给浏览者留下深刻的印象，使浏览者在浏览过程中不至于有视觉疲劳的感觉。下面介绍网站设计的基本知识。

5.1.1 网站的基本知识

网站是在逻辑上可视为一个整体的一系列网页的集合。将网页按一定的组织结构和顺序组合起来，使浏览者在访问该网站时能连接到各个网页来观看网页内容，这样的网页结构就称为网站。

1. 基本概念

首先先介绍网站的几个概念。

(1) 网页。网页是一种用 HTML 语言编写的文本文件。

(2) 主页。主页是用户进入到一个网站后打开的第一个页面，又称为首页。它是一个网站的标志，体现了整个网站的制作风格和性质，主页上通常会有整个网站的导航目录，方便用户进入到其他页面。

(3) 主目录。主目录又叫根目录，指的是网站的首页文件在服务器中存放的具体物理路径。如果某个网站的主页及其他文件存放于服务器目录 D:\website\web 中，那么该网站发布到网上时需要输入的主目录地址就是“D:\website\web”。

(4) 虚拟目录。虚拟目录指的是某一个文件夹与网站根目录之间的逻辑对应关系，虚拟目录的物理位置可以不在主目录中。如果某网站域名为 www.ahbvc.cn，它的主目录是“D:\website\web”，在该网站下建立一个虚拟目录 jpkc，该虚拟目录指向的物理路径为“E:\jpkc”。两个物理路径没有内在联系，分别在 D 盘和 E 盘，但是我们输入“www.ahbvc.cn/jpkc”就可以访问“E:\jpkc”目录下的页面了，感觉上就好像 jpkc 是网站 www.ahbvc.cn 的一个目录。

(5) HTML。HTML 全文是“HyperText Markup Language”，中文意思为“超文本标记语言”。

(6) 超文本。超文本意指页面内除文本外，还可包含图片、链接，甚至音频、视频等非文字元素。

(7) 网站的主题：网站的主题是该网站要表达的主要内容。主要内容的选定应该有一定的针对性。

(8) 网站的风格。网站的风格指站点的整体形象给浏览者的综合感受。一般来说，网站的风格有界面风格和内容风格两大部分。

2. 网页设计的基本方式

以下介绍几种网页设计的基本方式。

(1) 手工编码方式。网页是由 HTML 超文本标记语言编码的文档，设计制作网页的过程就是生成 HTML 代码的过程。

在 WWW(World Wide Web)发展的初期，人们制作网页是通过直接编写 HTML 代码来实现的。

(2) 可视化工具方式。用 FrontPage、Dreamweaver 等网页编辑工具在可视环境下编辑制作网页元素，由编辑工具自动生成对应的网页代码。

利用可视化工具编辑网页操作简单直观，调试方便，是大众化的网页编辑方式。但在制作一些特殊网页效果上有一定的局限性。

(3) 编码和可视化工具结合方式。编码和可视化工具结合是一种比较成熟的网页制作方式。一般的网页元素通过可视化工具编辑制作，一些特殊的网页效果通过插入代码生成。

3. 动态网站和静态网站

现在网站建设大体可以分为两类：一类为动态网站；另一类为静态网站。从发展趋势来看，静态网站正在被逐渐淘汰，目前基本为动态网站所取代。

动态网站就是用户可以通过服务器所给予的权限随时对网站进行管理、发布及更新内容的网站。它的好处是可以通过联网的任何一台计算机对网站进行控制，而不必在服务器端进行网站管理。简单来说，动态网站除了可以看，还可以实现交互功能，例如用户注册、信息发布、产品展示、订单管理等。动态网站有一个专门的后台管理系统，可以通过它来管理网站，随时添加新的资料等内容。例如添加一个产品，你只需要填写产品名称、简介，上传图片即可。

静态网站和动态网站在界面上看不出有什么区别，静态网页也可以有各种动画、滚动字幕等“动态效果”。实际上，判断一个网站是动态网站还是静态网站，不是看网页会不会动，而是看它是否应用了服务器端脚本程序。静态网站必须使用专业的网页设计软件才能修改，不能在网上直接修改，必须用软件修改后再上传到服务器上，比较麻烦，不便维护。

4. 网页中的常见元素

网页中有以下几种常见元素。

(1) 文本。文本是网页发布信息所用的主要形式，由文本制作出的网页占用空间小，传输速度快。

网页中的信息以文本为主。虽然不如图像那样能够很快引起浏览者的注意，但能准确地表达信息的内容和含义。为了克服文本固有的缺点，人们赋予了文本更多的属性，例如字体，字号，颜色，底纹和边框等，通过不同格式的区别，表现不同的内容。

(2) 图像和动画。图像在网页中具有提供信息、展示作品、装饰网页、表达个人情调和风格的作用。

用户可以在网页中使用 GIF，JPEG(JPG)，PNG 三种图像格式，其中使用最广泛的是 GIF 和 JPEG 两种格式。

(3) 超链接。超链接技术可以说是万维网流行起来的最主要原因。超链接可以指向一幅图片、一个电子邮件地址、一个文件、一个程序或者本网页中的其他位置。

(4) 表格。在网页中表格除了实现数据的列表显示外，还可以用来控制网页中信息的布局方式。通过使用表格来精确控制各种网页元素在网页中出现的位置，这种表格称之为布局表格。

(5) 表单。使用超链接，浏览者和 Web 站点便建立起了一种简单的交互关系。网页中的表单通常用来接收用户在浏览器上输入的信息，然后将这些信息发送到网页中设置的目标机器中，目标机器再根据用户提交的内容来确定对信息的处理方法。

5.1.2 网站的定位

任何一个网站，必须首先具有明确的建站目的和目标访问群体，即网站定位。目的应该是定义明确的，而不是笼统地说要做一个平台、要搞电子商务，应该清楚主要希望谁来浏览，具体要提供哪些内容，提供怎样的服务，达到什么效果。网站是面对客户、供应商、消费者还是全部。主要目的是为了介绍企业、宣传某种产品还是为了实现电子商务。如果目的不是唯一的，还应该清楚地列出不同目的的轻重关系。建站包括类型的选择、内容功能的筹备、界面设计等各个方面，这些都受到网站定位的直接影响。因此，网站定位是企业建立其营销网站的基础。

1. 网站定位分析

网站的确定应该基于严格的市场调查和反复考虑，包含以下几大要素。

(1) 自身分析。首先要确定网站的类型，例如企业网站、政府部门网站、电子商务网站、信息服务网站等，不同的网站具有不同的定位。

对于企业网站要考虑行业成本结构，看看网络能否降低待售产品市场营销、货物运输和支付的成本结构；产品是否便于通过网络得到较充分的了解，产品的交易过程是否能够便于自动化；企业的传统促销活动、广告宣传是否能和互联网促销工具相互受益。

政府部门网站要考虑到政务公开信息的界定，哪些信息可以在网上发布，如何向公众提供更好的服务窗口，信息公开规范性的提高；在线服务能不能按照用户实际办事过程中遇到的情况整合服务资源，服务资源的实用性方面的提高；用户交流是否通畅，用户是否能够通过网站向有关部门提交反馈信息。

电子商务网站要在商务运作方面充分考虑网站的定位。能否通过网站顺利地实现商务运作；产品宣传广度如何扩大；交易安全的保障途径，在简便的操作下尽可能地保障交易的安全性；交易完成后物流问题的解决都是要考虑的问题。

(2) 资源分析。网站功能服务的定位要考虑在当前的资源环境下能够实现的，而不能脱离自身的人力、物力、互联网基础以及整个外部环境等因素。要考虑到单位网络管理部门的计算机、市场营销、美工、创意策划等各类专业人员的配置是否完备；所要建立的网站所提供的各种信息、服务、资源等是否合法，是否能被我国的法律环境和政治环境接受；网站的内容和服务是否能被社会文化环境接受。

(3) 目标顾客分析。对目标顾客的年龄、性别、学历、职业、个性、行为、收入水平、地理位置分布等各种资料要进行分析。网站建设者要加强对浏览者行为的研究，这将是提高服务质量的基础。

2. 网站定位操作

如今，网络已成为引起社会变革和经济结构、经营模式发生前所未有的变化的技术和工具，网站不仅成为宣传和服务的窗口，也是展示单位形象的前沿。在做好对市场及自身的研究之后，下一步就要进行具体的定位操作。对单位网站的定位，大体可以包括以下几个方面。

(1) 网站类型定位。尽管每个网站规模不同，表现形式各有特色，但从实质上来说，都属于信息发布型，此类属于初级形态的网站，不需要太复杂的技术，只是将网站作为一种信息载体，主要功能定位于企业信息发布。然而不同的行业对网站的定位有着不同的着眼点。

① 电子商务网站。电子商务网站(B2B/B2C/C2C)的定位基于产品销售。电子商务网站的用户最关心的是产品的相关情况(功能情况、质量情况、购买和销售情况等)，有效的组织产品信息、合理呈现的产品分类目录是电子商务网站的精髓。基于电子商务网站的定位，电子商务网站首页功能的重点是目录导航功能，即网站首页要尽量向用户展示所销售的产品及服务的分类目录，同时还要向用户传递信息，刺激用户产生购买行为。

② 企业网站。企业网站作为企业进行网络营销的“根据地”，它的作用不仅在于产品的展示和推广，更重要的是要使客户建立起对企业和产品的信心。企业网站首页要尽可能地体现专业性和可信度，首页功能就是要让用户对企业和产品建立信任。首页要有企业介绍信息、资质证明、产品详尽信息等的入口，在细节方面，还要注意企业联系地址是否完整、是否有固定电话、网站是否经过备案等。

③ 政府类网站。政府网站作为电子政务的便民窗口，首页功能的重点在于办事流程的指引。在首页上要清晰地向用户传递各个部门的职能和办事流程，让用户一进入网站首页就能对各部门的职能有一个大体的了解。在首页相关办事流程中要有详细的说明和链接入口，首页的功能在于为用户提供分流指引。

④ 其他“实用性”网站。例如软件下载网站、技术服务网站等，这些网站主要应用于某一领域，具有一定的实用性价值，这类网站的首页功能的重点在于体现网站能够给用户带来的价值，同时还要体现专业性。

(2) 网站目标用户定位。一个企业网站的目标用户一般可包括企业的经销商、终端消费者、企业的一般员工及销售人员、求职者，等等。企业要对网上消费者的行为进行研究，这将是提高为顾客服务的基础。注重对目标顾客的年龄、性别、学历、职业、个性、行为、收入水平、地理位置分布等各种资料的分析。例如，波音公司的网站在其目标用户中包括世界各地的航空、航天、空中军事爱好者和各国的学者和研究人员等。显然，这些访问者购买波音产品的能力有限，因此网站建设应更多考虑整体经营战略。

(3) 网站诉求点定位。对于网站的诉求点的确定，一般来说有理性诉求、感性诉求及综合型三种。理性诉求强调说理及逻辑性，以事实为基础，以介绍性文字为主，突出网站的内涵和优质的服务。而感性诉求则强调直觉，以价值为基础，以形象塑造为主。

(4) 网站 CI 定位。CI 为“Corporate Identity”的缩写，这里借用这个营销概念作为网站的形象设计。一个网站如果能够进行成功的 CI 策划设计定位，可增强用户对网站的识别。一般可包括以下内容。

① 标志(Logo)设计。设计制作一个网站的标志，就如同给产品设计商标一样，是网站最醒目的标志，看见 Logo 就让大家联想起你的站点。例如，百度是用“百度”的拼音和汉字加上一个脚印来作为标志的；新浪用字母 Sina 加上一个大眼睛作为标志。

② 网站的标准色及标准字体选择。网站给人的第一印象来自视觉冲击，确定网站的标准色彩是相当重要的一步。不同的色彩搭配产生不同的效果，并可能影响到访问者的情绪。通常情况下，一个网站的标准色彩不超过 3 种，太多会显得过于花哨。一般标准色彩可选用蓝

色，黄、橙色，黑、灰、白色三大色系，主要用于网站的标志、标题、主菜单和主色块。另外，标准字体的选择要和网站的整体风格相一致，一般可选用常用字体，这样显得比较正式。

③ 网站的主题标语。网站的主题宣传标语可结合企业或产品的广告语来确定。

3. 网站定位的注意事项

网站定位很重要，应注意以下方面。

(1) 网站一定要为网民提供有价值的服务，最好是提供独特性的服务。

(2) 不要盲目求全。许多网站的运营者为了提高人气量，不断地增加栏目内容，以至于天文、地理无所不包。更有精通搜索引擎的同行，可以把网站的流量炒作得沸沸扬扬。然而，如果网站没有核心的内容，或核心内容不够强大，是很难留住用户的，沸沸扬扬往往也只是昙花一现而已。

(3) 不过分追求新技术。有些网站，恨不得把所有技术都放到网上，JavaScript，Ajax，Web 2.0，页面花里胡哨，内容却不知道在哪里了。

(4) 做专。网站应该集中优势，主攻某一经过细分后的目标群体。例如做论坛，如果你想把全国网民都拉进来，于是图片、电影、音乐、笑话一把抓，看起来似乎老少皆宜，但却毫无特色，也无法长久聚集人气。

5.1.3 网站的结构设计

网站的结构可以分为网站的物理结构和逻辑结构。网站的物理结构是指网站文件的物理存储结构，也就是网站文件在服务器上的存储方式。网站的逻辑结构是网站在运行时抽象出来的拓扑结构，它是建立在物理结构之上的。

1. 网站的物理结构

网站的物理结构又称为网站的目录结构，指网站组织和存放在站内所有文档的目录设置情况。通常网站的物理结构不应太复杂，层次也不应太多，应根据网站文件的功能、地位和大致的逻辑结构来建立树状的目录结构。目录结构的好坏，对浏览者来说并没有什么太大的感觉，但是对于站点本身的维护、内容的更新、未来的扩充和移植有着重要的影响。

1) 建立物理结构的一些建议

(1) 不要将所有的文件放在根目录下。

(2) 按栏目内容建立子目录。

(3) 在每一个子目录下建立独立的 images 目录。

(4) 目录的层次不可太深，一般在 3 层以内。

(5) 不要使用中文名字的目录名。

(6) 不要使用过长的目录名。

(7) 尽量使用意义明确的目录名及文件名。

2) 建立网站物理结构的原则

(1) 网站的首页文件，通常是 index.html，必须放在网站的根目录中。

(2) 网站使用的所有文件都必须存放在站点的文件夹中(除了用 URL 方式链接的内容或页面)。

(3) 所有的文件夹必须遵循同一个命名方案，不能够包含非法的字符。

(4) 在网站开发之前，就应该通过站点管理器建立起站点并建立合适的存储目录。

(5) 尽量不要通过操作系统进行网站文件的删除、重命名或者移动操作，应该通过站点管理器来完成。

2. 网站的逻辑结构

网站的逻辑结构又称为网站的链接结构，是指页面之间相互链接的拓扑结构。它建立在目录结构基础之上，但可以跨越目录结构。研究网站链接结构的目的在于：用最少的链接，使得浏览最有效率。链接结构的设计，在实际的网页制作中是非常重要的一环，采用什么样的链接结构将直接影响到版面的布局。

一般网站的逻辑结构有 3 种方式：树状结构、星状结构、混合结构。

1) 树状结构

树状结构类似 DOS 的目录结构，首页链接指向二级页面，二级页面链接指向三级页面，以此类推。这种链接结构的优点是条理清晰，访问者明确知道自己在什么位置。缺点是浏览效率低，一个栏目下的子页面到另一个栏目下的子页面，必须绕经首页，如图 5.1 所示。

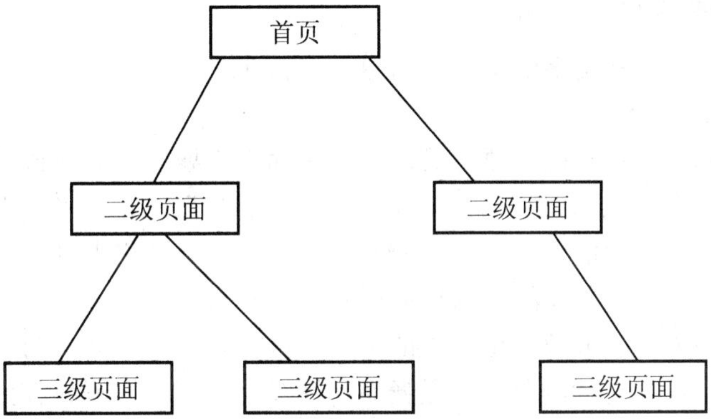

图 5.1　树状结构

很多技术服务类网站和产品发布类网站都采用这种目录结构。

2) 星状结构

星状结构的每个页面与其他页面之间都建立有链接。这种链接结构的优点是浏览方便，随时可以到达自己喜欢的页面。缺点是链接太多，链接结构太复杂，容易使浏览者迷失在网站之中，不知自己所处位置，如图 5.2 所示。

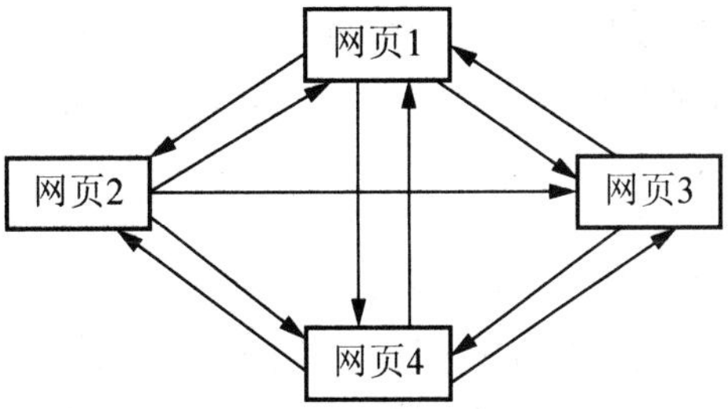

图 5.2　星状结构

3) 混合结构

树状结构和星状结构都只是理想链接方式，在实际的网站设计中，总是将这两种结构结合起来使用，希望浏览者既可以方便、快速地到达自己需要的页面，又可以清晰地知道自己的位置。最好的办法是：首页和二级页面之间用星状结构连接，二级和三级页面之间用树状结构连接，这种结构称之为混合结构。

5.1.4 网页的编排设计

在网页设计中根据特定的主题和内容，把文字、图形、图像、动画、视频、色彩等信息有机地、秩序地、艺术性地组织在一起，形成美观的页面并不是容易的事。很多计算机技术人员不具备艺术设计的能力，对网页内容和版式编排感到力不从心。

网页的编排设计同其他平面媒体版面的编排设计有很多相通之处。所谓网页的编排设计，是在有限的屏幕空间上将多媒体元素进行有机的组合，将传达内容所必要的各种构成要素的均衡、调和、律动的视觉导向以及空白等，根据主题的要求予以必要的关系设计，进行一种视觉的关联和合理配置。

1. 网站内容编排设计

网站内容编排设计包括文字信息处理和图片信息处理。

1) 文字信息处理

文字是现在网页传输信息的主要工具，因此页面上主要的部分应该以文字为主，这个看似简单的道理却是很多网站所忽视的。一味地追求“美观”，花在形式上的没有具体内容的东西占了很大的比例，主要的文字性的内容却放到了下边，结果上网的用户难以很舒服地获得信息，有时候要拉动滚动条才能看到整个页面的主要内容。

网页对于文本的处理一般放在最显著的地方，例如整个显示界面的中央稍微偏右下；文本的排版和布局整体性好，使浏览起来通畅而丝毫没有阻碍，理解内容更加容易。文字的大小应该适中，太大浏览起来增加了翻页的难度，太小看起来太累，加之一些不同显示器的分辨率不同，导致这个矛盾更加突出。用色也要考虑，一般用区别于主体的颜色可以起到强调的作用，但是凡事都过犹不及，加入一个整体的文字内容里用的颜色太多，势必会影响读者的理解。显然不但要考虑文本使用的具体的物质功能，也要懂得其精神上的价值体现。

2) 图片信息处理

图片在网页的设计中占据很重要的地位，由于图片的加入使网页更加丰富多彩，所以把图片用好是非常重要的。网页中图片的运用可以增加页面内容的形象性，更直观地表现或渲染主题，可见它在页面元素的编排中也是一个重要部分。大面积的图版易表现感性诉求，有朝气和真实感；小面积的图版给人以精致的感觉，使人视线集中；大小图片的搭配使用，可以产生视觉上的节奏变化和画面空间的变化。图片少则页面显得平稳，图片多则页面显得活泼。

图片的扩展造型元素，是在点、线、面这些基本造型元素基础上发挥作用的，它进一步分析了形成图形图像不同视觉效果的影响因素：空间，运动，质感。

图形图像所产生的空间感，一方面可以通过摄影、绘画的技法获得，一幅好的摄影绘画作品使物象有呼之欲出的感觉；另一方面还可以运用不同的手法对点、线、面等元素进行组合，从而使平面图形图像的三维空间感得以加强。这些手法是对疏密、大小、方向、重叠、虚实、色调的变化和光影的利用。

图形图像可以采用 3 种方法来产生动感。

(1) 采用叠合的片断形态，最常用的方法是重复和渐变，例如，将动作分解成一系列片断形态。

(2) 表现形态的运动轨迹，就像人们看到流星拖着长长的尾巴而判断它正在划过夜空一样。

(3) 采用运动过程中的形态或不稳定的形态，将物像运动过程中某一时刻的片断形态或处于不稳定状态的形态捕捉下来，并选取动态或动势最大的状态。由于人们平时对重力作用的认识，会不自觉地产生联想：接下去会发生什么？怎样运动？例如一个在轮滑过程中飞身跃起的人物形象。

2. 网站布局编排设计

在网页的平面空间中标题、内容、主体图形、色调、视觉中心、背景和留白都是造型的最基本元素，将这些基本元素在 800 像素×600 像素或 1024 像素×768 像素的版面中有机地结合起来就是设计的过程。网页版式设计常常借助多种形式的框架(骨骼)，规则的框架与不规则的框架，可见的框架与不可见的框架，同时还要与文字样式、色调等因素紧密联系起来，构成合理的网页布局形式。

从平面设计的形式来看，整个页面可以分为几个部分，每个部分有不同的功能，也能体现不同的形式。设计版面应先画出布局草图，接着对版面布局进行细化和调整，反复调整后确定最终的布局方案。常见的网页布局形式有“同”字形、“厂”字形、“框架”形、“封面”形和 Flash 形。

1)“同”字形

“同”字形也可以称为“国”字形，是一些大型网站所喜欢的类型，即最上面是网站的标题以及横幅广告条，接下来就是网站的主要内容，左右各有一些栏目，内容主体在中间，与左右一起罗列到底，最下面是网站的一些基本信息、联系方式、版权声明等。这种结构是我们在网上见到的差不多最多的一种结构类型。这种结构的优点是充分利用版面，信息量大；缺点是页面显得拥挤，不够灵活。

2)“厂”字形

页面顶部为标志和广告条，下方左侧为主菜单，右侧显示正文信息。因为人的注意力主要在右下角，所以主要想得到的信息都能最大可能地获取，而且很方便。这是一种较广泛采用的布局方式。优点是页面结构清晰，主次分明；缺点是规矩呆板，如果色彩搭配不当，容易使人厌烦。

3)“框架”形

一般为上下或左右布局，一栏是导航栏，另一栏是正文信息。也有将页面分为三栏的，上边一栏放图片广告，左侧栏放导航栏，右侧为正文信息。这种方式的采用可以将功能性的东西有条理地放在左边和下边，使用起来更方便，像很多的按钮和链接(文字链接和图片链接以及 E-mail 链接等)都可以很清楚地显示出来，因此具有很好的导向性。

4) “封面”形

一般应用在网站主页或广告宣传面上，多为精美的图片配上简单的文字链接。大部分为一些精美的平面设计结合一些小的动画，放上几个简单的链接或者仅是一个“进入”的链接，甚至直接在首页的图片上做链接而没有任何提示。如果处理得好，会给人带来赏心悦目的感觉。

5) Flash 形

与“封面”型布局结构相似，不同的是采用了 Flash 技术，整个网页就是一个 Flash 动画。它本身是动态的，画面一般比较绚丽、有趣，动感十足，大大增强了页面的视觉效果，是一种比较新潮的布局方式。

5.2　HTML 语言基础

网站的开发离不开网页，而网页的核心技术就是 HTML 语言。尽管在网站开发老手们看来，HTML 语言恐怕是众多 Web 技术中最显得微不足道的部分，但是，HTML 的确是精彩的 Web 世界里必不可少的基石。

5.2.1　HTML 的概念

网页文件就是一个普通的文本文件，这个文本文件里的一些特殊字符序列被当做一种 HTML 标记，当浏览器打开网页文件时，不是像记事本程序那样简单地显示文本文件里的内容，而是根据其中的标记来控制文件内容的显示效果和执行某种功能。单击 IE 浏览器上的“查看/源文件”菜单，可以看到网页的原始文本内容。可见，浏览器的基本功能就是根据 HTML 标签的含义，用特殊的效果去显示和控制一对 HTML 标签之间所引用的文本内容，HTML 标签的作用就是告诉浏览器应该如何显示有关的文本。有各种各样的 HTML 标签，它们定义了网页中文字的大小、颜色、效果，段落的排版方式，以及用户如何通过一个网页导航到另外的网页等各方面的内容，这些 HTML 标签的组合就是 HTML 语言。HTML 不是程序设计语言，而是一种标记语言，也就是用一些标记来说明文本的显示效果。要建立网站和制作网页，就必须对 HTML 语言有所了解。

HTML(Hyper Text Mark-up Language)即超文本标记语言或超文本链接标示语言，是 Web 应用开发语言的基础，是目前网络上应用最为广泛的语言，同时也是构成网页文档的主要语言。

HTML 文本是由 HTML 标签(命令)组成的描述性文本，HTML 标签可以说明文字、图形、动画、声音、表格、链接等。HTML 的结构包括头部(Head)、主体(Body)两大部分，其中头部描述浏览器所需的信息，而主体则包含所要说明的具体内容。

5.2.2　HTML 语法及编写规则

HTML 是一种简单、通用的全置标记语言。它允许在网页中建立文本与图片相结合的复杂页面，这些页面可以被网上任何其他人浏览到，无论使用的是什么类型的计算机或浏览器。

1. HTML 基本结构

HTML 文件总是以<html>标签开头，以</html>标签结束，用来表明这是一个 HTML 文件。在<html>和</html>标签对之间是 HTML 的所有内容，一般由头部和主体构成。头部总是由<head>和</head>标签对定义的，其中包含了该 HTML 页面的标题和说明信息，例如编码方式、关键字、编辑软件、作者信息等。头部以下就是主体部分，它以<body>作为起始标签，以</body>作为结束标签，中间部分就是在浏览器中所看到的内容，例如文字、图片动画等。

具体结构形式如下：

```
<html>              html 文件开始
    <head>          文件头开始
       <title>      标题开始
        标题
       </title>     标题结束
    </head>         文件头结束
    <body>          文件体开始
    文件体
    </body>         文件体结束
</html>             html 文件结束
```

2. HTML 标签

1) HTML 文档标签

格式：<html>……</html>

说明：<html>处于文档的最前面，表示 HTML 文档的开始，即浏览器从<html>开始解释，直到</html>为止。

2) HTML 文件头标签

格式：<head>……</head>

说明：<head>紧跟在<html>标签的后面，表示文件头部开始，到</head>结束。其内容包含了该 HTML 页面的标题和说明信息，例如编码方式、关键字、编辑软件、作者信息等。

3) HTML 文件标题标签

格式：<title>……</title>

说明：该标签定义的标题内容不在浏览器窗口中显示，而是在浏览器的标题栏中显示。通过该标题内容的设定，可以使读者迅速了解该网页的主要内容以及在使用搜索引擎时可以找到该页。

4) HTML 文件主体标签

格式：<body>……</body>

说明：位于头部之后，以<body>开始，直到</body>结束。定义了网页上显示的主要内容与显示格式，是整个网页的核心，浏览器窗口中所能显示的内容全部被包含在该标签中。

属性：用于设定网页的总体风格。其中，

(1) bgcolor，设置网页的背景色。

(2) Background，设置网页的背景图像。

(3) text，设置网页文本的颜色。

(4) link，设置尚未被访问过的超链接颜色，默认为蓝色。

(5) vlink，设置已被访问过的超链接颜色，默认为蓝色。

(6) alink，设置一个正被激活的超链接颜色，默认为红色。

5) 注释标签

格式：<!--……-->

说明：在 HTML 文件中加入注释可以使程序清晰，容易理解。该标签中的内容在被浏览器解释时会被忽略，也不会被显示。

3. 文本标签

在大多数网页中，文本是网页的核心，只有适当地对文本进行编辑，才能够使网页具有很好的视觉效果，突出网页主体。

1) <font>字体标签

格式：<font size=" " color=" " face=" ">……</font>

说明：<font>标签的属性有 color、size、face 等。color 属性指定字体的颜色，其数值可以采用“#+6 位十六进制数”或颜色的英文单词表示，如果不设置该属性，则默认字体颜色为黑色。size 属性指定字体大小，其值从 1～7 表示字体从小到大。face 属性设置字体格式，例如宋体、黑体、楷体等。

例如：<font color="red" size="6" face="黑体">文本标签</font>

含义是：设置“文本标签”4 个字为红色，6 号，黑体字。

2) 标题标签

格式：<hn>……</hn>

说明：该标签可以用来指明页面上的 *n* 级标题，其中 *n*=1～6，主要用于对文本中的章节进行划分。*n* 的数字越小，字体越大，这一点和<font>标签恰好相反。在默认情况下，标题标签的字体为加粗字体。标题标签中可以设置文本的对齐属性，align=left、center 或 right，分别代表标题左对齐、居中对齐或右对齐。

3) 文字风格标签

文字风格标签的使用可以使页面中的文字具有各式各样的样式，使得整个页面文字元素更加形象，易于编排出更复杂的文字效果。常用的文字风格标签有如下几种。

(1) <b>……</b>为粗体。

(2) <i>……</i>为斜体。

(3) <u>……</u>为下划线。

(4) <strike>……</strike>为删除线。

(5) <big>……</big>为以较大字体显示。

(6) <small>……</small>为以较小字体显示。

(7) ^{……}为上标。

(8) _{……}为下标。

4. 排版标签

HTML 的排版不同于其他文本编辑器的直观排版概念，它不是所见即可得的，需要通过排版标签在网页设计器中设计代码，代码通过浏览器的编译后输出，最终要让终端页面的外观像我们预设的一样显示出来。

1) 段落标签

格式：<p>……</p>

说明：该标签可以定义一个段落。

属性：align 用来设定段落的对齐方式。取值有 left、right 和 center。

2) 换行标签

格式：

说明：此标签表示不分段换行。

3) 预定格式标签

格式：<pre>

说明：在编辑文档时，希望在浏览网页时仍能保留在编辑工具中已经排好的形式显示内容，这时可以使用<pre>标记。使用<pre>标记时，默认使用 2 号字体(10 磅)。

4) 居中标签

格式：<center>……</center>

说明：<CENTER>称为居中标记，令标签中的文字居中对齐。很多的标记已有 align="CENTER"的参数，为什么还要设置<CENTER>标签呢？事实上它还是常用的标记之一，其简单易用，常用于文字，对于已加有 align="CENTER"参数的<TABLE>标记不可以加上居中标记，因为很多浏览器不支持<TABLE>标记中的 align="CENTER"参数。

5) 水平线标签

格式：<hr>

说明：在指定的地方插入一条水平线。其包含的属性有 align：设定线条放置的位置，可选择 left、right、center 三种设定值；size：设定线条厚度，以像素做单位，默认为 2；width：设定线条的长度，可以是绝对值(以像素做单位)或相对值，默认值为 100%；color：设定线条的颜色，默认为黑色；noshade：设定线条为平面显示，若删去则具有阴影或立体效果。

5. 图像与背景标签

1) 设定背景颜色

背景颜色可用<Body>标签中的 Bgcolor 属性进行设置，Bgcolor 属性的取值可以为 6 位十六进制代码或颜色的英文单词，例如：

```
<Body Bgcolor=#ff0000>…</body>
<Body Bgcolor=red>…</body>
```

2) 设定背景图片(可用 gif、jpg 或 jpeg、png、bmp)

```
<Body Background="back.gif">…</body>
```

背景图片的设置使用<Body>标签中的 Background 属性进行设置，Background 属性的取值为图片的路径。在网页中最好使用相对路径，以避免网站在移植过程中出现路径错误。网页中的背景图片也可以连接到别人的网站中的某一个图片。

3) 图像标签

在网页文档中指定位置放置图像，其格式可以是 GIF、JPEG、XBM、TIFF、BMP 和 PICT 等。其中：GIF 格式文件最多只能显示 256 种颜色，一般用于制作透明、隔行和动画效果图片等；而 JPEG 格式文件可以拥有计算机所能提供的颜色，适合存放高质量的彩色图片、照片。

格式：<img>

说明：用来在文档中嵌入图像。

属性：

src：用来设定要被包含的图像的位置和文件名。

alt：用来设定在纯文本浏览器中替换图像的文本或鼠标悬停于图像上显示的文字。

width 和 height：用来设定图像的宽度和高度，可取像素值或相对值。

border：用来设定图像边框的宽度，其默认值为 0，无图像边框。

align：用来设定图像的对齐位置，取值有 bottom、middle、top 等。

6. 表格标签

表格在网页中应用非常广泛，不仅可以在网页中插入图表信息，还可以利用表格实现复杂的排版功能，使得整个版面整洁有序。一个表格由〈table〉开始，〈/table〉结束，表的内容由〈tr〉，th〉和〈td〉定义。〈tr〉说明表的一行，表有多少行就有多少个〈tr〉；〈th〉又称为表头，说明表的列数和相应栏目的名称，有多少栏就有多少个〈th〉；〈td〉则填充由〈tr〉和〈th〉组成的表格。是否用表格线分开为部分内容用 border 属性说明。

格式：

```
<table>
<tr><th></th>…</tr>
<tr><td></td>…</tr>
…
</table>
```

属性：

border：用来设定表格边框粗细。若省略，则无边框。

width 和 height：用来设定表格宽度和高度，可取绝对值或相对值。

cellspacing：用来设定表格间隙。

cellpadding：用来设定表格内部空白。

background：设置表格的背景图像。

bgcolor：设置表格的背景颜色。

align：设置表格的对齐方式，有 center、left 和 right 三种。

例如：

```
<table border="1" cellspacing="0" cellpadding="0">
  <tr>
    <th width="102" align="center">姓名</td>
    <th width="82" align="center">性别</td>
    <th width="78" align="center">年龄</td>
   </tr>
```

```
  <tr>
    <td width="102" align="center">张三</td>
    <td width="82" align="center">男</td>
    <td width="78" align="center">25</td>
  </tr>
  <tr>
    <td width="102" align="center">李四</td>
    <td width="82" align="center">女</td>
    <td width="78" align="center">23</td>
  </tr>
</table>
```

这是一个 3 行 3 列具有表头的表格，具体显示样式如图 5.3 所示。

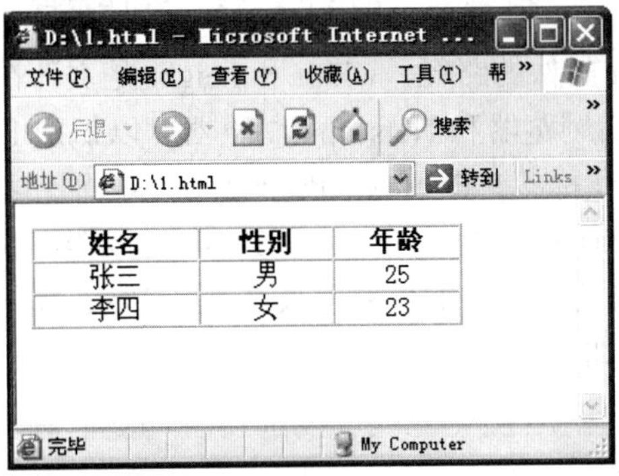

图 5.3　表格标签的使用

7. 网页中其他元素的插入

1) 超链接的插入

超链接是一个网页指向另一个目的端的链接，目的端可以是另一个网页或者同一个网页上的不同位置。创建超链接就是在当前页面与其他页面间建立链接。创建超链接使用<a>…</a>标记。含有的属性有：链接目标的位置 href、显示链接目标的框架 target 等。超链接图标可以创建文档链接、锚点链接、邮件链接、脚本链接、空链接。

格式：

(1) <a name="对象名">…</a>，用来设定指定的对象为一个超链接的目标，即定义锚点。

(2) <a href="#对象名">…</a>，用来设定同一文档的一个目标。

(3) <a href="URL">…</a>，用来设定超链接的另一目标或目标资源。

要注意文档路径的设置。文档路径可以分为绝对路径、文档相对路径和根相对路径。

例如：

```
<a href="http://www.ahbvc.cn/">安徽工商职业学院</a>——指向互联网中其他页面的链接。
<a href="soft/default.asp">软件天地</a>——指向网站中其他页面的链接。
<a href="mailto:user@126.com">联系我们</a>——发送邮件的链接。
<a href="">这是个空链接</a>——创建一个空链接。
```

2) Flash 动画的插入

Flash 动画是当前网络中应用最为广泛的一种动画形式。Flash 动画是矢量动画，文件量小，浏览速度快。在网页中灵活运用 Flash 文件，可以使整个网页生动活泼，增加网页的阅读性。在网页中插入 Flash 需要用到<object>和<embed>标签，具体使用方法如下。

OBJECT 标签是用于 Windows 平台的 IE 浏览器的，而 EMBED 是用于 Windows 和 Macintosh 平台下的 Netscape Navigator 浏览器以及 Macintosh 平台下的 IE 浏览器的。Windows 平台的 IE 利用 ActiveX 控件来播放 Flash，而其他的浏览器则使用 Netscape 插件技术来播放 Flash。

如果浏览者的计算机已经安装了 Flash 播放器，那么插入 Flash 动画就变得非常简单，可以省略<object>标签而单独使用<embed>标签来完成。

```
<embed src="xxx" width="xxx" height="xxx"></embed>
```

其中，src 指的是 Flash 文件的路径，width 和 height 是文件在网页中的显示宽度和高度。

在这种插入方法下，IE 浏览器和 Netscape 浏览器可以识别 Flash 文件并能在网页中正常显示，但是由于缺少<object>标签，Firefox 浏览器就无法识别和播放该 Flash 文件。

另外，如果不知道用户计算机中是否安装了 Flash 播放器，我们可以通过<object>属性的相关参数使得浏览器能够自动到指定的位置下载并安装 Flash 播放器，以便能够正常地显示和播放 Flash 动画，详细设置如下。

```
<OBJECT classid="clsid:D27CDB6E-AE6D-11cf-96B8-444553540000"
codebase="http://download.macromedia.com/pub/shockwave/cabs/flash/swflash
.cab#version=6,0,40,0" WIDTH="xxx" HEIGHT="xxx" id="myMovieName">
<PARAM NAME=movie VALUE="xxx">
<PARAM NAME=quality VALUE=high>
<PARAM NAME=bgcolor VALUE=#FFFFFF>
<EMBED src="xxx" quality=high bgcolor=#FFFFFF WIDTH="550" HEIGHT="400"
NAME="myMovieName" ALIGN="" TYPE="application/x-shockwave-flash"
PLUGINSPAGE="http://www.macromedia.com/go/getflashplayer">
</EMBED>
</OBJECT>
```

CLASSID：设置浏览器的 ActiveX 控件，仅用于 OBJECT 标签。

CODEBASE：设置 Flash ActiveX 控件的位置，因而如果没有安装浏览器，可以自动下载安装。仅用于 OBJECT 标签。

WIDTH：以百分比或像素指定 Flash 影片的宽度。

HEIGHT：以百分比或像素指定 Flash 影片的高度。

SRC：指定影片的下载地址。仅用于 EMBED 标签。

PLUGINSPAGE：设置 Flash 插件的位置，因而如果没有安装浏览器，可以自动下载安装。仅用于 EMBED 标签。

MOVIE：指定影片的下载地址。仅用于 OBJECT 标签。

3) 声音的插入

网页中的声音有多种插入方式，有作为背景音乐插入的，有作为播放器插入的，有作为超链接插入的。虽然插入声音的方式不同，但是必须在客户端有播放声音的播放器才能使网页中的声音正常播放。

(1) 添加背景音乐。在网页中可以嵌入背景音乐。这种音乐多以 MP3，MIDI 文件为主。可以通过<bgsound>标签来实现背景音乐的插入。

```
<body>
<bgsound src="xxx" loop="xxx">
插入背景音乐
…
</body>
```

在这里 src 是背景音乐的路径属性，其值为要插入背景音乐的绝对路径或相对路径，一般在网页中采用相对路径。loop 属性指的是是否将背景音乐设置为循环，取值为“True”或“False”。

(2) 添加播放器音乐。除了在网页中插入背景音乐外，还可以通过插入播放器的形式在网页中插入音乐。具体方法如下：

```
<EMBED src="xxx" loop="xxx" width="xxx" height="xxx" >
```

src：音乐文件的地址。

loop：音乐文件是否循环播放。

width 和 height：播放器的宽和高。

用播放器可进行调节音量、暂停等操作，也可将播放器的宽和高都设为 0 而隐去播放器。

4) 视频的插入

网页中支持的视频很多，常见的有 avi、mpg、rm、wmv、wma 等格式。虽然格式很多但其插入的方法非常类似，我们就以 mpg 和 rm 为例讲解网页中视频插入的方法。

插入视频仍然要用到我们讲到的<object>标签，只不过其内部参数有所改变。

(1) 插入 mpg 视频。

```
<object classid="clsid:05589FA1-C356-11CE-BF01-00AA0055595A" id="ActiveMovie1"
width="239" height="250">
<param name="Appearance" value="0">
<param name="AutoStart" value="-1">
<param name="AllowChangeDisplayMode" value="-1">
<param name="DisplayMode" value="0">
<param name="Enabled" value="-1">
<param name="EnableContextMenu" value="-1">
<param name="EnablePositionControls" value="-1">
<param name="EnableSelectionControls" value="0">
<param name="EnableTracker" value="-1">
<param name="Filename" value="xxx" valuetype="ref">
<param name="FullScreenMode" value="0">
<param name="ShowControls" value="-1">
<param name="ShowDisplay" value="-1">
<param name="ShowTracker" value="-1">
<param name="Volume" value="-480">
</object>
```

(2) 插入 rm 视频。

```
<OBJECT ID=video1 CLASSID="clsid:CFCDAA03-8BE4-11cf-B84B-0020AFBBCCFA" HEIGHT=
288 WIDTH=352>
<param name="_ExtentX" value="9313">
<param name="_ExtentY" value="7620">
<param name="AUTOSTART" value="0">
<param name="SHUFFLE" value="0">
<param name="PREFETCH" value="0">
<param name="NOLABELS" value="0">
<param name="SRC" value="xxx">
<param name="CONTROLS" value="ImageWindow">
<param name="CONSOLE" value="Clip1">
<param name="LOOP" value="0">
<param name="NUMLOOP" value="0">
<param name="CENTER" value="0">
<param name="MAINTAINASPECT" value="0">
<param name="BACKGROUNDCOLOR" value="#000000">
<embed SRC type="audio/x-pn-realaudio-plugin" CONSOLE="Clip1"
CONTROLS="ImageWindow" HEIGHT="288" WIDTH="352" AUTOSTART="false">
</OBJECT>
```

5.2.3 DHTML 的概念

DHTML(Dynamic HTML)又叫动态 HTML，它并不是一门新的语言，它只是 HTML、CSS 和客户端脚本的一种集成。DHTML 建立在 HTML 技术的基础上，可分为 3 个方面：一是 HTML；二是 CSS；三是客户端脚本。

CSS(Cascading Style Sheets)又叫层叠样式表，是 W3C 协会为弥补 HTML 在显示属性设定上的不足而制定的一套扩展样式标准。我们可以预先设定网页中文字、表格、图片等信息的样式，并定义各种样式的名称，在网页中实际使用的时候只需要直接调用样式名称就可以对网页的元素进行格式化操作。CSS 的出现有效地避免了重复定义样式，节省了大量的网页开发时间。

客户端脚本语言是 DHTML 最重要的部分，因为页面中的对象要“动”起来，要能够根据用户的操作做出不同的响应，所以必须通过脚本语言程序进行控制。常用的客户端脚本语言有 JavaScript 和 VBScript，而 JavaScript 因为受到包括 IE、Netscape Navigator 等大多数浏览器支持，所以其应用最为广泛。

下面我们就通过一个例子讲解 DHTML 页面中客户端脚本在网页中起到的作用。

在网页浏览时，通常的网页背景是白色的，可以通过 DHTML 的脚本语言让用户自己选择网页的背景，如图 5.4 所示。当用户的鼠标悬停于某种颜色方块上时，网页的背景就会变成那种颜色。

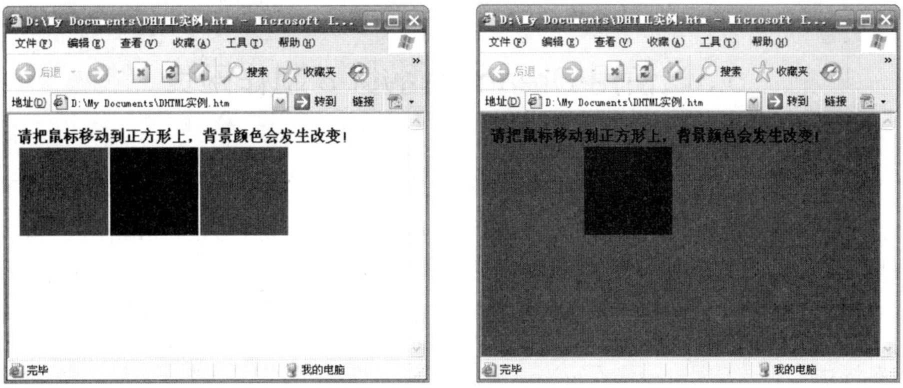

图 5.4 页面背景颜色任意变

该网页的源代码如下：

```
<html>
<head>
<script type="text/JavaScript">
function bgChange(bg)
{
document.body.style.background=bg
}
</script>
</head>
<body>
<b>请把鼠标移动到正方形上，背景颜色会发生改变！</b>
<table width="300" height="100">
 <tr>
  <td onmouseover="bgChange('red')" bgcolor="red">
  </td>
  <td onmouseover="bgChange('blue')" bgcolor="blue">
  </td>
  <td onmouseover="bgChange('green')" bgcolor="green">
  </td>
</tr>
</table>
</body>
</html>
```

代码中<script type="text/JavaScript">…</script>标签之间用 JavaScript 脚本语言定义了一个函数，函数名叫 bgChange，函数的参数为 bg，该函数的功能就是将网页的背景变成参数 bg 所指的那种颜色。而在后面的表格中我们定义了一行三列，代码<td onmouseover="bgChange('red')" bgcolor="red">的意思是指该列的背景为红色，当鼠标悬停于该列时调用函数 bgChange，并将参数 bg 值设置为"red"，这时网页的背景就会变成红色。

借助于上例我们可以看出，DHTML 基于 HTML 语言，利用 CSS 扩展样式编排，借助浏览器对象模型概念，用脚本程序对网页进行动态控制。

5.3 使用 Dreamweaver 8 制作网页

通过上面的讲解我们了解了网页的基本概念和制作网页的 HTML 语言，利用 HTML 语言我们可以将各种标签在记事本中编辑，然后保存成扩展名为 htm 或者 html 的文件，这样就可以在浏览器中浏览了。这种开发网页的方法非常耗时耗力，有没有一种工具使我们像使用 Word 那样直接编辑样式就可以制作出网页呢？Dreamweaver 8 就是这样的一款软件。

5.3.1 任务描述

Dreamweaver 8 是 Micromedia 公司推出的一款用于对 Web 站点、Web 页和应用程序进行设计、编码及开发的可视化网页编辑软件。它有 3 种设计视图可供选择，分别是代码视图、设计视图和混合视图。熟悉 HTML 语言的用户可以直接在代码视图中编写网页，熟悉排版的用户可以直接在设计视图中编辑。

本节我们详细讲解如何使用 Dreamweaver 8 制作一个如图 5.5 所示的视频新闻网页。

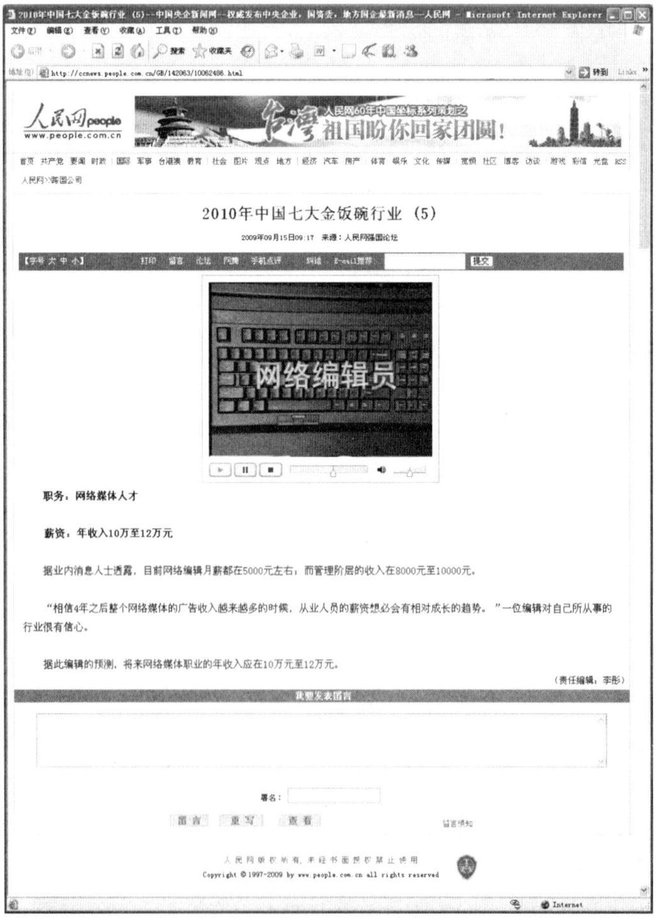

图 5.5 视频新闻网页

在设计如图 5.5 所示的网页之前，我们首先分析整个网页。该页面由上、中、下三大部分构成：上面部分包括 logo、宣传图片和导航栏，中间部分包括新闻标题、新闻视频、新闻主体和留言区域，下面部分为网页的版权声明区域。

再进一步分析，我们可以发现上面部分的内容被一个浅色的边框划分为两个区域，logo 和宣传图片是一个区域，网页导航是另一个区域；而网页的中间部分被一个大的浅色边框完全包住。这两个浅色边框将整个网页分为上、中、下三块，使整个网页清晰明了。

我们就以这个网页为例，学习新闻网页的制作。

5.3.2 网页布局设计

一个网页是否能够明确地突出主体，内容安排井井有条与网页的布局有着密不可分的联系。布局合理的网页可以使用户在浏览的过程中有一种畅快感，视觉能快速地定位到网页的有效信息部分。

目前常用的网页布局技术有三种：层叠样式表布局、表格布局和框架布局。表格布局好像已经成为一个标准，随便浏览一个站点，它一定是用表格布局的。表格布局的优势在于它能对不同对象加以处理，而又不用担心不同对象之间的影响。而且表格在定位图片和文本上比起用 CSS 更加方便。

1. 绘制布局表格

首先打开 Dreamweaver 8，在工作界面中单击“文件”菜单下的“新建”菜单项，弹出“新建文档”对话框，在“类别”中选择“基本页”，如图 5.6 所示。

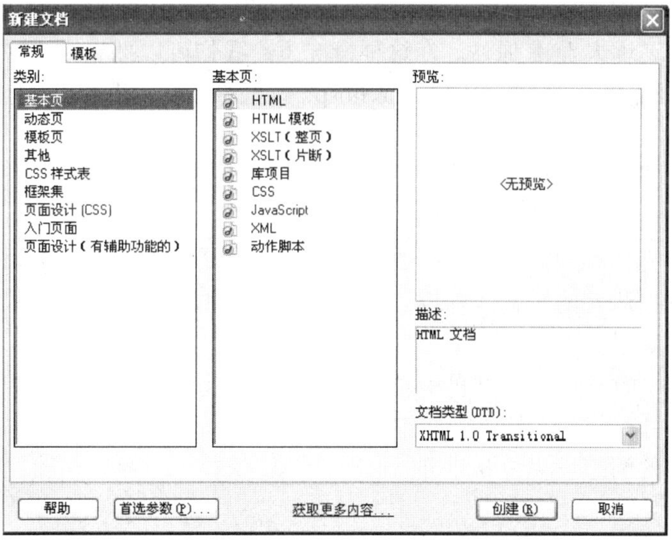

图 5.6 “新建文档”对话框

在新建的网页中单击“插入”菜单中的“表格”菜单项，在弹出的“表格”对话框中设定表格为 12 行 1 列，宽度为 980 像素，边框粗细和单元格间距都设置为 0，这样布局表格就插入完成了。在这里我们把整个网页看做一个完整的表格，把网页中的每一个横向元素，比如浅色水平线、导航栏等，都看做表格的一行，因此我们设定布局表格为 12 行，如图 5.7 所示。

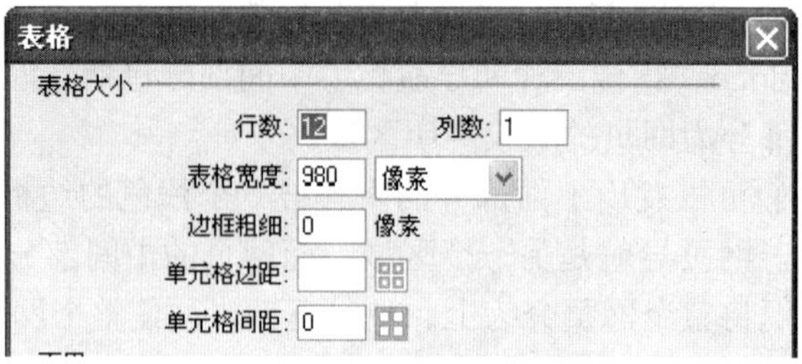

图 5.7　插入布局表格

2. 网页布局

布局表格绘制好后就可以对网页进行布局了。首先把划分网页的浅色框架“描绘”出来，这里并不是让大家用画笔在表格中绘制，而是通过在表格中插入相应素材来实现。

选中表格的第一行，在属性面板中设置单元格高度为 1 像素，背景图片设置为我们事先准备好的图片——宽度为 980 像素，高度为 1 像素的浅灰色线，如图 5.8 所示。

图 5.8　设置单元格属性

保存页面后，按 F12 键，在浏览器中预览会发现我们想要实现一条 1 像素高的浅色的线，但是页面中的线却远远大于 1 像素。在这种情况下，我们可以把光标放到该单元格内，单击“显示代码视图”按钮，将光标后面的“ ”删除即可。网页中所有的水平浅色框架通过这种方法都可以设置。

水平的浅色线描绘好以后，我们要设置垂直线了。首先利用图片编辑工具制作一个宽度为 980 像素，高度为 1 像素的图片，图片中间为白色，两端分别画 1 像素的浅灰色点。图片制作好后，我们将光标移到需要垂直线的单元格内，在属性面板中将单元格的背景图片设置为刚刚制作的图片。所有的垂直线都设置好后，将每个单元格调整到合适的大小，网页中的浅灰色框架就描绘好了。

如果在浏览器中预览时发现网页中出现了水平线和垂直线，但是水平线和垂直线之间的连接点是断开的，那是因为在插入表格中没有把单元格间距设置为 0 的原因。应选中整个表格，将属性面板中的间距设置为 0 即可。

5.3.3　文字处理

网页布局结束后，就可以向网页中插入内容了。网页中最基本也最常用的是文字。下面先讲解如何在网页中使用文字以及设置文字的方法。

1. 导航栏文字处理

通过分析案例我们可知，导航栏是由许多超链接文字构成的。文字颜色、大小统一，中间具有一定间隔，每一组超链接之间用浅灰色分隔线隔开。处理这种类型的文字排版我们同样可以使用表格来实现文字的合理布局。

将光标移动到导航栏所在的单元格内单击属性面板中的“居中对齐”按钮，然后单击“插入”菜单中的“表格”菜单项，在弹出的“表格”对话框中将行数设置为 1，列数设置为 33，表格宽度设置为 960 像素，边框粗细为 0 像素，单元格边距和单元格间距都设置为默认，如图 5.9 所示。

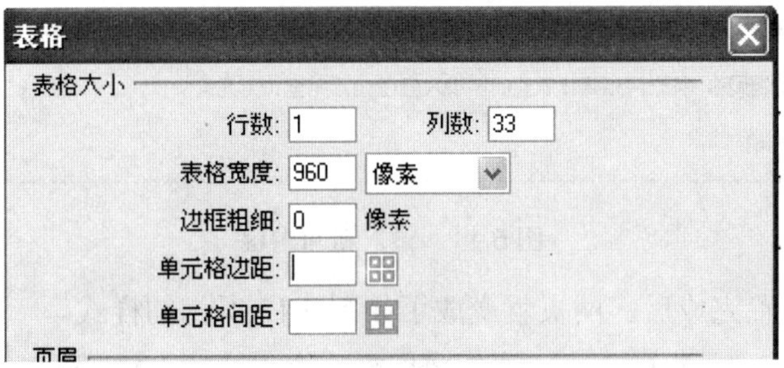

图 5.9　插入导航栏表格

这样就在单元格内插入了一个居中的表格，插入表格后，就可以将导航栏的文字输入到相应的表格中了。

文字输入完毕后，选中刚输入的任意文字设置其大小为 12 像素，可以设置自己喜欢的颜色，这时在属性面板中的样式选项中会自动出现“STYLE1”的字样，在这里我们可以单击样式选项中的“下拉”按钮，在列出的菜单中选择“重命名”，将该样式命名为“daohang”，如图 5.10 所示。

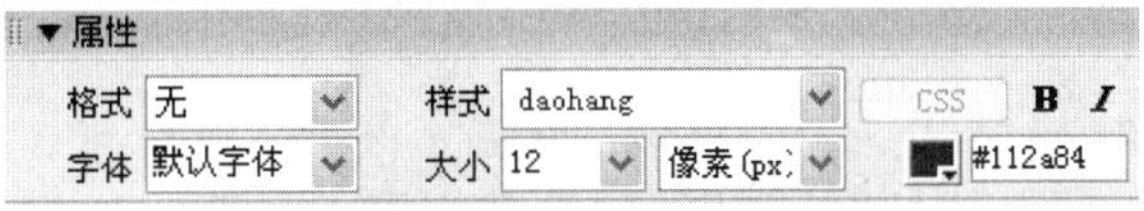

图 5.10　设置导航栏文字样式

导航栏文字样式设置好后，选中所有导航栏的文字，单击属性面板中的样式项，选中列表中的“daohang”样式，则所有的文字都被设置成了统一的样式。

2. 新闻文字处理

新闻内容文字处理与导航栏文字处理方式大同小异，只不过新闻内容的文字样式更多，需要分别设置。

首先在新闻显示单元格内插入一个表格便于布局文字，这里我们插入一个 5 行 1 列，宽度为 960 像素的表格，同样让表格居中显示，边框为 0。

在刚插入的表格内的相应位置分别输入新闻内容，如图 5.11 所示。

然后根据案例中的文字样式分别设置新闻文字。在这里需要说明，第三行的用户控制区域可以使用一个 1 行 8 列，宽度为 100%的表格来控制，将第三行的用户控制区域的表格背景颜色设置为案例中的浅蓝色。具体设置方法为：选中第三行的表格，在属性面板的背景颜色选项中选择颜色即可。

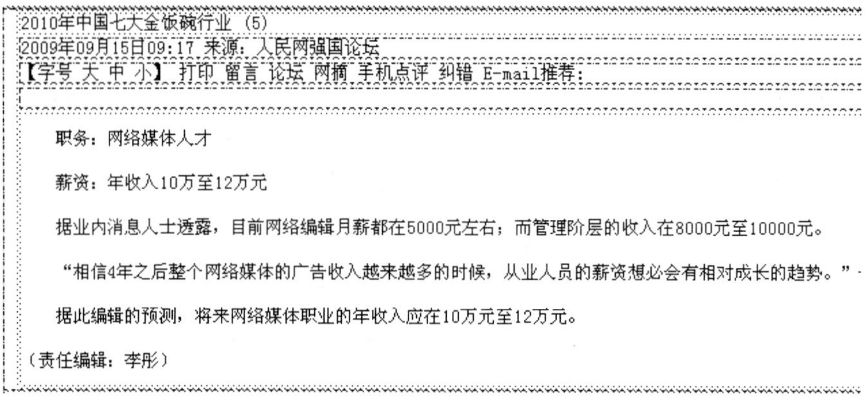

图 5.11　输入新闻内容

整个文字内容设置完成后，网页就变成了如图 5.12 所示的样式。

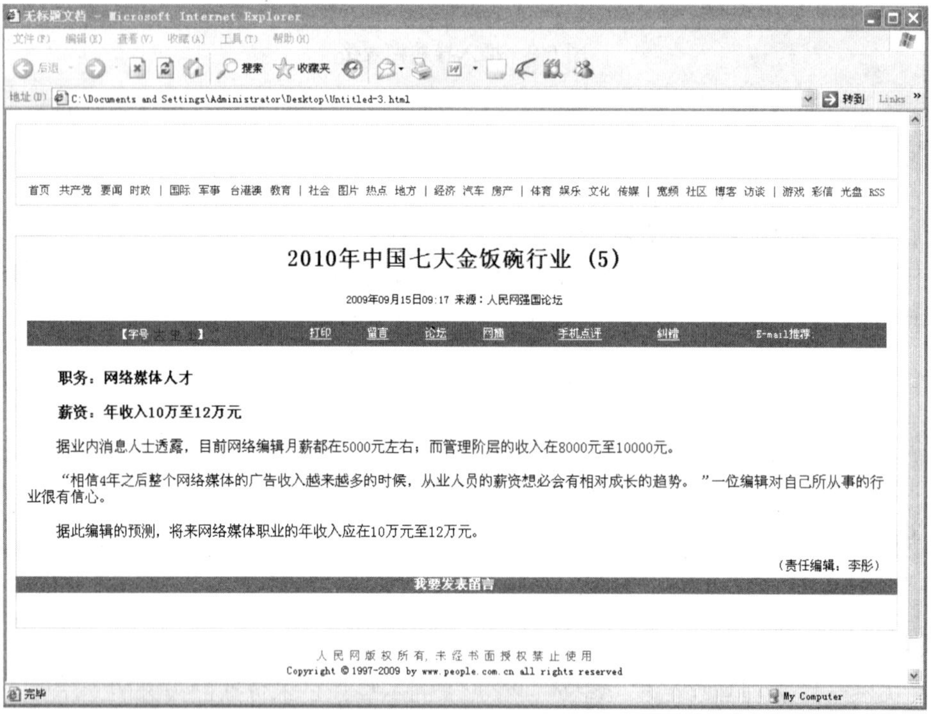

图 5.12　插入文本后的页面

3. 超链接文字处理

当我们把所有的文本信息录入到网页中后，就可以根据需要设置带有超链接的文本了。在设置超链接时，当在属性面板的链接框中输入链接的目标后，预先设定的文本样式就改变了。为了解决这个问题，我们可以单击属性面板的“页面属性”按钮，在弹出的“页面属性”对话框中的“分类”区域内选择“链接”，在右边的链接属性中将“链接字体”设为“(同页面字体)”，“下划线样式”设置为“仅在变换图像时显示下划线”，选择合适的链接颜色和已访问链接的颜色，如图 5.13 所示。

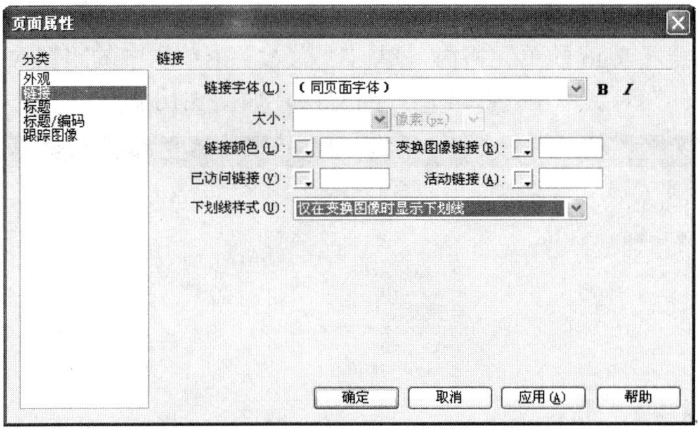

图 5.13 “页面属性”对话框

设置完成后，页面中所有的超链接都变成了我们设置的样式了，对于个别样式不统一的超链接，可以选中超链接文本，在 CSS 面板的属性标签中单击“新建 CSS 规则”按钮，如图 5.14 所示。

在弹出的“新建 CSS 规则”对话框中，选择其类型为“高级”，单击“确定”按钮。在 CSS 规则定义对话框中设置超链接的相关属性，单击“确定”按钮即可，如图 5.15 所示。

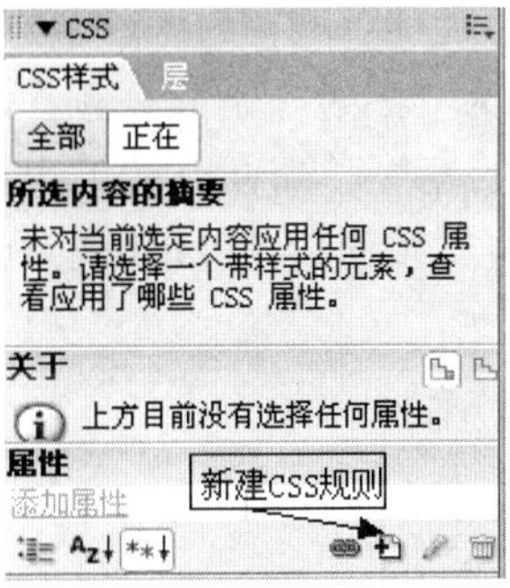

图 5.14　CSS 面板

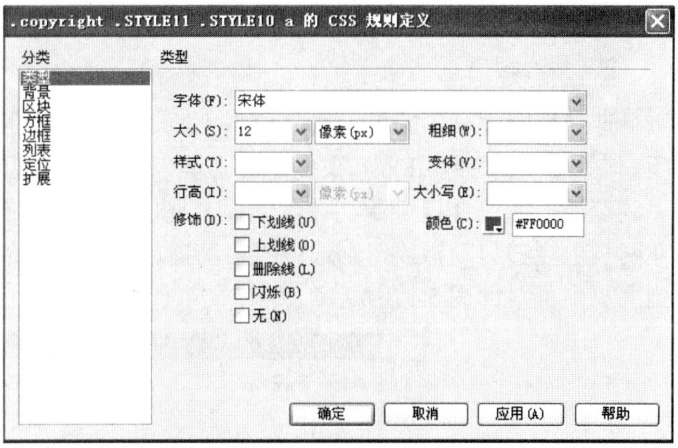

图 5.15　CSS 规则定义对话框

5.3.4　视频、图片及表单的插入

网页中的文字信息处理完成后，我们可以在网页中加入一些修饰性元素，以提高网页的观赏性和阅读性，对于具有交互功能的视频新闻还需要加入视频和表单等元素。下面分别讲解在网页中插入图片、视频和表单的技巧。

1. 插入图片

案例中的导航栏上包含两张图片，一个是网站的 logo，另一个是宣传图片，为了对图片的布局和样式进行更好的控制，可以使用与文字排版相同的方式，使用表格对图片进行布局。

把光标移动到要放入图片的单元格内，先插入一个 1 行 2 列，宽度为 960 像素，边框为

0 的表格，在表格的第一列插入网站的 logo，在第二列插入宣传图片。

将光标放到要插入 logo 的单元格内，单击“插入”菜单栏中的“图像”菜单项，在弹出的“选择图像源文件”对话框中选择要插入的文件，如图 5.16 所示。

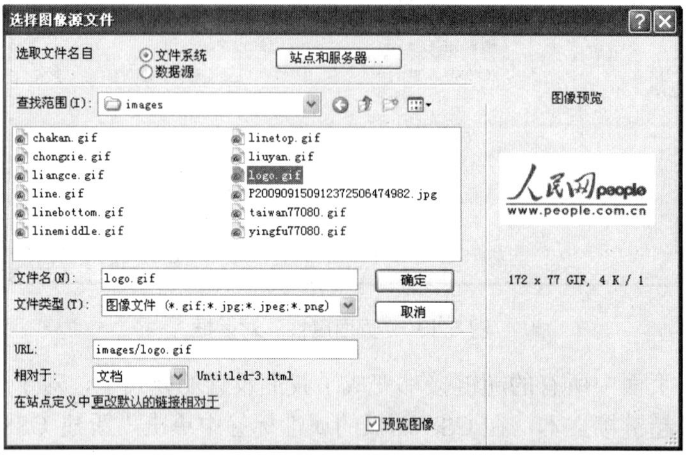

图 5.16 “选择图像源文件”对话框

图片插入后，选中图片，可以在属性面板中进一步设置图片的相关属性。使用同样的方法可以将其他图片也插入到网页的相应位置。

2. 插入视频

选择视频要插入的单元格，单击“插入”菜单中的“媒体”选项下的“Flash 视频”菜单项。在弹出的“插入 Flash 视频”对话框中，设置“视频类型”为“累进式下载视频”，单击“浏览”按钮选择视频源文件，选择合适的外观，设置好视频的宽度和高度。如果想让视频在网页中能够自动播放，则选中“自动播放”选项，单击“确定”按钮后，Flash 视频就插入到网页中了，如图 5.17 所示。

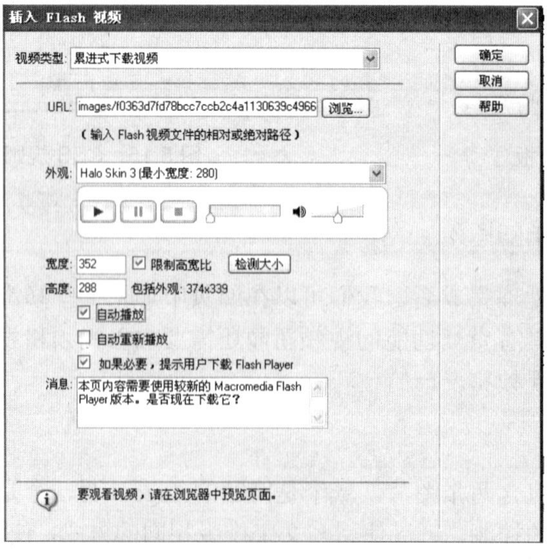

图 5.17 “插入 Flash 视频”对话框

如果想在网页中插入其他类型的视频或媒体，则单击“插入”菜单中的“媒体”选项里的“插件”菜单项，选择要插入的源文件，单击“确定”按钮即可。由于插入视频的文件类型不同，所需要的播放插件也不同，因此需要切换到代码视图中根据不同的视频类型添加相应的视频插件代码，这里就不详述了。

3. 插入表单

在很多的网页中都有交互式表单的应用，通过这些交互式表单可以很方便地将用户的留言等信息传送给服务器。在案例网页中就有一个发表留言的区域，下面我们通过插入留言文本域来讲解如何在网页中插入表单。

将光标移动到要插入表单的区域，单击“插入”菜单中的“表单”选项里的“表单”菜单项，此时 Dreamweaver 编辑器中会出现一个红色的虚线框。将光标移动到虚线框内，单击“插入”菜单中的“表单”选项里的“文本区域”菜单项，选中插入的文本区域，在属性面板中将字符宽度设置为 120，行数设置为 5，类型设置为多行，如图 5.18 所示。

图 5.18　文本区域属性

属性设置好后，网页中的文本区域就变成了长方形的样式，用户可以在文本区域中输入留言。

将光标移动到文本区域的下面，单击“插入”菜单中的“表单”选项里的“文本域”菜单项，在“输入标签辅助属性”对话框中的“标签文字”处输入“署名：”，单击“确定”按钮就会在文本区域下面出现一个单行的署名文本框，如图 5.19 所示。

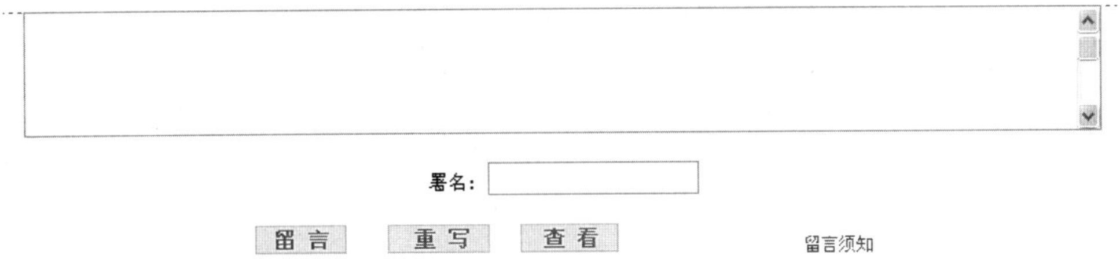

图 5.19　插入文本域

文本域插入完成后，选中整个表单(红色虚线框)，在属性面板中可以设置表单属性。如果希望将用户提交的留言和姓名等信息传送给另一个网页处理，可以在“动作”文本框内输入该文件的地址和文件名，则用户信息就可以转交给该文件处理了，如图 5.20 所示。

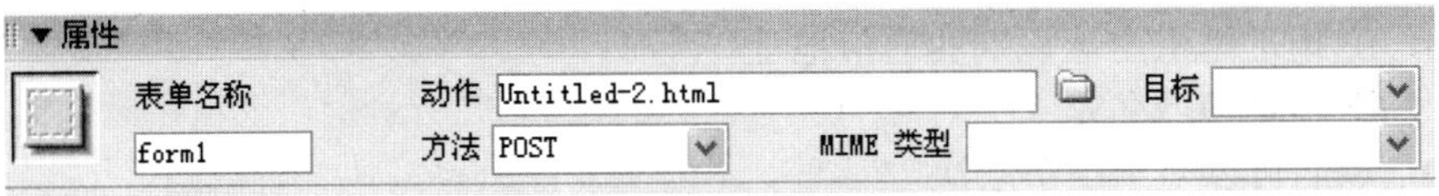

图 5.20　表单属性

至此整个网页就设计完成了，这种方法只适合于静态网页的设计。在实际运用中，我们可以预先使用这种方法设计整个网页的布局样式，然后利用数据库连接技术将数据库的内容与我们设计的网页的显示样式结合起来，这样所有的新闻显示页面都变成了我们设计的样式，省去了大量的代码编写时间，有兴趣的同学可以有针对性地学习动态网页设计。

知识巩固

1．单选题

(1) 在 Dreamweaver 8 网页设计中，下面关于“页面属性”对话框打开方式错误的是(　　)。

A．按组合键 Ctrl+J

B．执行“修改”菜单中的“页面属性”命令

C．用鼠标右键单击文档空白处，从弹出的快捷菜单中选择“页面属性”命令

D．执行“窗口”菜单中的“属性”命令

(2) 主机域名 www.yahoo.com.cn 由 4 个子域组成，代表网络类型的代码是(　　)。

A．www　　B．yahoo　　C．com　　D．cn

(3) 在 Dreamweaver 8 网页设计中，关于框架选择正确的说法是(　　)。

A．按 Ctrl 键并单击某框架内部或单击某框架的连框

B．按 Alt 键并单击某框架内部或单击某框架的边框

C．按 Alt 键并单击某框架内部或在框架面板中单击框架名称

D．按 Ctrl 键并单击某框架内部或在框架面板中单击框架名称

(4) 在 Dreamweaver 8 中，要保存一个包含 4 个网页文件的框架组需要保存网页的个数是(　　)。

A．3　　B．4　　C．5　　D．6

(5) 在 HTML 中，要定义一个空链接使用的标记是(　　)。

A．<a href="#">　　B．<a href="?">

C．<a herf="#">　　D．<a herf="?">

(6) body 元素用于背景颜色的属性是(　　)。

A．backgroud　　B．bgcoulor　　C．bgcolor　　D．background

(7) 网页元素不包括(　　)。

A．文字　　B．图片　　C．视频　　D．窗口

2．多选题

(1) 网站链接的组织形式有(　　)。

A．层次状连接结构　　B．树状连接结构

C．网状连接结构　　D．星状连接结构

E．环状连接结构

(2) 下列关于 IP 地址与域名的正确说法是(　　)。

A．IP 地址用数字表示，域名用字符表示

B．IP 地址是供全球识别的通信地址

C．IP 地址与域名是一一对应的

D．域名可以多于三个层次

E．IP 地址与域名都限制在 32 位内

(3) DHTML 组成部分主要有(　　)。

A．HTML　　B．WWW

C．客户端脚本　　D．CSS

技能训练

利用 Dreamweaver 8 建立一个站点并创建一个主页，保存为 index.htm。具体要求如下。

(1) 网页的标题为我的网页。网页的背景色为蓝色，文本颜色为白色。

(2) 在网页的上方插入一个 1 行 4 列的表格，将表格的边框粗细设置为 0，表格指定宽度为 100%，高度指定为 50 像素。4 个单元格的内容分别为：我的简介、我的爱好、我的理想、我的生活，并且居中。

(3) 在表格的下方插入一幅图像，并将它居中。

(4) 分别为表格 4 个单元格中的文字设置超链接。其中：我的简介链接到 jianjie.htm，我的爱好链接到 aihao.htm，我的理想链接到 lixiang.htm，我的生活链接到 shenghuo.htm。

岗位体验

警惕 DIV 癖——语义化标签，要学好 HTML

眼下，CSS+DIV 已经成了一种行业典型说法，甚至已经成为职位名称。作为职业的页面重构工作者，不禁对此无奈地苦笑。无须多讲，我要说的主题也不是 CSS+DIV 有什么不对，我想说的是由此说法引来的误区和癖好。

绝大部分人开始学网页制作，只是一味用 DIV 标签来布局，DIV 里再套 DIV，也不知道注意什么标签语义化。这不是什么错，本来 XHTML 里使用最多的标签是 DIV 嘛。设计师拿出效果图交给我们，很快就要求写出页面，那只能是一味地写，一味地在各种浏览器里做测试。

测试通过，就交出程序完工。可是真地回头想想，如果我们的页面都是一味地 DIV 嵌套出来的，仅为了比 TABLE 做的网页节省网页体积和样式的重复调用吗？DIV 布局的意义何在？HTML 里的许多元素的意义何在？这是值得我们思考的问题。

在精通 HTML 一书里看到了这方面的讲解，目前最大的不良使用习惯就是：使用 DIV 来代替标题和段落之类的结构性标记。

当要标记内容的时候，有很多不同的标记可以供选择。我们可以在 CSS 的开头进行各个元素的重置(CSS Reset)，然后可以根据不同的情况来选择属于它们的标签。最典型的误区是将标题放在 DIV 里，而不去使用 h1～h6，慢慢地我们要更改页面里充斥的不必要的结构性标记。如果已经有非常好的结构性和语义性标记可用，那就再也没有借口使用 DIV 了。

要写出语义化标签的页面来，我们还需要好好学习 HTML，理解 HTML。告别 DIV 癖(divitis)、SPAN 癖(span-mania)、CLASS(classitis)癖。告别不合理、不必要的结构性标记！

(资料来源：人民网，2009 年 3 月 25 日)

如果你是一名网页设计人员，根据你掌握的网站设计和网页制作的知识，说明如何合理利用 HTML 制作技巧，使得网站站点的建设文档更加清晰、规范。

第6章 信息发布技术

学习目标

❖ **知识目标**：

(1) 学生能够了解信息发布的基本流程；

(2) 学生能够理解记者、栏目编辑、签发编辑操作中的异同；

(3) 学生能够掌握信息发布过程中的操作要领。

❖ **技能目标**：

(1) 学生能够了解系统管理员可操作的内容以及网站后台管理操作的基本知识，能够对网站进行合理规划和运作；

(2) 使学生掌握不同角色权限下的基本操作技能，能够进行内容编辑、内容发布、模板制作等操作。

引 例

网络信息的编辑与发布

小张是×××网站的记者，于2009年5月19日在国务院常务会议上采访了温总理主持召开的"国务院决定在京津等地试点家电以旧换新"的会议，写了如下的稿件：

题目：国务院决定在京津等地试点家电以旧换新

正文：国务院总理温家宝2009年5月19日主持召开国务院常务会议，研究部署鼓励汽车、家电"以旧换新"政策措施。

会议指出，今年以来，国家结合重点产业调整和振兴规划实施，加大老旧汽车报废更新力度，出台鼓励"汽车、摩托车下乡"、"家电下乡"等政策，有力地促进了农村消费，对拉动内需，稳定和扩大就业，保持经济平稳较快发展发挥了重要作用。为进一步促进扩大内需，根据我国家电、汽车产业发展和消费市场实际，有必要实施鼓励汽车、家电"以旧换新"的政策措施。这不仅有利于扩大消费需求，也有利于提高能源资源利用效率，减少环境污染，促进节能减排和循环经济发展。

会议决定，采用财政补贴方式，鼓励汽车、家电"以旧换新"。

……

会议还研究了其他事项。

(资料来源：中国政府网，2009年5月20日)

小王是栏目编辑，小李是签发编辑，在整个网络编辑系统中他们应该如何分工合作来发布小李采写的新闻稿件？本章将围绕这些问题利用网络编辑系统加以介绍。

6.1 网络编辑系统基础知识

每个网站信息发布都是通过网络编辑后台系统完成的，下面将以“网络编辑职业技能实训系统”为例加以说明。

1. 网络编辑系统的功能

网络编辑系统是网络编辑发布与管理新闻稿件的平台，使用不同的角色登录网络编辑系统将会具有不同的使用权限，根据权限的不同可以分别对稿件进行编辑、发布、审批以及管理等操作。

2. 网络编辑系统的登录

在浏览器地址栏中输入网络编辑系统的地址，打开如图 6.1 所示的界面，用户在指定位置输入用户名、密码和验证码，并选择担任的角色后，单击“登录”按钮即可进入网络编辑系统。

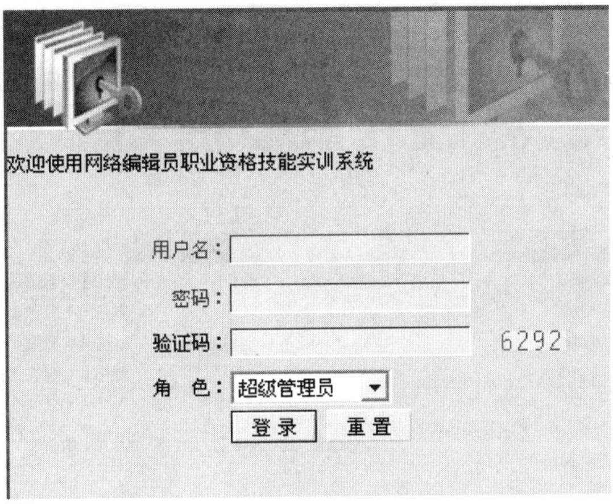

图 6.1 网络编辑系统登录界面

6.2 网络编辑系统的基本操作

根据担任角色的不同，在进入网络编辑系统后出现的操作界面以及可以操作的项目也有所不同。

6.2.1 系统管理

系统管理员的权限包括：栏目内容、图像管理、插件管理、系统数据。系统管理员通过管理员账号、密码登录系统管理界面。

系统确认管理员身份后进入系统管理界面，如图 6.2 所示。

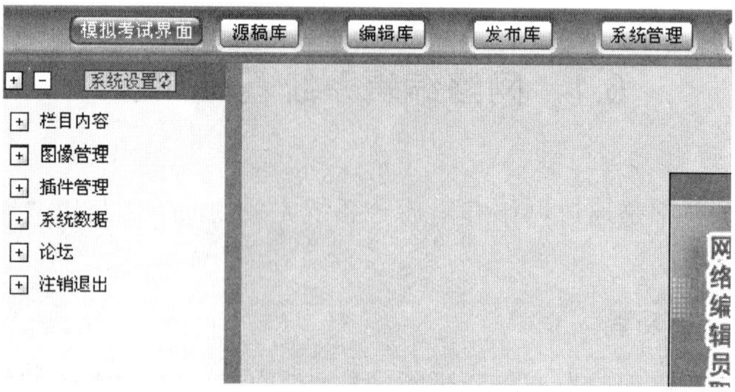

图 6.2　系统管理界面

1. 栏目内容

栏目内容是提供栏目管理、稿件管理、模板管理、文件管理等功能的。其中包含添加修改、生成管理、JS 管理、文件管理和其他管理。

1) 添加修改

(1) 栏目管理。栏目管理中完成栏目的新增、修改、删除，稿件的查看、修改、生成等作，如图 6.3 所示。

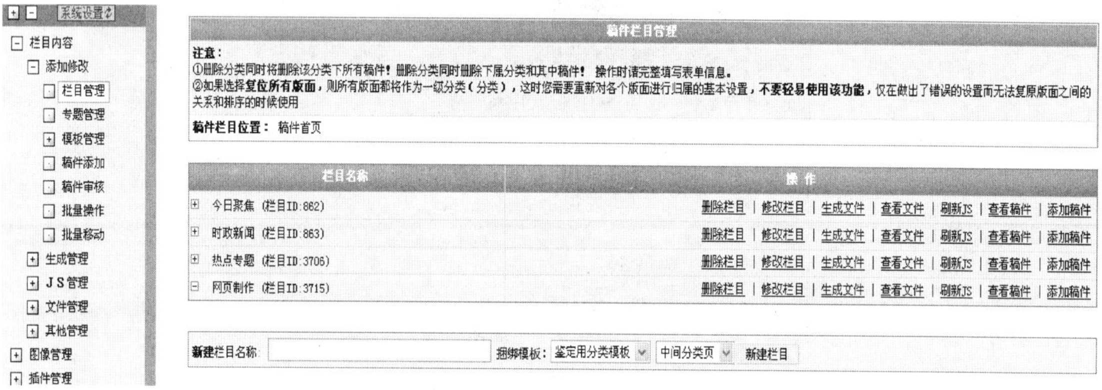

图 6.3　添加修改栏目内容

① 增加栏目。在所要增加栏目的副栏目下，输入栏目名称，并选择捆绑模板与分类类型后，单击“新建栏目”。

② 修改栏目如图 6.4 所示。

栏目中的主要属性介绍如下。

- 栏目名：前台显示的栏目名称。
- 捆绑模板：生成分类页面所用的模板。
- 栏目性质：有中间分类页和终端分类页之分。
- JS 文件栏目名显示：生成的 JS 文件是否显示栏目名称。

③ 删除栏目。在相应的栏目上单击“删除栏目”按钮即可删除该栏目。删除一个分类，则该分类下的所有分类与稿件都会被删除。

④ 生成文件。将生成当前栏目及其下所有子栏目与稿件的资料，如图 6.5 所示。

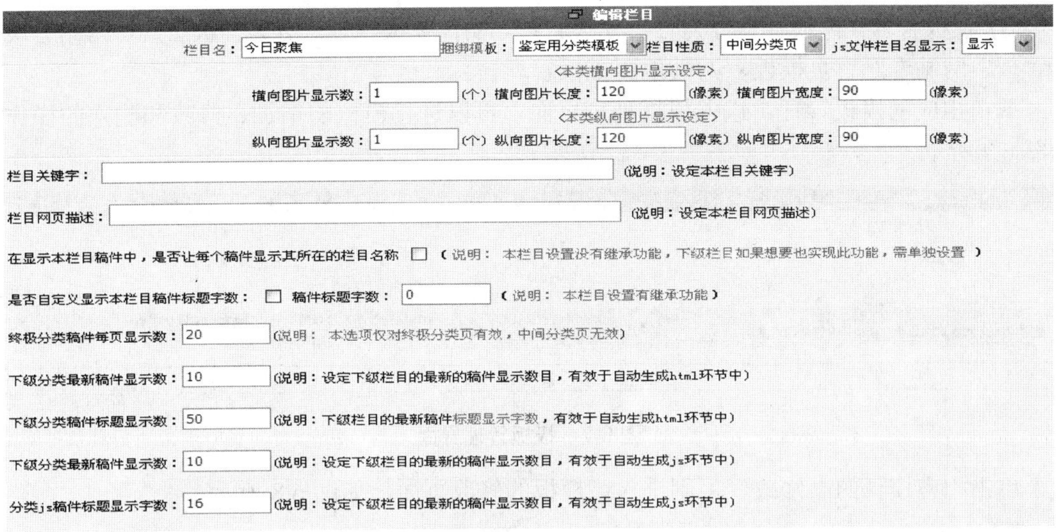

图 6.4　栏目编辑窗口

图 6.5　生成文件过程

刷新 JS 将重新生成该栏目的 JS 文件。

⑤ 查看稿件。单击相应栏目的“查看稿件”后，将列出该栏目下的全部稿件，还可以查找、移动、生成、删除稿件。如果需要对稿件进行修改，则单击稿件的标题进入稿件修改页面。

(2) 专题管理。专题管理与栏目管理相似，可参照栏目管理项目进行操作，如图 6.6 所示。

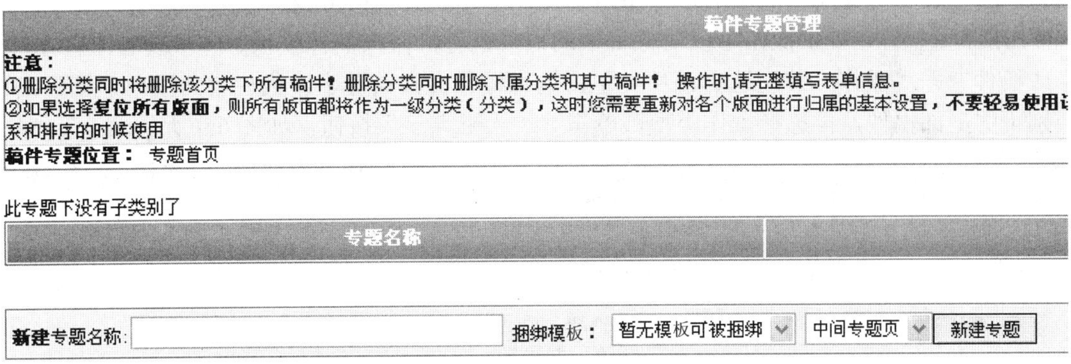

图 6.6　新建专题窗口

(3) 模板管理。模板管理分为分类模板管理、稿件模板管理、专题模板管理、网站首页模板管理、网站专题首页模板、网站地图模板管理。

单击相应的模板管理，进入模板列表页面，可以进行模板的增加、修改和删除的操作，如图 6.7 所示。

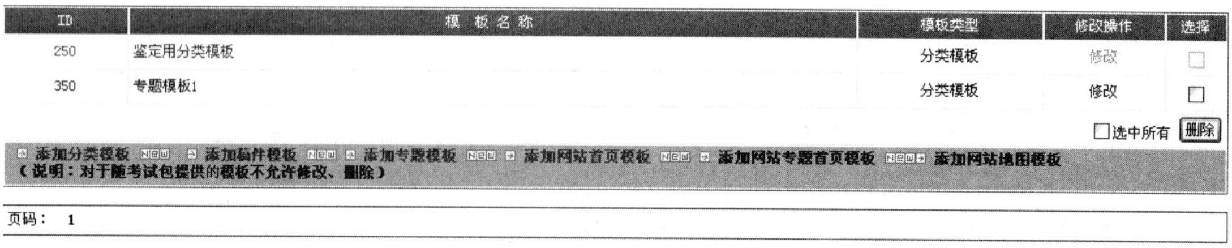

图 6.7　模板管理界面

单击相应模板的“修改”，则进入该模板的修改页面，如图 6.8 所示。

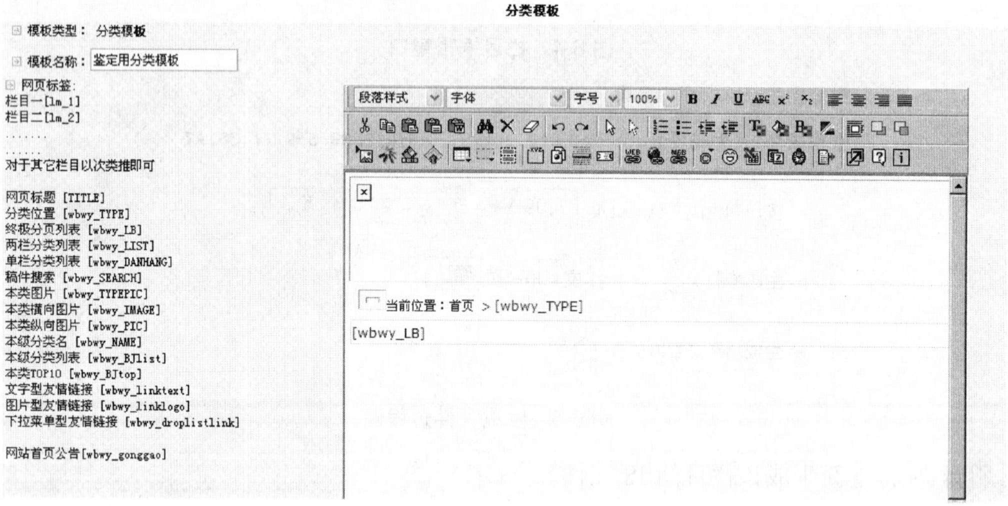

图 6.8　模板修改

(4) 稿件添加。系统管理员可以在此直接添加稿件至稿件库。

(5) 稿件审核。进入稿件审核页后，会出现稿件待审列表，系统管理员可以对稿件进行修改、审核、删除等操作；这里的审核相当于在发布库中的稿件审核。

(6) 批量操作。批量操作可以对栏目中的稿件进行群修改稿件模板、群修改稿件栏目、群修改稿件专题等操作。首先选择稿件类型，输入稿件搜索关键字，当栏目为空时，则列出该类别下的全部稿件，再选择操作类型，单击“进入下一步”按钮，如图 6.9 所示。

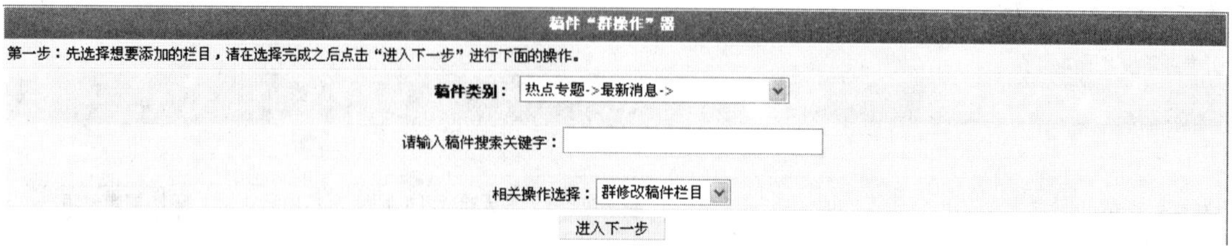

图 6.9　稿件批量操作

(7) 批量移动。批量移动有两种移动稿件的方式：一种是按稿件栏目批量移动；另一种是按选定稿件移动。

按稿件栏目批量移动，会将所选栏目中的稿件全部移动到另外一个栏目中。

按选定稿件移动，此操作会将所要移动的稿件列表用逗号分隔，移动到所选栏目中，如图 6.10 所示。

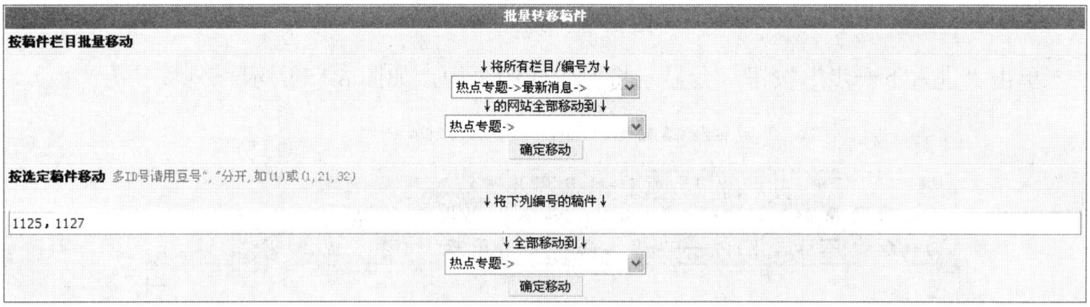

图 6.10　稿件批量移动

2) 生成管理

生成管理是管理模板与内容相结合生成 HTML 的，包含生成所有稿件、生成所有分类、生成所有专题、生成所有 JS、生成站点地图、生成专题首页、生成站点首页。

生成所有稿件可以选择按日期生成稿件、生成最新稿件、生成所有稿件，如图 6.11 所示。

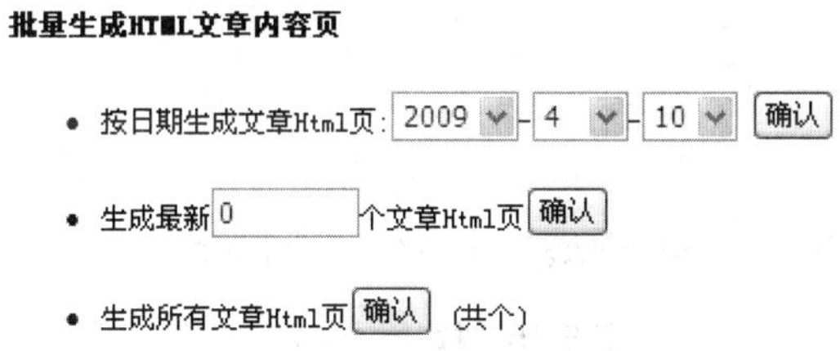

图 6.11　HTML 页面批量生成

按日期生成稿件 HTML 页：将按照指定的日期生成 HTML。

生成最新稿件 HTML 页：将按照指定的稿件数量，生成最新录入的稿件。

生成所有稿件 HTML 页：将把系统中的审核过的稿件全部生成。

生成又有分类、专题、JS，生成完毕后将会产生操作的相应信息，如图 6.12 和图 6.13 所示。

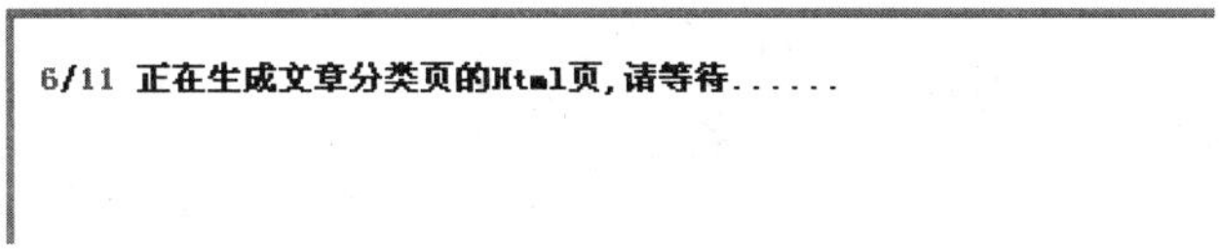

图 6.12　生成过程

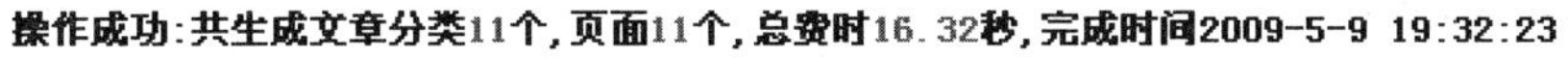

图 6.13　生成耗时

生成站点首页、专题首页、站点地图。

首先选择所要生成的模板，如图 6.14 所示。

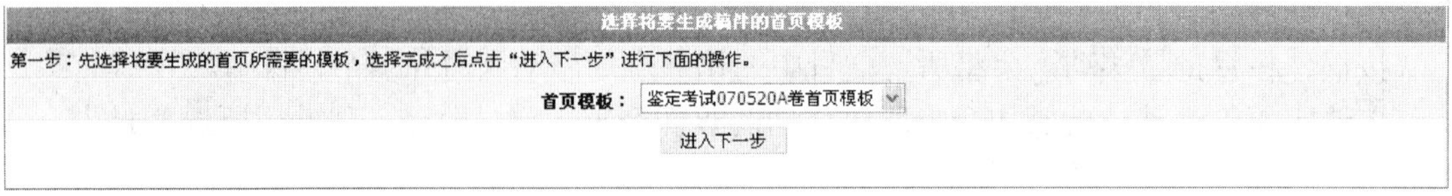

图 6.14　模板生成 1

单击“进入下一步”按钮，会显示将要生成的页面，如图 6.15 所示。

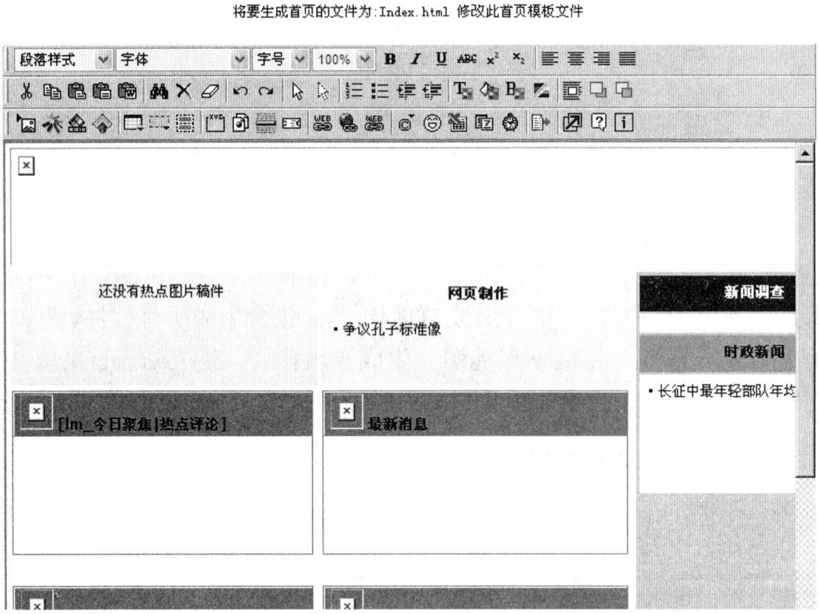

图 6.15　模板生成 2

3) JS 管理

JavaScript 在网页设计中被广泛应用，通过 JS 可以增加网页的灵活性、美观性等。JS 管理分为创建 JS 代码、获取 JS 代码、管理 JS 代码、并排新闻、滚动并排等功能。

创建 JS 代码的操作页面如图 6.16 所示。

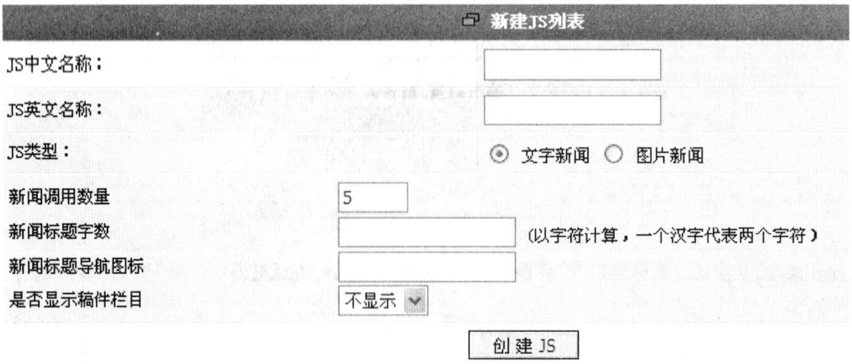

图 6.16　创建 JS 代码

获取 JS 代码的操作页面如图 6.17 所示。

图 6.17 获取 JS 代码

管理 JS 代码：管理 JS 代码将会列出全部自定义 JS 代码，并可以进行管理、修改、删除操作。

4) 文件管理

文件管理将会列出在服务器上所有相应的文件内容，可以对这些文件进行查看、删除等操作。分为稿件页管理、分类页管理、专题页管理、滚动新闻、JS 文件管理。

5) 其他管理

(1) 关键字管理。关键字是稿件编辑时经常用到的文字。关键字管理包含关键字、作者、来源、责任编辑的管理。

(2) 稿件评论管理。稿件评论管理可以管理读者对稿件的评论，并进行审核、删除等操作。

(3) 内部连接管理。添加链接，输入链接名称和网址，如图 6.18 所示。

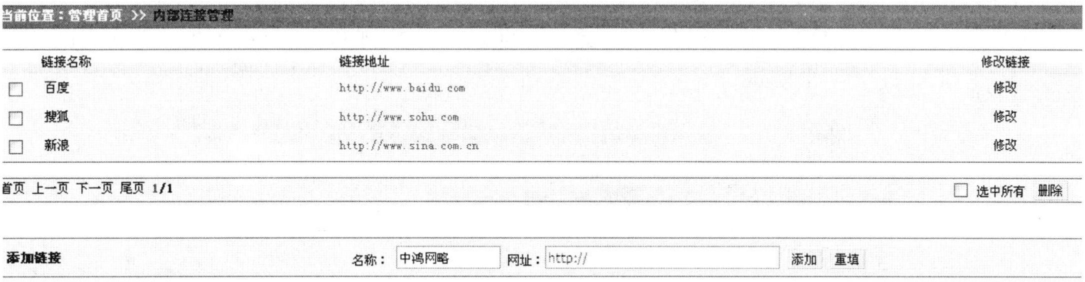

图 6.18 内部连接管理

(4) 友情链接管理。在这里可以对网站需要的友情链接进行增、删、改管理，通过添加如图 6.19 所示的内容，可以建立友情链接。

2. 图片管理

通过图片管理，可以添加、删除图片集，并可以对指定的图片集进行图片的上传、删除管理，如图 6.20 所示。

图 6.19　友情链接设置

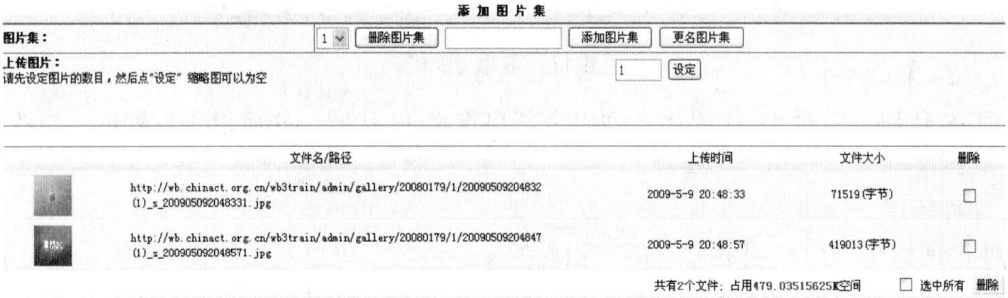

图 6.20　图片管理

3. 插件管理

1) 投票管理

投票管理具有增加、修改、删除投票的功能，如图 6.21 所示。在“增加投票”中，用户可以选择投票选择项的数目、投票标题、投票方式、投票状态、投票的结束时间以及投票的具体选项和代表色，设置完毕后选择“提交”，即可完成增加投票。对投票项目的修改和删除可以在“管理投票”中实现。

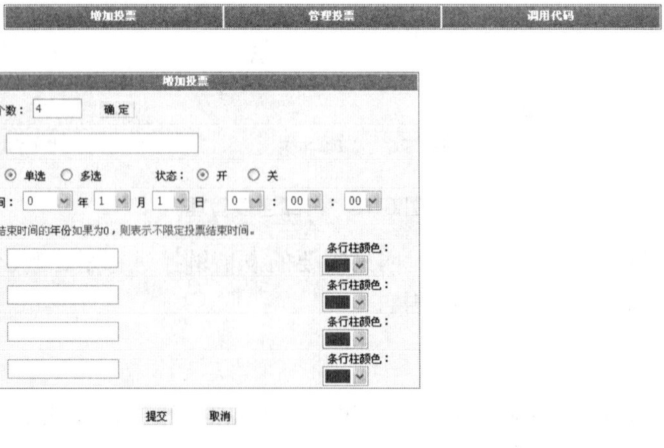

图 6.21　投票设置

2) 弹出公告

在如图 6.22 所示的页面中可以设置网站的弹出公告，该公告设置好后，在用户打开网站或页面时，该公告会弹出显示设置的内容。

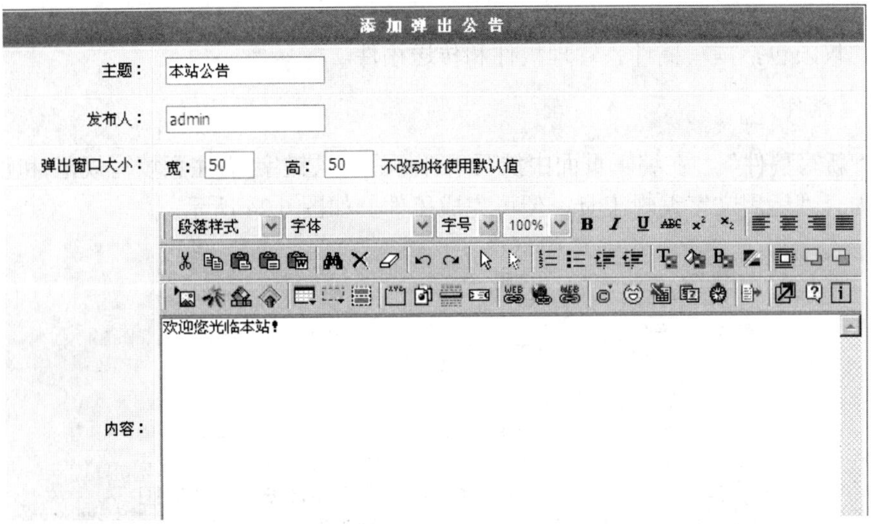

图 6.22　弹出公告编辑

3) 首页公告

网站首页公告可以在如图 6.23 所示的页面中进行管理，首页显示的公告设置好后就会在网站首页中指定的位置显示出来。

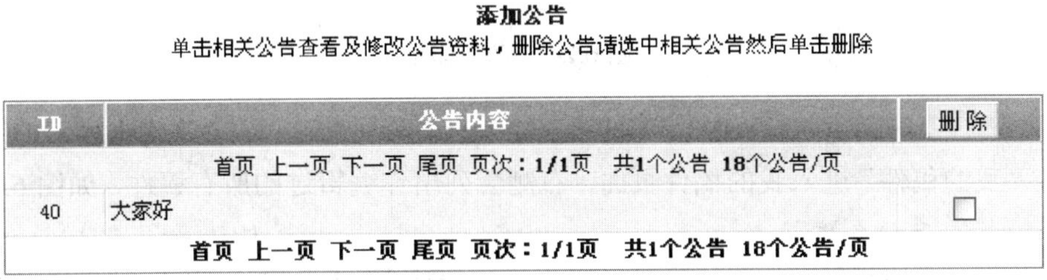

图 6.23　公告的修改和删除

4. 系统数据

系统数据包含网站初始设置、系统检测和空间占有。

1) 网站初始设置

在这里可以对网站基本信息、系统环境、栏目初始设定、专题初始设定、网站首页、会员进行相关设置。

2) 系统检测

系统检测可以检测服务器基本信息、IIS 信息、安装组件信息、磁盘使用情况、服务器运算速度等。

3) 空间占有

空间占有包括检测常用数据、备用数据、管理中心、管理中心图片、稿件页面、分类页面、分类 JS 文件、专题页面、广告 JS 文件、上传图片、自定义 JS、系统占用空间的统计等功能。

6.2.2 网站记者操作

记者的权限包括撰写稿件、管理稿件和传送稿件。

1. 撰写稿件

单击“新写稿件”，在编辑页面中撰写稿件标题、关键字(需注意填写规范)和正文。在正文编辑框内合理运用文字编辑工具，便可完成稿件，如图 6.24 所示。

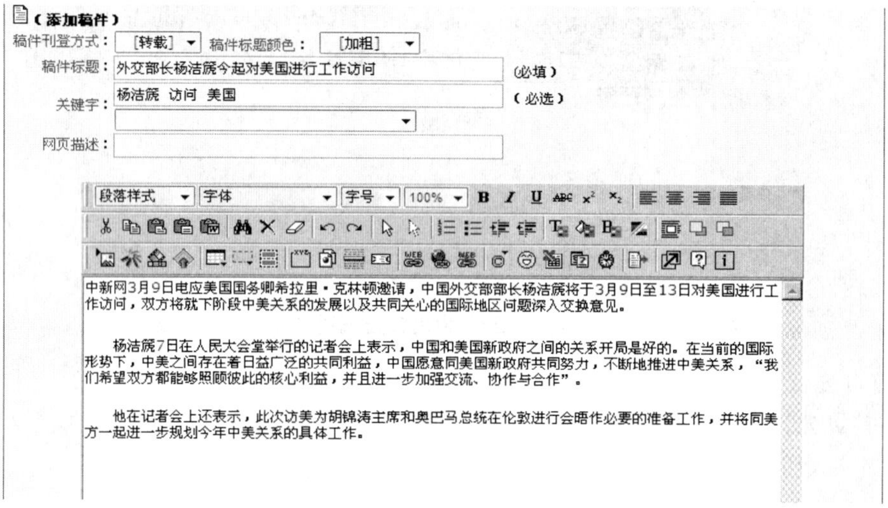

图 6.24 稿件编辑

2. 我的稿件

单击“我的稿件”进入我的稿件页面，右侧会列出你编辑过的所有稿件，如图 6.25 所示。

稿件名称	栏目	状态
海南委员建议购买火车票推行实名制	时政新闻->新闻追踪->	编辑退回
体育总局副局长：媒体对中国足球应有正确态度	竞技体育->	待编辑审核
[焦点]四川灾后重建资金需求为1.7万亿	时政新闻->新闻追踪->	签发退回
[原创][倾斜]刘翔手术三月之后终回国 飞人携佳音提前归来	竞技体育->	待签发审核
[转载][加粗]外交部长杨洁篪今起对美国进行工作访问	时政新闻->新闻追踪->	已发布
中国取消与空客百亿美元订单		未传稿

图 6.25 稿件的几种状态

“我的稿件”有 6 种状态。

(1) 未传稿：记者撰写完后没有上传的稿件。

(2) 待编辑审核：记者已经将稿件传给了栏目编辑。

(3) 待签发审核：栏目编辑已经通过记者上传的稿件，将稿件传给了签发编辑。

(4) 编辑退回：记者传给栏目编辑，文章没有通过栏目编辑的审核。

(5) 签发退回：栏目编辑通过，文章没有通过签发编辑的审核。

(6) 已发布：已经通过审核，并发布到网站上的稿件。

3. 管理稿件

1) 待审稿件

待审稿件是记者发稿后等待编辑审核的稿件，此时记者还可以对该稿件进行修改，如图 6.26 所示。

稿件名称	栏目	状态
体育总局副局长：媒体对中国足球应有正确态度	竞技体育->	待编辑审核

图 6.26 待编辑审核的稿件

(1) 单击“待审稿件”进入待审稿件页面，右侧会显示已经传到编辑库的稿件。

(2) 这个页面和“我的稿件”的页面基本相同，只是其下方没有“传稿”按钮，状态栏均为“待编辑审核”状态。

(3) 单击“稿件名称”记者可以对待审稿件进行修改，修改后单击“修改”按钮即可完成修改操作。

2) 已发稿件

(1) 单击“已发稿件”进入已发稿件页面，右侧会显示已在网上发布的稿件。

(2) 这个页面和“我的稿件”的页面基本相同，只是其下方没有按钮，状态栏均为“已发布”状态，如图 6.27 所示。

ID	稿件名称	栏目	状态
8045	[转载][加粗]外交部长杨洁篪今起对美国进行工作访问	时政新闻->新闻追踪->	已发布
8042	拜仁大胜	今日聚焦->国际->	已发布

图 6.27 已发布的稿件

(3) 在这里的稿件记者不能再进行修改，单击文章标题会提示文件已经锁定不能编辑，只可单击 ID 号浏览文章。

3) 退回稿件

退回稿件包括栏目编辑退回的稿件和签发编辑退回的稿件。

(1) 单击“退回稿件”进入退回稿件页面，右侧会显示被栏目编辑和被签发编辑退回的稿件。

(2) 这个页面和“我的稿件”的页面基本相同，但是其状态栏显示为“编辑退回”或“签发退回”状态，是从编辑库或发布库退回来的稿件，如图 6.28 所示。

ID	选择	稿件名称	栏目	状态	操作
8049	☐	海南委员建议购买火车票推行实名制	时政新闻->新闻追踪->	编辑退回	重新传稿
8047	☐	[焦点]四川灾后重建资金需求为1.7万亿	时政新闻->新闻追踪->	签发退回	重新传稿

图 6.28 退回的稿件

6.2.3 栏目编辑操作

栏目编辑的权限包括撰写稿件、编审稿件、传送稿件和管理稿件。

1. 撰写稿件

如图 6.29 所示，栏目编辑可在编辑框里撰写稿件，即填写新闻信息，完成新闻稿件的撰写或修改。通过图 6.30～图 6.33 可以对比看出原稿库的“新写稿件”与编辑库的“新写稿件”的不同之处在于：编辑库新写稿件的后注相对于原稿库新写稿件的后注增加了稿件生成相关设置等内容；编辑库新写稿件的文件头相对于原稿库新写稿件的文件头增加了所属栏目、专题的选择。真正体现出身份不同导致了操作的权限不同。

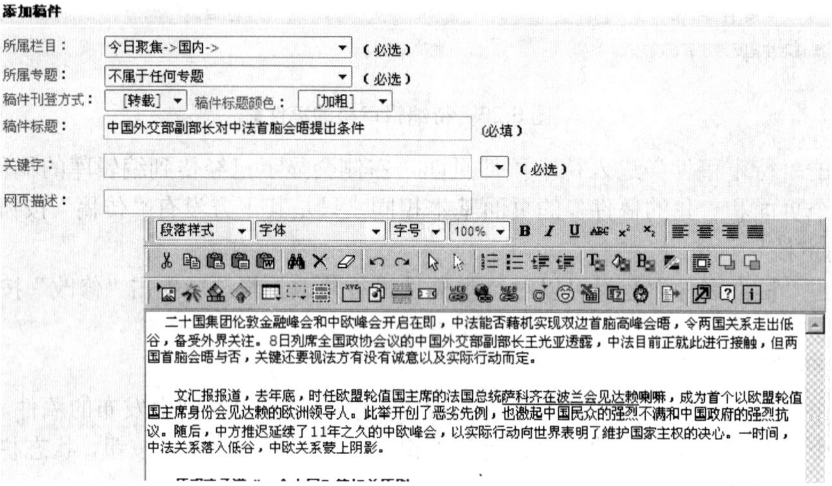

图 6.29　栏目编辑撰写/修改稿件

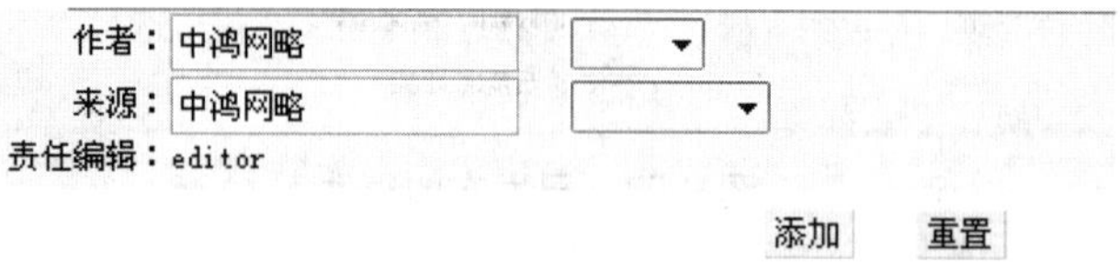

图 6.30　原稿库新写稿件后注

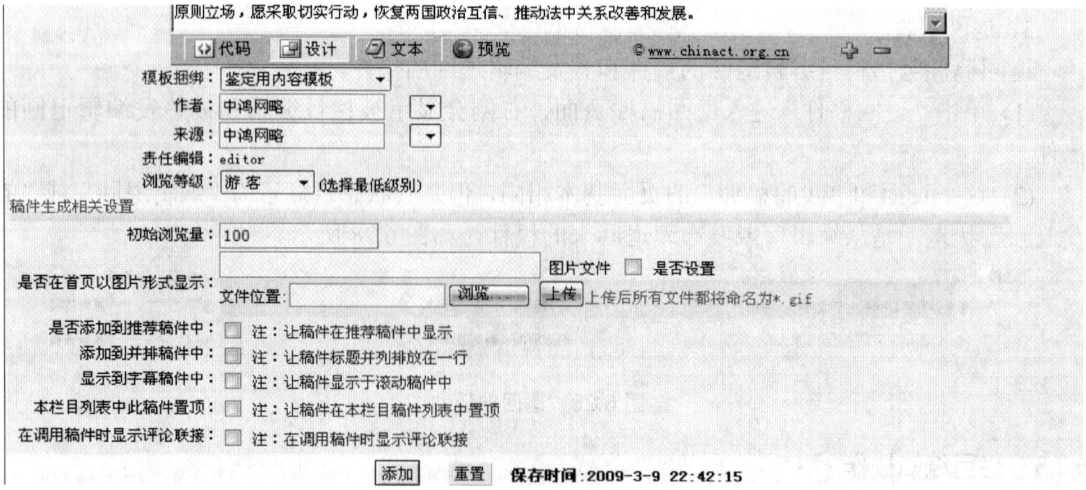

图 6.31　编辑库新写稿件后注

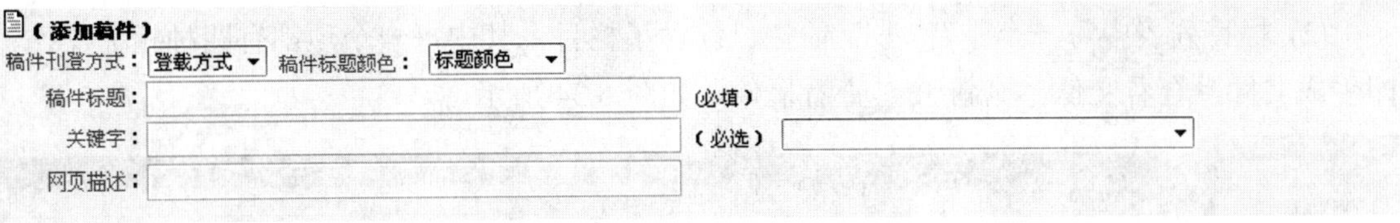

图 6.32　原稿库新写稿件文件头

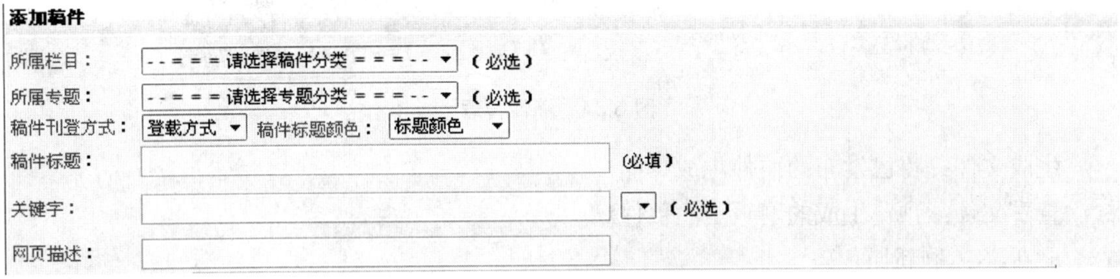

图 6.33　编辑库新写稿件文件头

2. 管理稿件

在栏目编辑的管理稿件页面中，可以完成稿件的审核、编审、传送等工作。

1) 审核稿件

单击“管理稿件”进入管理稿件页面，右侧页面将列出等待审核的稿件，即从“原稿库”传来等待审核的稿件。操作页面中的各项操作基本上与撰写稿件相同，可以完成删除、退回稿件和稿件送审操作。

2) 编审稿件

(1)“删除”是将原稿库上传来的稿件直接删除。

(2)“退回稿件”是将原稿库上传的不合格的稿件退回原稿库。

(3)“稿件送审”是将原稿库送来的稿件或者已经编辑的稿件上传到发布库中。

注意： 除了已经发布的稿件不可进行编辑外，其他稿件只要单击稿件名称，就可直接进行编辑。

3) 传送稿件

(1) 向发布库传送通过审核的稿件。

(2) 将不合格的稿件退回原稿库。

6.2.4　签发编辑操作

将栏目编辑审核后的稿件直接转发到签发编辑处，通过签发编辑来进一步管理稿件和审核稿件。

1. 管理稿件

(1) 单击“管理稿件”进入管理稿件页面，在页面右侧会显示稿件的栏目管理页面，罗列出所有栏目名称。

(2) 栏目列表中每一个带有“+”的栏目都含子栏目，其中每一个项都有四种相关操作，即生成文件，查看文件，刷新 JS，查看稿件，如图 6.34 所示。

图 6.34　稿件管理

生成文件：将已发布的稿件生成页面。

查看文件：预览生成的网页上的稿件。

刷新 JS：刷新原代码。

查看稿件：单击“查看稿件”，页面出现所有已发布的稿件列表，操作栏目的“删除”和“发布”都只针对某一个稿件。

(3)“移动”是选中某一稿件，将其从一类移动到另一类。

(4)“撤销稿件”是将已发布的稿件进行撤销发布处理。

2. 审核稿件

审核稿件是对栏目编辑报送的稿件(包含栏目编辑自己发的稿件)进行审核操作，状态为“待签发审核”，如图 6.35 所示。该页面与查看稿件页面的操作基本相同，只缺少了“撤销稿件”功能。如果新闻稿经签发编辑审核后确认无误则可以单击“发布”，发布后就成为网站上一条正式的新闻了。

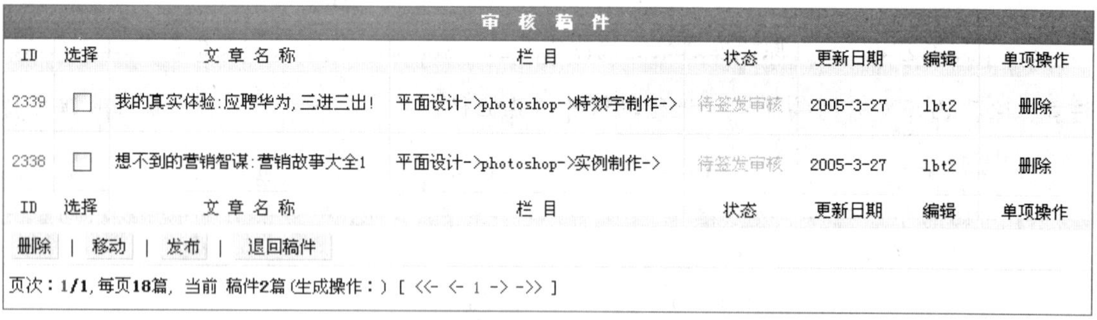

图 6.35　稿件审核

一篇合格的新闻稿需要经过记者、栏目编辑、签发编辑根据新闻的内容、消息的准确性、新闻的价值等多方面综合考虑、修改后才能产生。网站上的即便是短短的新闻消息一句话也凝聚了采编人员辛勤的劳动和汗水。图 6.36 显示了稿件编辑与发布的流程。

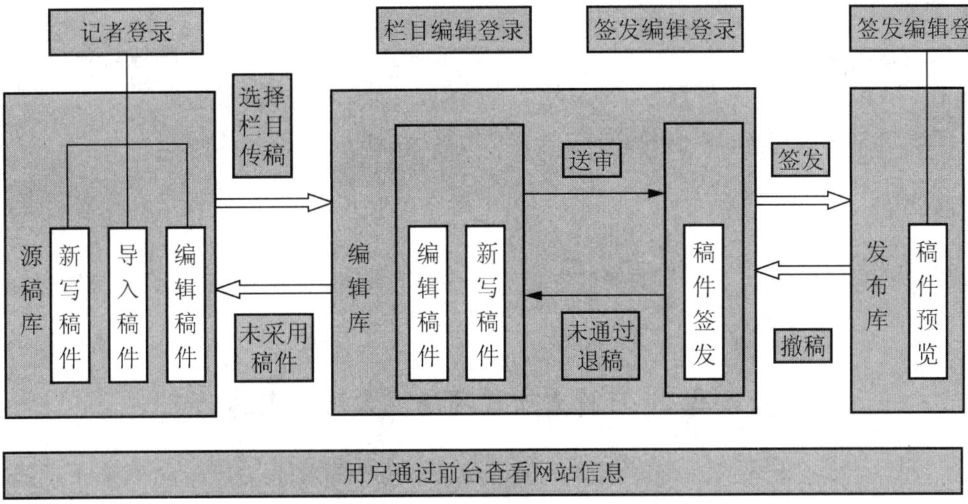

图 6.36　稿件编辑、发布流程

知识巩固

1. 单选题

(1) 以下角色属于论坛管理者的是(　　)。

A. 会员　　B. 系统管理员

C. 版主或网站某个专栏的主持人　　D. 网管

(2) 关于投票式问卷调查的说法不正确的是(　　)。

A. 备选答案必须完备

B. 添加一个“其他”选项是必要的

C. 可以采用提交以后才能查看别人的调查结果的方式

D. 投票式调查问卷一般只有一道题目，调查范围太窄，不具有统计意义

(3) 能够对网站进行各种参数配置、频道栏目管理、系统用户管理、模板管理、数据处理等的人员是(　　)。

A. 签发编辑　　B. 栏目编辑　　C. 记者　　D. 系统管理员

(4) 能够进行撰写稿件、编审稿件、传送稿件、管理稿件的人员是(　　)。

A. 签发编辑　　B. 栏目编辑　　C. 记者　　D. 系统管理员

2. 多选题

(1) 系统管理员的权限包括(　　)。

A. 栏目内容　　B. 图像管理　　C. 插件管理　　D. 系统数据

(2) 记者的权限包括(　　)。

A. 撰写稿件　　B. 管理稿件　　C. 传送稿件　　D. 发布稿件

(3) 栏目编辑的权限包括(　　)。

A. 撰写稿件　　B. 编审稿件　　C. 传送稿件　　D. 管理稿件

(4) 签发编辑的操作有(　　)。
A．管理稿件　　B．审核稿件　　C．插件管理　　D．图像管理

(5) 在网站记者操作中，稿件的状态除了未传稿、待编辑审核外还有(　　)状态。
A．待签发审核　　B．编辑退回　　C．签发退回　　D．已发布

技能训练

1．以记者身份编辑如下内容的稿件并送审；由栏目编辑对稿件进行审核、送审；最后由签发编辑审核、发布新闻。

操作稿件：

奥巴马26日将宣布最高法院大法官人选

中国日报网环球在线消息：据英国媒体报道，白宫官员透露称，美国总统奥巴马将于美国东部时间5月26日宣布新的最高法院大法官的人选，以接替将在今年夏季最高法院2008—2009年开庭期末退休的自由派大法官戴维·苏特。

此前，据媒体猜测，奥巴马将提名一位女性或西班牙裔的大法官，其中热门的人选包括司法部副部长艾琳娜·卡根、密歇根州州长詹妮弗·格兰霍姆、国土安全部部长詹妮特·纳波利塔诺、美国第二巡回法院上诉法院的西班牙裔法官索尼娅·索托马约尔以及芝加哥联邦法院法官黛安·伍德，伍德也是奥巴马在芝加哥大学法学院教书时的同事。与此同时，加利福尼亚州最高法院大法官卡洛斯·莫雷诺也在奥巴马的考虑范围之内，他也是唯一的男性候选人。

(资料来源：http://www.sina.com.cn，2009-05-26)

2．以管理员身份登录管理后台，在发布系统内依次设置4个栏目：焦点、最新消息、图文报道和分析评论。

将上述文章分别发布到“最新消息”栏目中。

根据以上稿件内容，自拟一篇评论文章发布到“焦点”栏目中，文章长短不限，标题20字以内，发布该文章时在“描述”一栏中填上适当长短的语句，以使该焦点新闻在网页中描述的内容与左右相协调。

在发布系统中设置一个调查：题目是“对于当前出现的大学生‘读书无用论’这一观点，您的观点是？”投票选项为“A 支持；B 不支持；C 说不清”。将设置完的调查放入右上侧“焦点”栏目下面。

岗位体验

分别以记者、栏目编辑、签发编辑身份体验本章引例中新闻的编辑与发布。

1．记者身份

首先以记者权限进入实训平台进行新闻稿的初稿编辑，如图6.37所示。

初稿完成后，记者可以在“我的稿件”中看到刚刚编辑完毕的初稿，此时该稿件的状态是“未传稿”。这时记者可以直接对稿件进行编辑、修改，如图6.38所示。

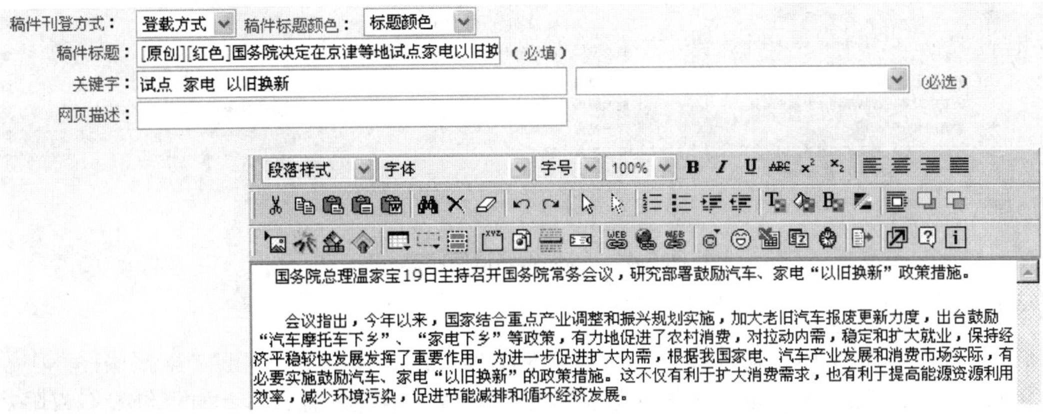

图 6.37　稿件编辑

图 6.38　稿件未传稿状态

记者对该稿件修改完毕后，单击“传稿”按钮，选择稿件所属的栏目后单击“确定”按钮即可发送，如图 6.39 所示。

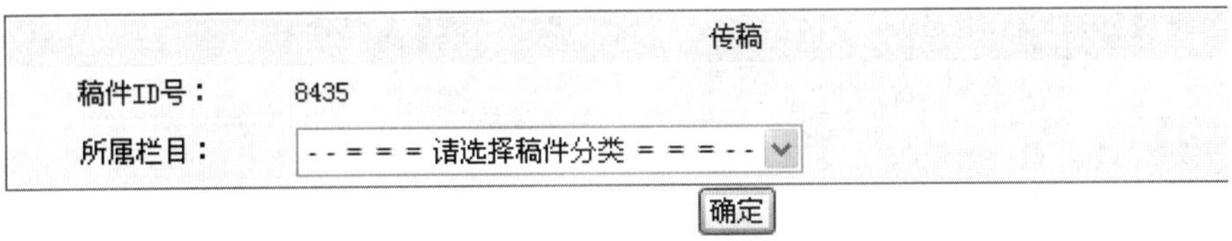

图 6.39　选择稿件所属的栏目

此时，这篇新闻稿在记者的“我的稿件”中的状态为“待编辑审核”，如图 6.40 所示。在此种状态下记者仍可对稿件进行编辑。

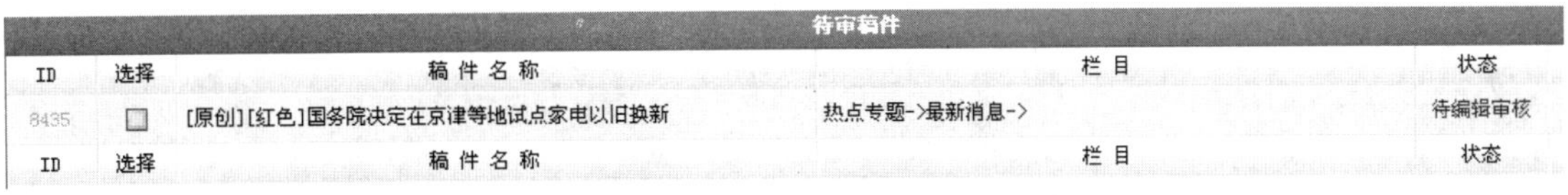

图 6.40　稿件待编辑审核状态

2. 栏目编辑身份与签发编辑身份

在栏目编辑的“管理稿件”中将会出现这篇新闻稿。栏目编辑可以对这篇新闻稿进行编辑。然后根据实际情况在审核稿件中决定是否予以“稿件送审”或者“退回稿件”，如图 6.41 所示。

若稿件被栏目编辑予以“退回稿件”，记者再根据栏目编辑的要求进行进一步修改，再进行稿件“传稿”。

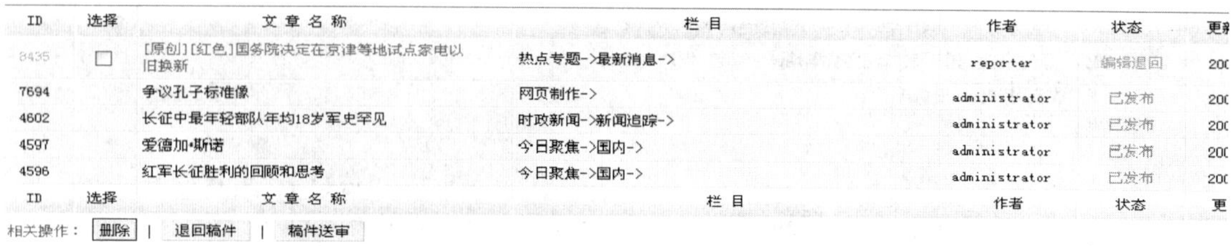

图 6.41　稿件编辑退回状态

签发编辑权限操作：

稿件被栏目编辑予以“稿件送审”后，签发编辑会在“发布库”中的“审核稿件”中看到此新闻稿，此时栏目编辑依然可以对该稿件进行修改，但是注意记者此时已经没有权限对稿件进行修改了。但是签发编辑可以对该稿件进行删除、移动、修改、发布、退回操作，如图 6.42 所示。当签发编辑确定稿件“发布”后，那么至此这篇新闻就发布成功了。

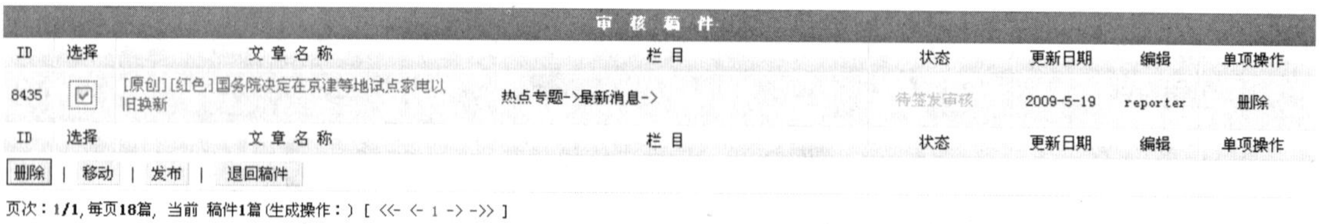

图 6.42　稿件待签发编辑审核状态

第3部分　网络编辑应用

第7章　网络内容编辑

学习目标

❖ **知识目标**：

(1) 学生能够了解文字、图像、音频、视频采集、扫描仪、数码相机、数码摄像机的基本知识；
(2) 学生能够了解稿件价值判断的标准；
(3) 学生能够掌握稿件归类和修改的基本方法；
(4) 学生能够了解新闻采访、新闻写作、视听新闻的基本知识；
(5) 学生能够了解受众调查的基本知识和论坛管理的基本要求。

❖ **技能目标**：

(1) 学生能够使用相关设备采集文字、图像、音频和视频素材；
(2) 学生能够对稿件的价值进行判断并将稿件分类，按照要求对获取的信息进行编辑；
(3) 学生能够制作标题和撰写内容提要，并熟练设置文章的超链接；
(4) 学生能够按照主题设计调查问卷并能够分析调查结果；
(5) 学生能够对论坛内容进行监控、对不良信息进行处理、与论坛成员进行沟通、对论坛成员进行管理。

引例

大学生设计“蚂蚁车”获大奖[组图]

日前，在浙江大学举行的一次全国性汽车创新设计大赛中，合肥工业大学机械与汽车工程学院2008级硕士研究生张蕾、谢永当的参赛作品“都市蚂蚁”概念车创意得到专家评委的一致认可，获得大赛一等奖。新华社发(李博 摄)

5月14日，“蚂蚁车”设计者利用模块对车体进行改进设计。新华社发(李博 摄)

(资料来源：http://china.com.cn/news，2009-05-16)

以上是一篇摘自中国网的新闻。在信息时代消息传播迅速，网站的信息来源也多种多样，例如网站记者采访、编辑新闻、转载传统媒体的消息或转载其他网站的消息，等等。本章将对新闻等信息的采集方法和手段以及编辑处理的方法做具体介绍。

7.1 网络信息采集

在编辑过程中，素材采集是编辑目标确定后的一项基础工程。根据媒体性质的不同，一般把媒体素材分成文字、图片、声音和视频等类型。不同的素材，需要不同的采集方法和软件。下面分别介绍不同类型素材的采集。

7.1.1 文字信息的采集

在各种媒体素材中，文字素材是最基本的素材。常见文字素材的格式有*.txt、*.doc、*.rtf、*.wps 等。文字素材通常可以通过键盘输入或扫描输入等方式获得。

1. 字处理软件

通过字处理软件获取文字信息的方法主要有以下 3 种。

(1) 少量文本的采集可在多媒体制作软件中直接通过键盘输入和编辑。例如，在图像处理软件画图(Microsoft Paint)或者 Photoshop 中添加少量的文字，可直接利用其中的文字输入功能进行录入和编辑。

(2) 如果需要输入大量的文字材料，可以借助字处理软件编辑后，再导入到多媒体制作软件中。Microsoft Word 和 WPS 文字处理软件就是一个很好的字处理软件，适于制作各种文档，例如信函、传真、公文、报刊、书刊和简历等，其主要功能有所见即所得、图文混排、表格处理、兼容性好、自动更正等。

(3) 借助于扫描仪，可将印刷书刊上的已有文字扫描到计算机中，再用文字识别软件(Optical Character Recognition，OCR)将其识别成可编辑的文本，然后利用字处理软件进行编辑修改，成为所需要的文字素材。关于扫描仪的使用，将在 7.1.2 小节介绍。

2. 表格处理软件

在网络编辑工作的过程中，经常需要处理大量的数据和表格，这是一件烦琐的工作。而计算机可以凭借其强大的运算能力，完成这类工作，大大提高网络编辑的工作效率。当前最常用的图表处理软件有 WPS Office 中的 Excel 和 Microsoft Office 中的 Excel。它们都具有制表、数据运算、图表处理和数据库管理等功能。关于 Excel 的具体使用这里不再赘述。

7.1.2 图片信息的采集

采集图片素材有外部采集和计算机内部采集两种方法。外部采集，是指主要利用扫描仪或数码相机从外部采集图片数据；内部采集主要是利用抓图软件从计算机屏幕上显示的图像中抓取图片文件，也包括从网络上、素材光盘上间接地取得素材。

1. 使用扫描仪采集图片素材

扫描仪是计算机的一种输入设备，可以将印刷品、书面文稿、照片等媒介信息扫描保存到计算机中，然后通过软件加以处理，以适合不同的应用，图 7.1 为各种扫描仪的图片。其使用方法可参见 4.1.2 小节。

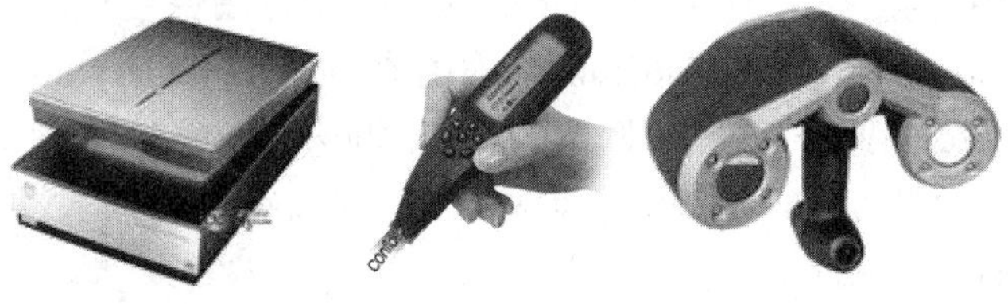

图 7.1　各种扫描仪

2. 使用数码相机采集图片素材

数码相机是一种新型的图像捕捉设备，集光学、机械、电子于一体，它集成了影像信息的转换、存储和传输等多种功能，具有数字化存取模式，并具有与计算机交互处理和实时拍摄的特点。

1) 数码相机采集图片素材的方法与步骤。

步骤 1：设置相机的日期和时间。

步骤 2：设置拍摄照片的质量。数码相机可以对所拍摄的照片的质量进行设置以满足不同的需要，设置方法可参考数码相机的使用说明。

步骤 3：选择拍摄模式。在不同的时间和地点拍摄需要选择不同的拍摄模式，通常有全自动、手动、快门优先、光圈优先和相机内置场景模式选择等。

步骤 4：确定拍摄的取景范围，然后进行拍摄。注意拍摄时先半按快门，等相机自动聚焦完成后再全按快门。

步骤 5：回放查看拍摄的画面。通过相机的回放功能查看拍摄的画面。如果遇到不想保存的画面，可按删除键删除。

2) 将图片传至计算机

不同的数码相机有不同的计算机连接接口，最常见的是 USB 接口，其他还有串行接口、IEEE 1394 的读卡器和 PC 卡插槽等。在具有 USB 接口的相机上直接使用 USB 连接线连接至计算机，相机本身不带 USB 的可以通过相机底座上的 USB 连接至计算机。

步骤 1：在计算机上安装数码相机随机带的驱动软件。

步骤 2：关闭相机的电源。

步骤 3：用随机带的 USB 连接线将计算机和相机连接好。

步骤 4：打开相机电源。

步骤 5：运行刚才安装好的软件，采集相机里的图片。

步骤 6：采集完成后，将数码相机的电源关闭，拔掉连接线。

步骤 7：筛选、编辑图片，进行后期制作。

需要注意的是，这里介绍的只是一般的操作过程，新技术的发展日新月异，应以所购相机的产品说明书为准。

3. 通过网络获取图片素材

1) 通过搜索引擎获取图片素材

随着搜索引擎的发展完善，很多搜索引擎都把图片搜索作为自己的搜索服务之一。常见的图像搜索引擎有 Google 图像搜索引擎(http://images.google.com)、Yahoo 画廊(http://image.cn.yahoo.com/)、百度图片搜索引擎(http://image.baidu.com)、图像字典(http://cn.gograph.com)、Befind 图像搜索引擎(http://www.eefind.com)、木子图库(http://gallery.muzi.com)、Fotoe 无限图像网(http://www.fotoe.com)等。图像搜索引擎的使用方法和一般的搜索引擎使用方法相似，有普通搜索与高级搜索两种方式，通过关键词和设定的搜索条件进行搜索。具体的使用方法可参考每个网站提供的帮助功能。

2) 专业图片网站

随着对网络图片需求量的增加，出现了一些专门为网络媒体提供图片的网站，这些图片网作为其他网站的图片提供者，基本上都是提供收费服务的，例如国务院新闻办公室图片库(China Photo Press)。图 7.2 是国务院新闻办公室图片库的网页。

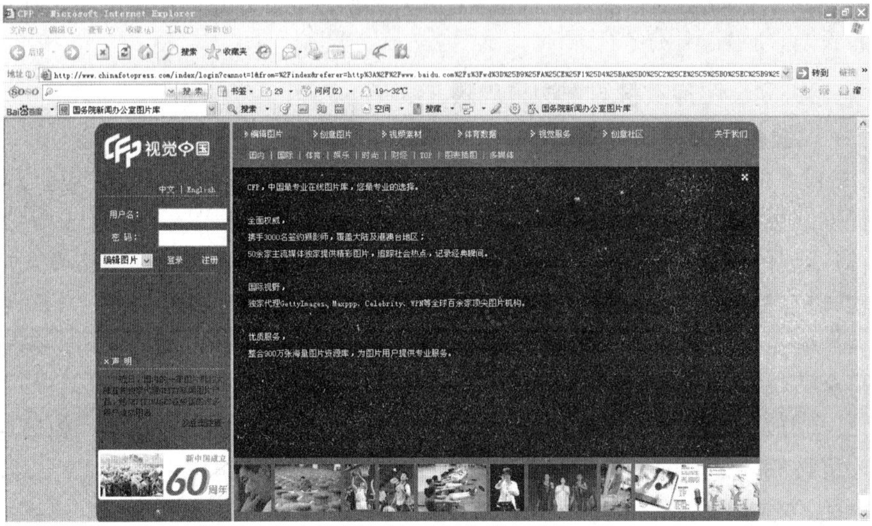

图 7.2　国务院新闻办公室图片库网页

类似的网站还有人民图片网(http://www.photobase.cn)、中国图片网(http://www.colphoto.cn)和中新网图片库(http://www.photolib.chinanews.com.cn)等。这些网站都是提供收费服务的。如果想使用这些图片库或者图片网站中的图片就要和这些网站签署付费协议，然后就可以使用自己的注册账户在这些网站上自由地搜索下载图片了。

网络资源是丰富的，除了以上一些需要付费使用的图片库之外，网络上还有很多提供免费图片服务的网站，例如全球图片网(http://www.photosohu.com)。

4. 新闻摄影

1) 新闻摄影简介

新闻摄影是运用摄影技术摄制图片进行报道的形象新闻。

新闻摄影的特点：①新闻性，即指摄影记者确定的摄影报道的主题，应是具有新闻价值的事物。新闻摄影报道应该最大限度地追求照片的新闻信息量。②真实性，意味着拍摄的事实是真实的，照片应符合事实或人物的本来面目。此外，新闻摄影最好是人物在特定环境中自然流露的瞬间形象，应避免“导演”、“摆拍”的现象。③直接性，所拍形象直接来自现实生活和新闻事件发生现场，直接呈现给读者，不经再创作或加工。④及时性，是对所有新闻作品的要求，摄影报道也不例外。因此，新闻摄影同样是对新近发生的事实的一种报道。

2) 新闻摄影基本知识

新闻摄影需要一定的物质条件：照相机，闪光灯，胶卷等工具是必不可少的。

(1) 景别。景别是指被摄物体在画面中所呈现出的范围，一般分为远景、全景、中景、近景和特写。远景，是视距最远的景别，主要表现远距离的人物和周围环境气氛，持续时间在 10 秒左右。全景，包括被摄对象的全貌和周围环境，确定事物、人物的空间关系。中景，包括对象的主要部分和事物的主要情节，多以人物的动作、手势等富有表现力的局部为主。近景，包括被摄对象更为主要的部分，用以细致地表现人物和物体的主要特征，常用来表现人物心理活动的面部表情和细微动作。特写，表现被摄主体对象某一局部的画面。

(2) 拍摄角度。拍摄角度也称镜头角度、摄影角度、画面角度，是在拍摄时所确立的视点和方位。拍摄角度指摄像机和对象之间形成的方向关系、高度关系和远近关系，这种关系称为几何角度。除此之外，角度还有主观角度、客观角度和主客观角度之分，这是从心理上区分的，也叫做心理角度。

拍摄角度包括水平角度(拍摄方向)和垂直角度(拍摄高度)。

拍摄方向是指摄像机镜头与被摄物体在同一水平面上一周 360° 内的相对位置。拍摄方向有正面角度、背面角度、正侧面角度或斜侧角度等，如图 7.3 所示。正面镜头，有利于表现被摄主体的正面特征，显示出庄重、静穆的气氛，但画面呆板，缺少立体感；背面拍摄，表现被摄主体的背部特征，能够更好地交代人物与周围事物间的关系；侧面拍摄，有助于突出人物的侧面轮廓，特别是面部轮廓，其中又分为斜侧面拍摄，特点是使物体产生明显的形体透视变化，有利于表现景物的立体感和空间感。

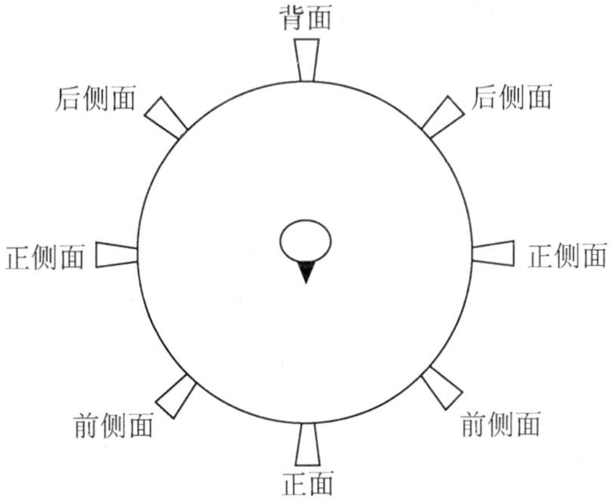

图 7.3　拍摄方向

拍摄高度是指摄像机镜头与被摄物体在垂直平面上的相对位置(相对高度)。这种高度的相对变化形成了三种不同的情况：a.当摄像机镜头与被摄物体高度持平时，称为平角或平拍；

b.当摄像机高于被摄主体向下拍摄时，称为俯角或俯拍；c.当摄像机低于被摄物体向上拍摄时，称为仰角或仰拍。仰角度拍摄，有利于突出被摄主体的高大气势，营造崇高、威严的气势；俯角度拍摄，有利于表现地平面上的景物层次、位置等，能给人一种辽阔、深远的感觉。俯摄人物时可产生贬低藐视的效果。

(3) 光线。光线可以分为自然光和人工光两大类。各种光源产生的光线包括直射光、散射光两大类。凡是在物体上能产生清晰投影的光线称为直射光；在物体上只提高普遍亮度，不产生明显投影的光线称为散射光。

布光是运用人工照明进行摄影的方法，摄影师利用各种照明器材，对被摄物体布置不同距离、角度和强度的光照，借以获得曝光准确、色调匀称、富有艺术感染力的摄影作品。标准布光技巧就是主光、轮廓光和辅助光的三角形安排。主光是照明中的主要光源，它展示事物的基本形状；轮廓光将物体与背景分离并提供轮廓光辉，辅助光控制反差。摄影布光要根据所表现的空间特性赋予场景以表现力。通过控制主光灯、辅助光灯和轮廓光灯的光比，改变明暗对比，来形成不同明暗对比的造型效果。

(4) 构图。摄影画面形象是由主体、陪体和环境所构成的，一般称为摄影构图的三大形式因素。主体是画面内容和主题的主要体现者，是摄影构图的核心，在画面中起着控制全局的主导作用，画面中所有的元素都要围绕主体来组织，因而必须将主体放置在画面中最突出的位置，采取各种方法来吸引读者的目光。陪体是指在画面上陪衬渲染主体，并同主体构成特定情节，帮助表达主体的特征和内涵的被摄对象，它是画面中与主体关系最密切、最直接的要素。环境的作用主要是说明主体所处的位置、地点和环境气氛等，并进行一定的渲染以加强主体的表现力。照片中的环境，通常是指背景，但广义的环境，还包含前景和空白。

摄影的构图形式是指画面的表现形态。由于被摄对象是复杂多变的，因此摄影构图的形式也是多种多样的，并没有限定只能用哪一种。

① 对称式构图。人的视线具有向心性，因此把被摄主体置于画面中轴线两侧，形成上下或左右对称的形式。对称式构图能给人一种齐整、严肃和端庄的感觉，适合拍摄庄严、隆重的场面和具有静止感的形象。但该形式容易使画面过于呆板、单调。

② 三分规则构图。画面用垂直线分成三等分，主体大致安排在某个分割线附近，如图 7.4 所示。这种 1/3 和 2/3 的分割法是画面典型的布局格式，它给人以愉快的平衡感和无拘束的宽松感，不像在正中央那么僵硬死板。

③“S”形构图。它是指把景物按 S 形来安排画面。凡是在自然景物、事物形状等拍摄对象中发现有明亮或深暗或不同颜色的 S 形线条，都可以用这种构图方式，如图 7.5 所示。采用 S 形构图，有三方面作用：一是在城市、乡村和自然风光中，利用 S 形构图，显得生动活泼，给人以一种优美感；二是使读者的视线被引导到画面纵深，有利于表现空间深度；三是能有效利用空间，把分散的景物组合成有机的整体。

④ 九宫格构图。它是把画面四个边三等分或按黄金分割线三等分，得到一个“井”字图案，在井字格四个交叉点上安排主体的最理想位置，如图 7.6 所示。其特点是，各部分顾盼照应较好，又接近黄金分割点，在视觉上容易产出较好的效果。用此方式构图时，应注意当主体只占用一边两个点时，其对面应有呼应的陪体而使画面均衡，或者让主体占据三个交叉点，但一定要占据下面两个点、上面任意一个点，这样画面才稳定。此方式在风光、工农业、人像、广告、静物、花卉、体育摄影中得到了广泛应用。

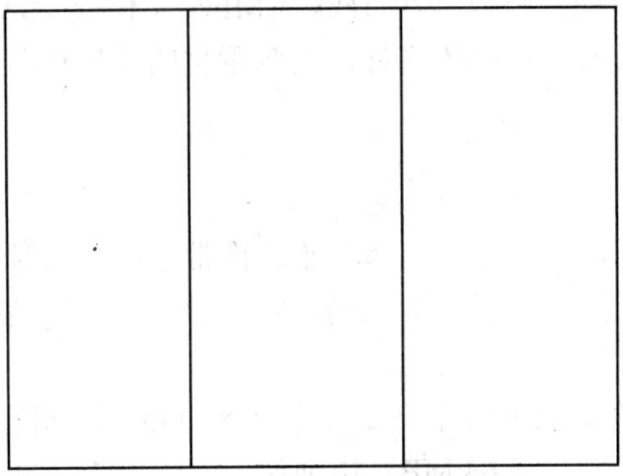

图 7.4　三分规则构图

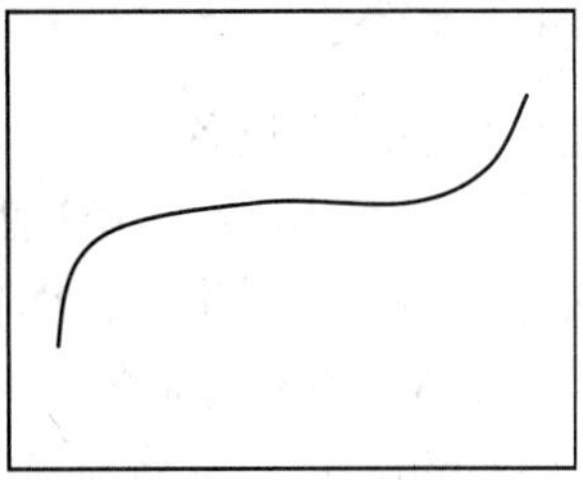

图 7.5　“S”形构图

⑤ 三角形构图。在画面中所表达的主体放在三角形中或影像本身形成三角形的态势，此构图是视觉感应方式，例如有形态形成的也有阴影形成的三角形态，如果是自然形成的线形结构，这时可以把主体安排在三角形斜边中心位置上，但只有在全景时使用效果才最好。三角形构图产生稳定感，倒置则不稳定。可用于不同景别，例如近景人物、特写等摄影，如图 7.7 所示。

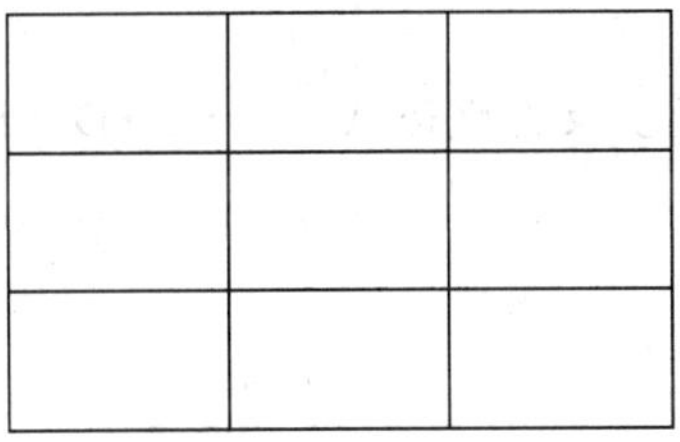

图 7.6　九宫格构图

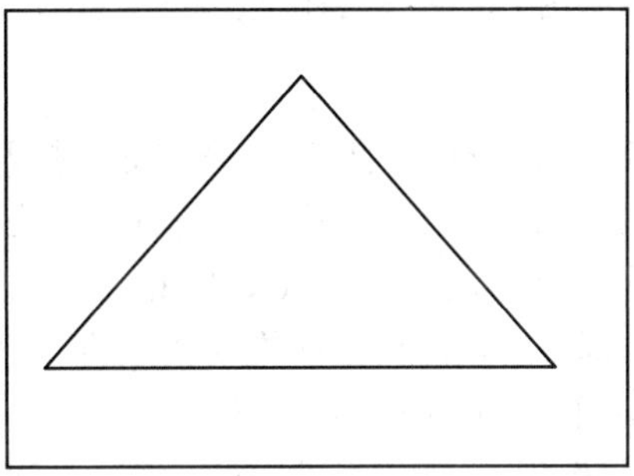

图 7.7　三角形构图

除以上介绍的方式外，还有对角线交叉构图、“V”形构图、十字形构图等，都有可能是主体安排的最佳位置。主体的位置既与作品的主题有关，又与主体的造型有关。最有利于表达作品的主题内容和创作者构思的地方就是主体安排的最佳位置。

3) 新闻照片的拍摄手段

新闻照片的拍摄只有两种手段，一是用现场纪实的方法通过实地抓拍获得新闻照片；二是通过摆布导演的方法获得具有真实性的新闻照片。其中前一种手段为新闻摄影的主要拍摄手段，后一手段是酌题材情况选用的次要拍摄手段。总之，无论用什么手段拍摄都不能离开真实的原则，都要为获得高质量的画面而努力。

7.1.3　音频和视频信息的采集

采集声音素材，可以通过数码录音笔录制声音，再输入到计算机中，也可以利用软件通过话筒录音直接输入到计算机中。采集视频素材的方法很多，最常见的是用视频捕捉卡配合相应的软件(如 Ulead 公司的 Media Studio 和 Adobe 公司的 Premiere)采集数码摄像机上的素材。

另一种方法是利用超级解霸等软件，来截取 VCD 上的视频片段(如截取*.MPG 文件或*.BMP 文件)，或把视频文件*.DAT 转换成 Windows 系统通用的 AVI 文件。视频素材的采集目前最直接的方式就是用数码摄像机录制。

1. 新闻采访录音

录音笔是数字录音设备的一种，如图 7.8 所示，它重量轻、体积小、携带方便，同时拥有多种功能(如激光笔功能、MP3 播放等)。目前，数码录音笔的品牌较多。国产的有爱国者、华索等，国外的品牌有三星、SONY、奥林巴斯等。

下面以三星 VY-H350(如图 7.9 所示)为例说明如何使用录音笔。三星 VY-H350 的标准录音时间为 1320 min，最大录音条数为 495 条，随机内存有 64 MB，电池使用时间达 15 h，重量只有 69 g，可以满足网络采编人员的工作需要。

图 7.8　各式各样的数码录音笔

图 7.9　三星 VY-H350

1) 录音

步骤 1：按住“播放/暂停”键，打开电源。

步骤 2：按“文件夹”键，选样录音文件。每次按下按钮，文件夹按 A→B→C→D→ E →MP3 的顺序显示，在 A、B、C、D 和 E 中选择文件夹。

步骤 3：朝箭头方向推动“录音”开关。

步骤 4：液晶屏显示录音编号和时间，并开始录音。

步骤 5：将话筒对准声源进行音频采集。

步骤 6：采集完成后按“停止”键。

2) 播放录音

步骤 1：按住“播放/暂停”键，打开电源。

步骤 2：按“文件夹”键，选择要播放的文件夹。

步骤 3：使用“上一个”键和“下一个”键来选择要播放的文件。

步骤 4：按住“播放/暂停”键，开始播放。

步骤 5：按住“停止”键，停止播放。

3) 删除不用的录音文件

步骤 1：按住“播放/暂停”键，打开电源。

步骤 2：按“文件夹”键，选择待删除的文件夹。

步骤 3：按“删除”键一次。

步骤 4：使用“上一个”键和“下一个”键来选择要删除的文件。

步骤 5：按“删除”键删除文件，剩下的文件会自动排列。

4) 将录制好的音频文件导出到计算机中

步骤 1：准备好随机带的 VOICE YEPP 程序和 USB 驱动程序。

步骤 2：将光盘放入光驱中，安装程序将自动运行。按屏幕的提示完成软件的安装。

步骤 3：把 USB 电缆连接到 PC 的 USB 端口上。

步骤 4：把 USB 电缆的另一端连接到 VOICE YEPP 顶部的 USB 电缆端口上，此时 YEPP 自动开机。

步骤 5：此时计算机会显示“搜索新设备”，表示将安装 USB 驱动程序，显示安装状态的窗口可能不显示。检查“设备管理器”，查看安装是否顺利完成。

步骤 6：运行 VOICE YEPP 程序，将数据采集到计算机中进行编辑。

2. 新闻摄像

摄像工作的核心就是通过技术、艺术的手段来完成视觉造型形象处理和视觉信息传达。影视制作部门按照职业特点称之为摄影或摄像。

1) 镜头运动的种类

我们把摄影机从开拍到停机的时间内连续记录的运动事物影像称为一个镜头。摄影机镜头运动包括了推、拉、摇、移、跟等基本运动方式。

(1) 推镜头就是摄影机向被摄主体的方向推进，使画面框架由远而近向被摄主体不断接近的拍摄方法。

(2) 拉镜头就是摄影机逐渐远离被摄主体，使画面框架由近至远与被摄主体拉开距离的拍摄方法。

(3) 摇镜头就是在拍摄一个镜头的过程中，摄影机位置不动，只有机身做上下、左右旋转运动而呈现出动态构图的画面。

(4) 移镜头是摄影机在水平面上沿着某个方向移动所拍摄的画面。移镜头根据摄影机移动的方向不同，大致可以分为前移动、后移动、横移动和曲线移动四大类。

(5) 跟镜头就是摄影机跟随运动的被摄主体进行拍摄的镜头形式。跟镜头大致可以分为前跟、后跟、侧跟 3 种情况。前跟是从被摄主体的正面拍摄，也就是摄影师倒退拍摄，后跟和侧跟是摄影师在人物背后或旁侧跟随拍摄的方式。

2) 镜头组接与蒙太奇

蒙太奇原是法语 montage，意为构成、装配。蒙太奇在影视媒体中，既是一种影视语言的思维方式，又是影视创作的构成方式，也是影视的技术和技巧。因此，蒙太奇在影视媒体中绝不仅仅是镜头组接的代名词。现代影视蒙太奇已经成为一个完整的体系，可以分成多种形态，包括叙事性蒙太奇、表现性蒙太奇、声画(声音)蒙太奇、技巧蒙太奇等。

(1) 叙事性蒙太奇是以交待情节、展示事件为主旨的蒙太奇类型，它按照情节发展的时间流程、逻辑顺序、因果关系来分切组合镜头、场面和段落，表现动作的连贯，推动事件和情节的发展，引导观众理解剧情。叙事性蒙太奇通常包括连续蒙太奇、平行式蒙太奇、交叉式蒙太奇、积累式蒙太奇、复现式蒙太奇、倒叙式蒙太奇等。

(2) 表现性蒙太奇用于加强情绪的渲染力度，通过镜头间的关系表达一定的思想与观念。表现性蒙太奇通常包括隐喻式蒙太奇、对比式蒙太奇、抒情式蒙太奇等。

3) 镜头组接的基本规律

(1) 静接静，是保证镜头转换流畅的一种组接方法，即两个非运动镜头的组接方法。在视觉上没有明显动感的镜头切换，它更多注重镜头的连贯性，不强调运动的连续性。

(2) 静接动，是指镜头切换前后的画面所处状态动感不明显的镜头与动感的镜头的切换方法。静接动可以产生上下镜头动作的强烈对比，形成一种节奏上的跳跃，从而强调了一种特殊的情绪飞跃。这样的静接动在视觉上是跳跃的，但在视觉上镜头转换仍然是流畅的。

(3) 动接静，是在镜头动感明显时紧接静感明显的镜头的衔接方法，是镜头组接的特殊规律。相连的两个镜头，如果前一个镜头动感十分明显，接上一个静止的镜头，会在视觉上和节奏上造成突兀停顿的感觉。动接静的特殊作用甚至超过静接动的某些效果，一般用在特殊节奏变化的转场处理中，可以造成前后两场戏在情绪和气氛上的强烈对比。

(4) 静接动、动接静在正常组接上会有一种跳动感，故在一般状态下是不采用的。

(5) 动接动，是运动镜头常用的流畅组接方式，即两个运动镜头组接时，不用起幅、落幅，直接将推、拉、摇、移的画面组接到一起。镜头动作的剪辑，一般按照动接动、静接静等基本规律。

4) 镜头转场的技巧

(1) 渐显、渐隐：亦称“淡入、淡出”、“渐明、渐暗”，是表现时空间隔的重要手段。表现形式是前一场景的画面逐渐暗淡直至完全消失(渐隐)和后一场景的画面逐渐显现直到十分清晰(渐显)，视觉上得到短暂的间歇。用以表现某一个情节的终了和另一个情节的开端。

(2) 化出、化入：亦称“溶变”、“化”，用以表现时间空间转换和深化情绪。表现形式是前一画面渐渐隐去(化出)之前，后一画面即已开始渐渐显露(化入)，两个画面同时重叠隐现，时空共同自然过渡一个片段。在时空变化不大的情况下，连续几个镜头用“化”过渡，可产生柔和、抒情的效果。

(3) 划出、划入：亦称“划”、“划变”，划是一类运用多种样式的技巧把两幅画面衔接起来的表现形式。表现形式是滑移遮挡，即后一镜头从前一镜头画面上渐渐划过，前后交替。

3. 数码摄像机

数码摄像机简称为 DV(Digital Video 的缩写)，是一种应用数字视频格式记录音频、视频数据的摄像机，如图 7.10 所示。目前知名的数码摄像机厂商有 SONY、松下、三星、JVC、佳能、夏普、三洋等。

图 7.10　数码摄像机

1) 用数码摄像机拍摄视频素材

下面以 SONY 数码摄像机 DCR-PC350E 为例来简单介绍如何利用数码摄像机采集视频素材。

步骤 1：设定摄像机的日期和时间。

步骤 2：取下镜头盖，打开液晶显示面板。

步骤 3：按住绿色按钮不放，将“POWER”开关滑到下面，使“CAMERA-TAPE”指示灯点亮。

步骤 4：按“REC START/STOP”键开始拍摄。若要更改为待机模式，再按一次“REC START/STOP”键。也可以使用液晶显示面板的“REC START/STOP”。

步骤 5：眼睛看着 LCD 屏开始拍摄视频。

步骤 6：反复滑动“POWER”开关，直至“PLAY/EDIT”指示灯点亮。在液晶显示屏上查看所拍摄的图像。如果满意，则结束拍摄过程。

2) 将视频输入计算机进行编辑

在数码摄像机上常用的接口有两种：一种是 IEEE 1394 接口，这是把 DV 带上的视频采到计算机或者非线编工具上的必要接口；另一种是 USB 接口，这主要是为了方便把存储卡上的内容下载到计算机中，也可以用于 USB 视频流的采集。一般来说，主要利用 IEEE 1394 接口建立计算机和数码摄像机的连接。下面以利用 IEEE 1394 接口将拍摄好的视频采集到计算机中为例进行说明。

步骤 1：首先确认计算机上有 IEEE 1394 接口，若没有，请购买并安装 IEEE 1394 接口卡。

步骤 2：安装视频采集软件和驱动软件。

步骤 3：用 1394 线将数码摄像机与个人计算机连接。

步骤 4：把数码摄像机功能开关拨到播放模式，从而打开摄像机。

步骤 5：运行视频采集软件，并把输入源设为数码摄像机。

步骤 6：采集完成后，使用非线性编辑软件进行编辑，例如使用第 4 章介绍的 Premiere 软件等。

这里介绍的只是一般的操作步骤，在具体使用时，请参照各不同生产厂商提供的产品说明书。

7.2 网络信息筛选

网络信息的发布必须持审慎的态度，不光要符合国家相关的法律、法规，而且也要满足网民对信息的客观需求。因此，我们在发布信息时，需要对网络信息进行细心的筛选。

7.2.1 稿件价值判断

一篇稿件是否有价值需要经过严格的审阅，必须符合各个方面的要求才能被认定为是一篇有价值的稿件。

1. 国家关于网络内容发布的管理规定

网络的内容发布，是在国家的相关政策与法规提供的框架下进行的。什么样的内容可以发表，什么样的内容不可以发表，都需要以相关的政策、法规为准绳。

2000 年 9 月 20 日，国务院通过了《互联网信息服务管理办法》。明确提出了互联网信息服务提供者不得制作、复制、发布、传播的 9 个方面的内容，包括：违反宪法所确定的基本原则；危害国家安全，泄露国家秘密，煽动颠覆国家政权，破坏国家统一；损害国家的荣誉和利益；煽动民族仇恨，民族歧视，破坏民族团结；破坏国家宗教政策，宣扬邪教，宣扬封建迷信；散布谣言，扰乱社会秩序，破坏社会稳定；散布淫秽、色情、赌博、暴力、恐怖或者教唆犯罪；侮辱或者诽谤他人，侵害他人合法权益；法律、法规禁止的其他内容。

此外，在 2000 年 11 月 6 日，国务院新闻办公室、原信息产业部联合颁布了《互联网站从事登载新闻业务管理暂行规定》。规定中的第十三条再次明确指出了互联网站登载的新闻中不得含有的内容。

2. 网民信息需求

网站的新闻信息传播的最终目的是要满足网民的需求，因此了解网民的需求是网站进行稿件选择的基础。

用户在网上经常查询的信息概括起来有：新闻，计算机软、硬件信息，休闲娱乐信息，生活服务信息，社会文化信息，电子书籍，科技，教育信息，金融证券，房地产信息，求职招聘信息，商贸信息，旅游，交通信息，等等，因此网络编辑在筛选稿件时就要考虑到这些因素。

3. 操作要点

1) 审查稿件的来源

网络稿件的来源是多元化的，不同来源的稿件质量可能不一样。因此，对稿件来源做出判断，也是判断稿件价值的一个方面，网络稿件来源有下列几个方面：

(1) 本网站原创稿件；

(2) 网民自发来稿；

(3) 转载国内传统媒体稿件；

(4) 转载国内其他网站稿件；

(5) 转发国外媒体(含网站)稿件。

2) 判断稿件中的信息价值

大多数网络稿件是以报道新闻和传达信息为目标的。因此，对稿件所涉及的信息的基本价值进行判断是稿件价值判断的一个重要任务。

(1) 真实性判断。稿件要有明确来源，各个要素要齐全，要判断背景资料的准确性。

(2) 权威性判断。信息来源是否权威，所涉及的研究方法是否科学，是否具有代表性、普遍性。

(3) 趣味性判断。信息内容本身既要轻松有趣，又要防止庸俗趣味。

(4) 实用性判断。网民通过信息可以获得某些知识，可以直接利用这些信息，满足人们的需求。

(5) 时效性判断。信息在第一时间报道，时效性最强；对于关注中的事物，通过及时报道，可以保持其较强的时效性。

7.2.2 稿件归类

1. 网站内容构成的基本方式

网络编辑对于稿件进行加工的一个基础是将它们归到合理的类别中。恰当地进行文章的分类，才能实现网站的传播目标，才能更好地满足网民的阅读需求。

对稿件进行归类的基本思路是根据网站的总体设计，将文章对应划归到相应的频道及栏目中。为了进行稿件归类，首先要了解网站的基本结构。一个网站往往可以分为若干个频道，频道下再分为若干栏目，一个栏目还可分为若干子栏目，以此类推。某网站的结构如下：

网站>频道>栏目>子栏目>……>文章

2. 网站频道/栏目的分类原理

网站频道/栏目的分类主要采用的方式有以下几种。

1) 以内容的性质为指标分类

通常网站的频道或栏目主要采用这种划分方式。例如，新浪网、搜狐网等的新闻频道的主要栏目包括国内、国际、财经、体育、文化、娱乐等。这些子新闻栏目都是根据新闻的性质来分类的，有些网站的栏目划分可能更细，有些新闻事件的影响可能是多重的，会涉及政治、经济、文化等多个领域，所以将它们同时放到多个栏目中也是正常的做法。

2) 以地域为指标分类

以地域为指标分类是一种常见的分类方法。一类是稿件来源于地方，另一类是稿件中所涉及的事件发生在特定区域。

3) 以信息的形式为指标分类

一个网站所采用的信息除了文字外，还涉及图片、动画、音频、视频等，所以有时网站的栏目或频道策划是以信息形式为指标来进行分类的。

4) 以文章的体裁为指标分类

文字稿件有不同的体裁区分。例如，文字类新闻稿分为消息、通讯、评论等不同种类，有时网站也会以此为标准来分类。通常评论类的稿件被单独列为一个栏目甚至多个栏目的可能性较大。而消息、通讯等则直接归到时政新闻、经济新闻这类栏目中。

5) 以稿件的时效性为指标分类

一些网站为了体现信息发布的实效性，会为时效性很强的内容设置专门的栏目，例如“最新新闻”、“滚动新闻”等。

3. 操作要点

1) 判断稿件中的关键词

在根据内容的性质进行分类时，一个重要的依据就是文章中的关键词。关键词可以是一个事件中的事件所属的领域、事件影响的领域、主要人物的名称等。在进行文章分类时，一篇文章可以有多个关键词。关键词选择的不同，文章的归类也可能不同。因此，在确定关键词时应考虑到以下几个因素。

(1) 出现多个人物时，应根据人物的知名度和影响程度来确定关键词。

(2) 从事件的影响方面来考虑，关键词的选择应与读者的关切程度相结合。

(3) 应从网站读者的需求及兴趣等出发确定关键词，尽量将文章放到大多数人认同的类别中。

2) 对稿件进行归类

由于网站频道与栏目分类的方式不同，在将稿件进行归类时，需要考虑到以下四个因素：

(1) 根据关键词归类。确定了稿件的关键词后，就可以将稿件归到对应的栏目中。如果稿件设定了几个方向的关键词，这几个关键词对应于不同的类别，可以将稿件归到一个主要类别或多个类别下。

(2) 根据时效性归类。对于时效性特别强的新闻或信息，可以将它们归到“最新新闻”、“滚动新闻”等栏目中，以便更快地与读者见面。同时，这些稿件也应被列入它们以关键词所属的栏目中。

(3) 根据稿件的重要性归类。如果稿件的内容涉及重要任务、重大活动、重要事件等，可将它们归为“重要新闻”等栏目中。同样，这些稿件也应归入它们以关键词所属的栏目中。

(4) 对文字以外其他信息形式的归类。如果是图片或其他形式的稿件，可以直接将它们归到相应的栏目中。

7.3 网络信息加工

7.3.1 稿件修改

稿件经过编辑审读后需要进行修改，稿件的修改就是发现稿件中存在的各方面的问题或错误，并采取相应措施，改正错误。

1. 稿件中常见的问题或错误类型

1) 文字类差错

主要表现为三类：错别字、漏字、错位，其中错别字是最为常见的。

2) 语法、逻辑类差错

逻辑类差错大致分为三类：一是概念方面的差错；二是判断方面的差错；三是推理方面的差错。

3) 标点符号类差错

在编辑稿件时，应对照有关规范，改正使用不当的标点符号。

4) 数字及量和单位类差错

在编辑稿件时，应对照有关规范，改正不规范的表示方法。

5) 内容差错

内容主要包括如下。

(1) 观点性差错。一些作者由于自身认识上的局限性，在稿件中会自觉或不自觉地流露出一些错误的观点或出现认识上的偏差。编辑应该具有较高的思想政治水平，善于发现稿件中的观点性错误，并用合适的方法加以改正。如果稿件在这方面的错误较严重，则稿件不能予以发表。

(2) 知识性差错。稿件中可能有涉及政治、经济、法律、历史、地理、科学、文艺、军事等各方面的知识差错。例如错误使用科学名词、在涉及历史人物或事件时出现差错等。对于这类问题，编辑既要善于发现错误，又要能够准确改正错误。编辑应该具有丰富的知识储备和敏锐的目光，必要时可以借助工具书和其他书籍。

(3) 事实性差错。在稿件中都会涉及事实，有些事实是主要的，有些是次要的；有些是细节性的，有些存在不真实的成分。但无论是哪一类事实，都应该是真实且准确无误的。发现稿件中的事实错误是编辑的一项重要责任。编辑可以通过调查、核实等不同手段，对稿件中涉及的事实的真实性及准确性做出判断，并采取相应的手段对出现的问题进行处理。

(4) 表达性差错。作者在文字表达或使用其他手段中出现的一些问题。例如，在涉及法律问题时，一些不恰当的提法可能会产生消极影响，如在法院尚未对案件进行判决时，就使用“罪犯”称呼案犯。在我国法律程序中，在对案件进行宣判之前，只能使用“犯罪嫌疑人”称呼案犯。

(5) 法律性差错。稿件可能涉及侵犯版权问题、侵犯个人隐私问题、侵犯名誉权问题等。

(6) 引用性差错。一些稿件中在引用法律法规条文、他人的语言的过程中容易出现的差错也是应该避免的。

6) 结构与格式问题

不同类型的稿件有其相应的结构形式，例如书稿有非常严格的结构，一些稿件在结构上可能会出现一些混乱，例如编号方式混乱、编号顺序出现问题、层次混乱等。还可能出现稿件编排的格式不合要求，注释方式不规范，图或表的编号不符合要求等问题，这类问题也是需要编辑加以改正的。

7) 图画、照片差错

配有图画和照片的稿件，应防止发生图画、照片错乱，照片位置或方向错误，说明性文字与图像对不上号等问题。

2. 稿件修改的方法

在对稿件认真审读的基础上，编辑需要对稿件进行错误更改，主要包括以下方法。

(1) 替代法：用正确的内容替代错误的内容。

(2) 删除法：将不适用的内容删除。

(3) 增补法：对原稿中缺少的内容进行补充说明。

除了以上的方法外，有时编辑还需要对稿件进行结构、篇幅上的调整，以便适应信息发布的需要。

总的来看，修改稿件可以分为“绝对性修改”和“相对性修改”。如果原稿中存在着观点、事实等方面的错误，那么编辑就需要对稿件进行绝对性修改。若稿件本身没有太大缺陷，只是在篇幅、角度等方面存在一定缺陷，则编辑就需要对稿件进行相对性修改。

7.3.2　标题及内容提要的制作

标题是以一段最简短的文字来揭示、评价稿件内容的。它的主要作用有：提示文章内容、评价文章内容、吸引读者阅读等。

标题是一篇文章吸引读者的重要方式。在网站之间的新闻与信息竞争中，标题的作用也显得十分突出。因此，标题的制作是网络编辑必备的基本功。

1. 消息标题制作的基本要求

1) 消息标题必须标出新闻事实

读者的阅读期望是在短时间内获得最多的信息，这不仅表现为对正文的期待，也表现为对标题的期待。他们希望在几秒钟时间内粗略浏览网页后就能知道哪条新闻是自己关心的。因此，把最重要的事实放到标题中是制作消息标题的基本要求之一。

2) 新闻事实要求有一种确定性

标题不仅要提出事实，还要把事实讲清楚，给人必要的信息。从语言本身的特点我们可以知道，通常一个完整的句子，才能表达一个完整的意思。因此，消息标题常常是一个完整的句子。

2. 实题与虚题

标题中发表议论的部分，我们称之为虚题。它以说理为主，即表达从个别事实中抽象出来的一般原则、道理、意义等。与之对应，标题中叙述事实的部分称为实题。

3. 消息标题的结构

消息标题一般分单一型和复合型两种。

1) 单一型标题

单一型标题只有主题，没有辅题。复合型标题则在主题之外还包含辅题。辅题分为引题和副题两种。

主题用以说明新闻中最重要的事实和思想，是标题中最主要的部分。主题在整个标题中字号最大，位置最为显著。主题可以是实题，也可以是虚题。

引题位于主题之前，引出主题。它的用法有以下几种。

(1) 通过交代和说明相关背景、意义、目的、原因、气氛、方法等引出主题。

(2) 通过直接叙述主干事实的起始部分来引出主题。

(3) 通过提出或议论引出主题。

(4) 引题可为实题，也可为虚题。

副题位于主题之后，用事实对主题进行补充或解释。

2) 复合型标题

复合型标题包括以下几种。

(1) 引题+主题。

(2) 主题+副题。

(3) 引题+主题+副题。

是否需要采用复合型标题，应该根据新闻内容本身的重要程度来决定。使用复合型标题时，应该注意引题、主题与副题之间，分工合理、逻辑关系正确、清楚。

4. 网络稿件标题制作的特殊性

网络稿件的标题是以新闻标题的一般制作原则为基础的，但是也有一些特殊规律需要注意。从网络稿件标题的作用上看，网络标题应该能传达事实的基本要素。标题是网络稿件的多级阅读的起点，是新闻内容的最基本层次的提示。另外，标题还担负着引导下一步阅读的作用。在没有正文出现的情况下，只有那些具有“亮点”的标题才能赢得更高的点击率。

网络稿件标题如果能同时实现以上的双重功能，那便是最完美的。如果做不到，可以根据稿件本身的内容或编辑的整体需要，重点实现一个方面的功能。

5. 标题写作

1) 确定标题内容

在稿件中寻找亮点，对稿件中出现的事实进行分析，确定将什么样的事实放到标题中。这个过程是一个再创造的过程，也是体现编辑能力与素质的一个重要方面。

确定标题内容可以遵循以下原则。

(1) 新意原则。

(2) 具体原则。

(3) 准确原则。

(4) 全面原则。

2) 设计标题形式

标题引人注目不仅在于内容，其形式也可以作为吸引眼球的亮点。通过生动活泼的文字可以增加标题的文采，进一步提高读者对稿件的阅读兴趣。

设计标题形式的方法有以下几种。

(1) 活用动词。

(2) 一语双关。

(3) 翻译科技词汇。

(4) 借用成语、古诗词、俗语、流行歌曲等。

(5) 用数字、符号说话。

6. 内容提要制作

内容提要是对文章的主要内容进行概括的一段文字，它介于标题与正文之间。与标题相比，内容提要更详细，但与正文相比，它又要简短一些。内容提要的写作是对稿件内容进行分析、判断和再提炼的过程。通常可以采用以下两种方法。

1) 全面概括

全面概括是内容提要写作的主要方法。用简短的语言把稿件的主要信息表达出来，以便读者迅速了解稿件的主要内容。要全面概括稿件的内容需要包含新闻的 5 个要素，即 5 个“W”(Who,When,Where,What,Why)。

阅读案例 7-1

2009 金足奖名单：米兰尤文各 2 人，曼联利物浦领袖

新浪体育讯　北京时间 5 月 26 日，2009 年的欧洲金足奖候选名单公布，吉格斯、菲戈、劳尔、布冯、小罗等球星悉数入选。

金足奖评选始于 2003 年，由摩纳哥“世界冠军俱乐部”创办，该奖项的评选是由《米兰体育报》等 18 家权威合作媒体共同敲定大名单，并由该报确定最后的十名提名人选，由网上球迷投票进行选举。最终的获奖者将在摩纳哥海滩的“冠军大道”上，留下他们的足印。金足奖评选规则也与其他奖项明显不同，入围者必须是年满 28 周岁，在欧洲踢球且没有退役的球星；并不是根据入围球星在本年度的表现，而是基于对其终身成就的评价。金足奖同时也是世界范围内，唯一一个由球迷投票产生的年度球员个人奖项，此前每年的颁奖仪式在 8 月

底于蒙特卡洛举行，上届是在都灵。

在本年度的金足奖入围名单中，意甲成为最大的赢家，在10名入围者中占据6席，但有些奇怪的是，并没有AC米兰的功勋队长保罗·马尔蒂尼。本年度金足奖的10名入围者具体是：吉格斯(曼联)、杰拉德(利物浦)、劳尔(皇马)、亨利(巴萨)、罗纳尔迪尼奥(AC 米兰)、贝克汉姆(AC米兰)、菲戈(国际米兰)、布冯(尤文图斯)、特雷泽盖(尤文图斯)、托蒂(罗马)。

(资料来源：http://sports.sina.com.cn/g/2009-05-26/10154399952.shtml)

此稿件的内容提要为：2009年5月26日，2009年欧洲金足奖候选名单公布：吉格斯(曼联)、杰拉德(利物浦)、劳尔(皇马)、亨利(巴萨)、罗纳尔迪尼奥(AC米兰)、贝克汉姆(AC米兰)、菲戈(国际米兰)、布冯(尤文图斯)、特雷泽盖(尤文图斯)、托蒂(罗马)。金足奖的产生是由18家权威媒体共同确定大名单，确定最后的十名提名人选，最终由球迷投票产生最终的金足奖得主。

2) 提炼精华

某些情况下，稿件内容本身较为丰富，这时可以考虑在内容提要中强调稿件中最具价值、最容易吸引读者的内容。

阅读案例7-2

国庆大阅兵结束后空军将解密一批新型装备

人民网军事在线 北京5月25日电(记者 黄子娟)今天上午9时，空军装备部与中国航空工业集团公司在北京凯迪克格兰云天大酒店举行纪念中国航空百年和人民空军成立60周年启动仪式。空军装备部张洪贺副部长介绍了空军成立60周年装备建设成就展工作的主要安排。

张洪贺副部长介绍说，2009年11月11日，是人民空军成立60周年纪念日。根据空军党委关于空军成立60周年纪念活动的总体安排，今年11月空军将在中国航天博物馆举办空军成立60周年武器装备建设成就展，同时还将举办新型武器装备展示。

回顾历史，展示空军各时期的装备发展。

……

张洪贺副部长还指出，在今后几年，我们将与社会各界携手共建，计划在2015年前将建成一个集综合展览空间文化教育，飞行表演和航空博览等功能为一体的世界一流具有国际影响力的综合型航空博物馆。成为国家和北京市科技、文化、旅游的特色景观，成为宣传教育的窗口，传播空间文化的课堂，进一步发挥爱国主义，国防和科普教育基地的作用。

(资料来源：http://jczs.news.sina.com.cn/p/2009-05-25/1617552859.html)

此稿件的内容提要为：空军装备部张洪贺副部长介绍了空军成立60周年装备建设成就展工作的主要安排。①在新落成的中国展馆展示空军各时期的装备；②国庆阅兵后空军解密一批新型装备；③全面展开中国航空博物馆重点建设项目。

无论用哪种思路进行内容提要的写作，都要注意信息的提炼与概括。可以借鉴标题和导语写作的规律。

7.3.3　超链接设置

超链接是网络信息传播中的一个特殊手段。超链接可以将不同地点的信息联系起来，可以从一个文献迅速转到另一个文献。恰当地运用超链接手段可以提高信息传播的效率。

超链接增强了网络信息之间的联系。它的运用方式包括以下几个方面。

首先，用超链接可以对一些重要概念进行扩展。既可以用注释页面的方式实现链接，也可以直接链接到相关页面。这有助于读者更直接地接触信息的深层背景，获得丰富的相关信息。

其次，利用超链接可以改变传统的写作模式。传统的文本写作总是在单一层面上完成的，所有信息与材料都是一次接触到的。在传统新闻写作方式中，重要材料放在前面，次要材料放在后面。事实上对于读者来说，有一部分信息属于冗余信息。但对于传播方来说，它仍然需要拿出相应的篇幅或资源来提供这些信息。这就造成了资源的浪费，也在一定程度上增加了网民获得信息时的负担。

而超链接的运用在一定程度上可以改变这种状况。在进行写作时，可以把最关键的信息作为第一层次写作，而相关详细信息放在第二或第三层次。用一个骨架的方式描述对象，有关的细节分别用超链接给出，读者可以根据自己的需要来决定进入某一个方面进行仔细地阅读。

超链接包括以下操作要点。

(1) 在文章中对关键词设置超链接。一般情况下，一篇文章可以利用超链接进行解释的部分包括人物、组织、时间、地理、历史背景等。

(2) 利用超链接设置延伸性阅读。延伸性阅读可以包括“相关文章”、“跟帖”、“发表评论”等相关内容。

(3) 利用超链接改写文章。主要有以下 3 种方式。

① 将一篇文章进行分层。

层次一：标题

层次二：内容提要

层次三：新闻正文

层次四：关键词或背景链接

层次五：相关文章等延伸性阅读

阅读案例 7-3

层次一(标题)：掘金完胜湖人总分 2-2，科比 34 分无力挽回惨败

层次二(内容提要)：科比 34 分湖人仍惨败，掘金主场告捷总分 2-2

层次三(正文)：新浪体育讯　北京时间 5 月 26 日，湖人在客场以 101-120 不敌掘金，西部决赛战成 2-2。

卡梅罗·安东尼状态平平，全场 16 投仅 3 中，得 15 分 5 次助攻，昌西·比卢普斯拿下了 24 分，肯扬·马丁 13 分 15 个篮板，替补出场的 JR·史密斯 24 分，克里斯·安德森抢下了 14 个篮板。>>>您如何评价湖人本场比赛的失利？

……

湖人未能将差距缩小到 10 分以内。比赛还有 1 分 40 秒时，史密斯在 20 秒内连续三分命中，掘金以 113-96 拉开差距。虽然法玛尔还以一记三分，但湖人已经无回天之力。

两队关键的第五战将回到洛杉矶，时间是28日9点。

[网友调查][技术统计][现场组图][比赛实录][对阵全景]

层次四(链接)：正文中加入了下划线部分，可链接到与本新闻相关的资料。

层次五(相关新闻，需要经过编辑筛选)

湖人被扒光仅剩科比遮羞34分换不来三角进攻体系 2009-5-26 12:11

调查-掘金主场扳成2比2您认为湖人还能先取得赛点么？ 2009-5-26 12:07

……

图文-[季后赛]湖人vs掘金 加索尔以一敌二 2009-5-26 11:42

图文-[季后赛]湖人vs掘金 安德森和奥多姆亲密接触 2009-5-26 11:42

(资料来源：http://sports.sina.com.cn/k/2009-05-26/12034400344.shtml)

注：有下划线的文字部分均设置有超链接。

② 将多篇文章整合成一篇新的文章。

有时，围绕一个时间或主题有多篇文章，可以将这些材料通过超链接的方式进行整合。

整合后的文章由“主体骨架”与超链接组成，主体部分中将原有各文章中的主要材料串联在一起。利用超链接对主体部分的内容进行展开。

阅读案例7-4

新闻资料：中美撞机事件大事记(4月12日～20日)

以下为4月12日—4月20日美侦察机南海上空撞毁我军飞机大事记:

4月12日

美方运送肇事机组人员回国的飞机抵达海口(附图)

北京时间4月12日清晨5时55分，美国大陆航空公司运送美国肇事飞机机组成员的飞机抵达我国海南省海口市美兰机场。

……

外交部发言人：中美将继续就撞机事件进行谈判

中国外交部发言人章启月在今天此间记者招待会上说，中美双方将于4月18日开始，对撞机事件的原因等议题进行谈判。

4月13日

布什：美仍可能与中国建立富有成效的外交关系

白宫发言人阿里·弗莱舍4月12日说，美国总统布什相信，美国仍可能同中国建立“富有成效的外交关系”。

……

王伟爸妈昨日启程来京 搜救工作仍在继续(附图)

我跳伞飞行员王伟已失踪13天，正在湖州某医院接受治疗的王伟父母受到各界的关心。4月13日，海军总部将王伟父母从湖州接到北京，继续进行治疗。

(资料来源：http://www.jczs.com.cn，2001-04-20；http://mil.news.sina.com.cn/2001-04-30/20190.html)

注：有下划线的文字部分均设置有超链接。

举例中采用“时间线”方式，将“撞机事件”的新闻进行了集中。在第一层次页面中，展现各个新闻的标题与内容提要，读者可以单击标题连接阅读正文。

③ 缩写长文章。

上面提到的写作方式，也适合于单篇文章的改写，通常可以化长为短。改写时留取文章的主要线索，将详细的内容与展开部分用超链接完成。

阅读案例 7-5

2006 胡润强势榜：荣智健当选最有社会责任企业家

荣智健连续四年位居《胡润强势榜》榜首，中信泰富市值 520 亿元，业务包括钢厂、地产、电厂、航空等，其资本为国内的很多项目提供了支持。任正非排名第二，他领导的华为是世界领先的下一代电信网络解决方案供应商，在国际化与自主创新方面取得了傲人的成绩，华为有 44 000 名员工。刘永好的新希望集团有 20 000 余名员工，新希望集团是中国最大的饲料生产企业，它帮助了二百多万农民。

……(省略 281 个字)

他们所在的行业涵盖了制造、能源、房地产、钢铁、快速消费品、信息技术、零售和农业。由于强势榜具有相当的稳定性，因此本年度的强势人物除了任正非、郭广昌和刘永好新入围外，其他都是去年的上榜人物。

1. 荣智健

荣智健连续四年成为《胡润强势榜》的榜首。去年 10 月，其父亲，前中国国家副主席荣毅仁先生的过世也让中国近代史上这个著名的商业世家再次引起大众的关注。过去的一年中，荣智健率领着中信泰富在中国市场上斩获颇丰：去年 8 月，中信泰富与中船公司签署协议合作开发上海船厂土地发展项目，预计总投资将高达 217 亿元；11 月，以 12.82 亿元的出价获得国内最大的汽车合金钢——石家庄钢铁集团 80% 股权。中信泰富的核心业务包括地产、电厂、钢厂等，并且已日趋集中于内地。荣智健连续 4 次当选全国政协委员。

……(省略 1 234 个字)

10. 刘永好

刘永好在去年“回归”主业，控股国内第二大的饲料生产企业“山东六合”，收购之后新希望的饲料收入超过 200 亿元，年产饲料超过 600 万吨。刘永好希望在不远的将来使新希望成为世界最大的农牧业生产基地。刘永好是第十届全国政协委员。

上面是一篇较长的文章，可改写为：

2006 胡润强势榜：荣智健当选最有社会责任企业家

荣智健连续四年位居《胡润强势榜》榜首，中信泰富市值 520 亿元，业务包括钢厂、地产、电厂、航空等，其资本为国内的很多项目提供了支持。任正非排名第二，他领导的华为是世界领先的下一代电信网络解决方案供应商，在国际化与自主创新方面取得了傲人的成绩，华为有 44 000 名员工。刘永好的新希望集团有 20 000 余名员工，新希望集团是中国最大的饲料生产企业，它帮助了二百多万农民。

……(省略281个字)

他们所在的行业涵盖了制造、能源、房地产、钢铁、快速消费品、信息技术、零售和农业。由于强势榜具有相当的稳定性，因此本年度的强势人物除了任正非、郭广昌和刘永好新入围外，其他都是去年的上榜人物。

10位当选人物分别是：

1. 荣智健

连续四年成为《胡润强势榜》的榜首。详情请进＞＞

2. 任正非

华为技术的创立者。详情请进＞＞

3. 宗庆后

哇哈哈公司的领军人物。详情请进＞＞

……

(资料来源：http://biz.163.com/06/1009/11/2T055HRF00020QEQ.html)

此例中将详细地介绍作为超链接的内容，可以有效减少页面的篇幅，提高阅读效率。

7.4 网络内容原创

7.4.1 原创新闻

1. 新闻的定义

新闻是关于新近发生的事实的报道。新闻也是一种信息，但是它又具有特殊性，主要表现在以下方面。

(1) 新闻是一种事实，新闻是以事实为根据的真实的信息。新闻必须用事实说话。

(2) 新闻必须有新意和实效性，即构成新闻的事实是新近发生的，是人们欲知而未知的事实。

通常我们用“5个W+1个H”来描述新闻作品的要素：何人(Who)何时(When)何地(Where)何事(What)为何(Why)如何(How)。

2. 新闻价值的判断

新闻价值通常指事实所包含的足以构成新闻的种种特殊素质的总和。这些特征素质就是新闻价值的要素，这些要素都具有能引起网民的共同兴趣，能引起网民普遍关注的共同特征。

新闻价值要素一般包括以下几种。

(1) 时新性，指新闻事实的新近程度和新闻报道的及时程度。发生与报道的时差越小，新闻价值越大。

(2) 重要性，指新闻事实和新闻报道的分量及重要程度。内容越重要，新闻价值越大。

(3) 显著性，指新闻事件参与者及其业绩的知名程度。地位和业绩越显赫，新闻价值就越大。

(4) 趣味性，指新闻事实和新闻报道使受众感兴趣的程度。其实质是新闻事实和新闻报道对受众精神与情感的善意满足。

(5) 接近性，指新闻事实及新闻报道与受众的接近程度，包括地理、利益和心理等方面的距离远近。距离越近，新闻价值越大。

一个事实可能包含一条新闻价值要素，也可能包含几条新闻价值要素。要判断一个事实是否包含新闻价值要素，新闻价值有多大，不是一件简单的事情。新闻价值判断与媒体的网民对象相关，相同事实在不同的媒体上表现出来的新闻价值大小可能是不一样的。

3. 新闻采访的几种方式及要点

1) 面对面采访

面对面采访是最常见的一种采访与交流方式，有利于记者获得第一手材料。在采访的过程中，记者除了可以以提问的方式获得信息之外，还可以通过观察其他的一些信息对事物进行进一步的了解。

为了做好面对面采访，记者在进行采访前要进行以下充分的准备工作。

(1) 了解采访对象。包括了解采访对象的基本情况，了解与采访相关的专业知识，了解对象的业绩状况，了解对采访对象以后的报道或评价。

(2) 初步明确采访的目标与写作角度。明确采访目标，对采访的过程做到有的放矢。

(3) 与采访对象建立关系。采访的前期准备不光是指记者本人的准备工作，有时还需要通过各种方式与被采访对象建立一定的关系，为其后的采访打下基础。

(4) 为采访过程做好铺垫。可以看做为采访开始前做的一系列工作。例如工作设备的检查、调试，采访环境的选择。

(5) 准备访问提纲。记者在准备访问提纲时应该循序渐进地提问。可以通过由小到大、由近及远、由表及里、由易到难等方式引导采访向不断深入的方向发展。

2) 目击采访

目击采访是运用眼睛进行直接观察的采访方式。目击采访是电视新闻报道中的一种常用的采访方式。

目击采访包括以下主要任务。

(1) 获得信息。现场观察时直接进行信息的获取。

(2) 发现线索。在现场采访中，记者要用心、用眼获取信息，以便发现有价值的线索。

(3) 辨别真伪。进行实地观察有利于认识事物的本质。

(4) 探寻本质。新闻报道的主要目的是要告诉读者事实真相，深入现场对于认识事物本质是非常有益的。

目击采访主要包括以下要点。

(1) 选择适合的观察位置。合适的观察位置应该是视野开阔，没有干扰物、障碍物阻碍视线的位置。除此之外，记者在采访过程中应随机应变，对采访中的位置变换应有相应的计划安排，以便于下一步的采访顺利进行。

(2) 确定记者恰当的角色定位。记者在进行目击采访时，应根据需要来决定是否表明记者身份。应以方便采访、获取信息为主，灵活处理。

3) 电话采访

电话采访主要指一般用于对一些简单事情的采访，或者当记者与被采访对象空间距离太远时，由于采访时限性的要求通过电话采访方式进行信息的获取。

电话采访的优点是简便、及时，节省时间、金钱和精力。

电话采访的缺点是由于采访方式的限制，对于记者获取信息的真实性不容易判断。不适合于对复杂事件的采访。

电话采访的程序：联系采访对象→准备采访→实施采访→事后核实。

4. 新闻体裁

1) 消息

消息是一种特殊的新闻体裁，它以简洁的文字迅速传播新近变动的事实，包括新近发生的事实、某些将要变动的事实。它是目前最广泛、最经常应用的一种报道形式。消息往往简短、概括地反映新闻事实，用事实说话，一般不提倡直接发表议论或抒发感情。

一篇消息通常由新闻标题、消息头、导语、主体、新闻背景、新闻结尾以及署名等部分组成。

(1) 消息的特点：内容新、事实真、行文简、报道快。

(2) 消息的结构：一般采用“倒金字塔式”的结构，从标题、导语到主体，分三步叙述。

(3) 消息写作的基本格式：

① 消息头。

例如，“人民网军事在线北京 5 月 25 日电”之类的字样，这就是消息头。消息头是消息的标志。

② 消息的导语。

导语是信息的开头，它是以凝练的形式、简洁的文字，表述信息中心内容的头一个单元或部分。

导语写作的一般准则是要突出全篇的中心并且吸引读者的注意力，主要包括以下常用的方式。

- 叙述式导语：直接对新闻事实中最主要、最新鲜的内容进行摘要或归纳，用事实说话。
- 描写式导语：对主要事实或事实的某个侧面，做简练而有特色的描写，给人提供一个具体客观的形象。
- 评论或结论式导语：这种导语以画龙点睛式的说理议论，提出观点和结论。
- 设问式导语：即把新闻报道中已经解决的问题用设问方式提出来，然后用事实加以回答。

③ 消息主体写作。消息主体是新闻的主干部分，也是新闻的展开部分。消息主体常见的结构形式如下。

- 倒金字塔式：按照新闻内容的重要程度或读者关心的程度先主后次地安排事实材料。即把最重要、最新鲜的事实放在导语里，导语里也是把最重要的内容放在最前列；在主体部分，各段内容依重要程度递减的顺序来安排。
- 按时间顺序组织材料：虽然“倒金字塔式”是一种最常见的结构模式，但有时机械搬用它，会发现写成的稿件不符合人们对事物进行认知的习惯。因此，对于一些内容复杂但线条单一的新闻，可以以时间为组织材料的线索，这样有助于人们认识事物的全貌。

- 按逻辑顺序组织材料：即根据事物的内在联系或问题的逻辑关系来组织材料。这种结构有利于反映事物的内在发展规律，提示事物的本质特点与意义。

④ 消息背景的写作。

消息中的背景：新闻事实之外对新闻事实或新闻事实的某一部分进行解释、补充、烘托的材料。

背景具有以下作用。

- 对新闻事实进行说明、解释，使新闻更加通俗易懂。
- 更好地揭示新闻事物的意义。
- 起到对比衬托的作用，从而更好地突出事物的特点，显示事物的变化与发展。
- 某些不便于直接表达的观点可以利用背景资料进行暗示。
- 增加新闻的知识性与趣味性。
- 用背景材料介绍新闻中的人物，可以更好地阐释人物的行为。
- 背景资料也可以累加同类事实，开阔读者视野。

背景的运用方式穿插于导语、紧接导语之后、分散插入主体中。

2) 通讯

通讯是一种详细、生动的新闻报道体裁，是我国新闻报道中常见的体裁之一。

通讯的时效性一般不如消息，与消息在新闻素材、结构和表现手法等方面也有较大的差异。具体而言，通讯与消息的区别包括如下。

- 通讯报道的事实比消息更详细、完整，富于情节。
- 通讯报道的事实往往更形象、生动，包含更多的感性素材。
- 通讯的文体比较自由，没有像消息那样较固定的格式。
- 通讯多用详述和描写的手法来报道事实，而消息则多用概括性语言叙述事实。
- 通讯有着鲜明的主题，而且是一个完整的整体，消息则不一定要有主题。
- 与消息相比，通讯更容易体现作者的主体意识和个人风格。

3) 新闻特写

新闻特写是从消息和通讯之间衍生出来的一种报道形式。是截取新闻事实的横断面，即抓住富有典型意义的某个空间和时间，通过一个片段、一个场面、一个镜头，对事件或人物、景物做出形象化的报道的一种有现场感的生动活泼的新闻体裁。

特写的种类如下。

(1) 事件特写：摄取与再现重大事件的关键性场面。

(2) 场面特写：新闻事件中精彩场面的再现。

(3) 人物特写：再现人物的某种行为，绘声绘色，有强烈动感。

(4) 景物特写：对于有特殊意义或有价值的罕见景物的描写。

(5) 工作特写：对于某一工作场面的生动再现。

(6) 杂记性特写：各种具有特写价值的新闻现场的生动再现。

4) 新闻评论

新闻评论是社会各界对新近发生的新闻事件所发表的言论的总称。新闻和评论，构成报纸的两大文体。

新闻评论具有较强的政治性：主要表现在它们是针对那些具有政治意义的问题的发言，并以评论来传达媒体的意见与态度。这一点在社论上表现得尤为突出。

新闻评论的类型：主要包含社论、评论员文章、短评、编者按语、专栏评论等多种类型。

新闻评论具有以下特点。

(1) 与其他评论一样，由论点、论据、论证三要素组成，具有政策性、针对性和准确性。

(2) 在有限的篇幅中，主要靠独特的见解吸引读者。

(3) 立意新颖，论述精当，文采斐然。

(4) 主要面向广大群众。

7.4.2 原创文学

原创文学是由广大文学写手自己创造的文学内容，包括诗歌、散文、小说、长篇、学术、剧本、歌词、日记等多种体裁和形式。

随着互联网飞速发展，据中国互联网络信息中心公布的《第 25 次中国互联网络发展状况统计报告》显示，中国上网用户人数达 3.84 亿人，居世界首位。与互联网迅猛发展相一致，以网络为平台的网络原创文学也有令人吃惊的发展。各类不同规模的文学网站或网络文学频道如雨后春笋般映入网民的视野。搜狐、雅虎、新浪、网易等大型综合性网站都开辟了“文学”视窗，登录了大量的文学名著和网络原创作品，提供了丰富的文学信息。它们在文学平台设置、栏目链接、文学容量和信息更新等方面，都为许多专门的文学网站所不及。有资料显示，目前全球有中文文学网站 3 000 多个，中国内地有以“文学”命名的综合性文学网站约 300 个，以“网络文学”命名的文学网站 200 多个，发表网络原创文学作品的文学网站 260 多个，其他各类非文学网站中设有文学平台或栏目的网站共有 3 000 多个。

信息时代的来临为网络原创文学提供了充足的物质基础，使之获得了前所未有的发展机遇。正因为互联网所提供的平台，网络文学才有了空前繁荣的局面，才被众多的网民所熟悉和接受。网络在拉近科技与人们距离的同时，也拉近了文学与人们之间的距离，“人人都可以成为艺术家”的梦想之所以实现，皆因我们处于信息时代。只要拥有一台电脑和网络，无论这个人做什么职业，在哪里就职，都可以从事创作，作品的质量暂且不论，毕竟写作水平因人而异，不分性别与年龄、种族与民族。而这似乎成就了网络文学“大众化”与“多元化”取向的最根本原由。

电脑和网络的普及改变了社会的现代化步伐，使之发生日新月异的变化，也在全方位地改变着人们的生活。在网上，由于作者可以是匿名的，发表的内容可以有很大的随意性，不必顾及别人的看法和意见，网民可以自由地写自己的生活和感受，当然这种表现是丰富多样的，既可以是平铺直叙的描述，也可以模仿魔幻现实主义手法。因为在网上没有资深的编辑为作品把关，没有评论家对作品挑三拣四。从这种角度讲，正是由于互联网具有宽松的写作环境，以及人们休闲的心理作用使网络原创文学更多地以不一而足的艺术形式关注生活。

应该说网络文学审美价值的当下性与网络艺术形式的多样性是网络原创文学逐渐走向成熟的一种表现，而它的大众化取向则更多地与其本质和内在性质相关。透过近几年网络文学作品的变迁，可以看出文学作品日益成长为贴近大众、反映大众的文学，是当代文学“民间化”的延续和发展，其迅猛的发展态势使之成为当代文学研究难以回避的现象，甚至说成为当代文学的重要组成部分也不为过。同时，由于自身的传播学特征，网络文学也为文学开辟了更为广阔的发展空间。

7.4.3　博客

1. 博客

博客(Blog)就是以网络作为载体，简易、迅速、便捷地发布自己的心得，及时、有效、轻松地与他人进行交流，再集丰富多彩的个性化展示于一体的综合性平台。Blog 是一个网页，通常由简短且经常更新的帖子构成，这些帖子一般是按照年份和日期倒序排列的。作为 Blog 的内容，它可以是纯粹个人的想法和心得，包括对时事新闻、国家大事的个人看法，或者是对一日三餐、服饰打扮的精心料理等，也可以是在基于某一主题的情况下或是在某一共同领域内由一群人集体创作的内容。它并不等同于“网络日记”。作为网络日记是带有很明显的私人性质的，而 Blog 则是私人性和公共性的有效结合，它绝不仅仅是纯粹个人思想的表达和日常琐事的记录，它所提供的内容可以用来进行交流和为他人提供帮助，是可以包容整个互联网的，具有极高的共享精神和价值。

2. 博客的用途

(1) 作为网络个人日记。
(2) 个人展示自己某个方面的空间。
(3) 网络交友的地方。
(4) 学习交流的地方。
(5) 通过博客赚外快。
(6) 通过博客展示自己的企业形象或企业商务活动信息。

3. 博客主要分类

(1) 基本的博客：Blog 中最简单的形式。单个的作者对于特定的话题提供相关的资源，发表简短的评论。这些话题几乎可以涉及人类的所有领域。

(2) 微博：即微型博客，目前是全球最受欢迎的博客形式，博客作者不需要撰写很复杂的文章，而只需要抒写心情文字即可。

(3) 亲朋之间的博客(家庭博客)：这种类型博客的成员主要由亲属或朋友构成，他们是一种生活圈、一个家庭或一群项目小组的成员。

(4) 协作式的博客：与小组博客相似，其主要目的是通过共同讨论使得参与者在某些方法或问题上达成一致，通常把协作式的博客定义为允许任何人参与、发表言论、讨论问题的博客日志。

(5) 公共社区博客：公共出版在几年以前曾经流行过一段时间，但是因为没有持久有效的商业模式而销声匿迹了。廉价的博客与这种公共出版系统有同样的目标，而且使用更方便，所花的代价更小，所以也更容易生存。

(6) 商业、企业、广告型的博客：对于这种类型博客的管理类似于通常网站的 Web 广告管理。商业博客分为：CEO 博客、企业博客、产品博客、“领袖”博客等。

(7) 知识库博客，或者叫 K-LOG：基于博客的知识管理将越来越广泛，使得企业可以有效地控制和管理那些原来只是由部分工作人员拥有的、保存在文件档案或者个人电脑中的信息资料。知识库博客提供给了新闻机构、教育单位、商业企业和个人一种重要的内部管理工具。

4. Blog 存在的方式

(1) 托管博客：无须自己注册域名、租用空间和编制网页，只要去免费注册申请即可拥有自己的 Blog 空间，是最“多快好省”的方式。

(2) 自建独立网站的 Blogger：有自己的域名、空间和页面风格，需要一定的条件。(例如自己需要会网页制作并懂得网络知识，当然，自己域名的博客更自由，有最大限度的管理权限。)

(3) 附属 Blogger：将自己的 Blog 作为某一个网站的一部分(如一个栏目、一个频道或者一个地址)。这三类之间可以演变，甚至可以兼得，一人拥有多种博客网站。

7.5 交互性设计

交互性设计对于网站的重要作用在于，它将各种网络手段有机结合起来，不仅使网页效果得以增强，而且实现了用户与网站之间的对话，以及用户以网站为媒介而进行彼此间的交流，这些都可以使用户乐于光顾你的网站。

7.5.1 网络受众调查

受众调查是网站了解网民常见的一种方式，也是网站建设中一个重要的互动性项目。

1. 调查的方式方法

因为网络技术平台有自己不同于传统媒体的特点，所以网络调查采用的方式也与传统调查方法有不一样的手段。根据调查方法的不同，网络调查可分为网上问卷调查法、“访谈式”调查法(也可称为网上访谈法)、网上观察法等。

网上问卷调查法是指在网上发布问卷，被调查对象通过网络填写问卷来完成调查。网上问卷调查一般分为两种。一种是站点法，即将问卷放在网络站点上，由访问者自愿填写。在实践中，现在多采用编制 CGI 程序进行站点调查。另一种是用 E-mail 将问卷发送给被调查者，被调查者填写问卷，单击“提交”，问卷答案就回到指定的邮箱。网上问卷调查法比较客观、直接，但不能对某些问题做深入的调查和分析。

网上访谈法可通过多种途径实现，例如 BBS、即时交互工具、新闻组、网络会议(NetMeeting)等。主持人在相应的讨论组中发布调查项目，请被调查者参与讨论，发布各自观点和意见，或者将分散在不同地域的被调查者通过互联网视频会议功能虚拟地组织起来，在主持人的引导下进行讨论。网上访谈法的结果需要主持人加以总结和分析，对信息进行收集并对数据进行处理，这对于主持人来说要求很高，难度较大。

网上观察法是对网站的访问情况和网络用户的网上行为进行观察和监测。许多网站都在做这种网上监测。使用这种方法最具代表性的是法国的Net Value公司，它的重点是监测网络用户的网上行为，号称“基于互联网用户的全景测量”。它调查的主要特点是首先通过大量的“计算机辅助电话调查(CAT1)”获得用户的基本人口统计资料，然后从中抽出样本，招募自愿受试者，下载软件到用户的计算机中，由此记录被试者的全部网上行为。

2. 问卷设计

网络调查的第一步就是问卷设计。问卷设计中的问题大体由4类问题组成：背景问题，主要是被调查对象的个人情况，比如被调查对象的性别、年龄、受教育情况等个人情况；事实或行为方面的问题，包括已经发生和正在发生的各种客观情况等，比如一周上网时间，何时上网等已发生和正在发生的客观情况等；观念、态度、情感方面的问题；检验性问题，即将一个问题分成两组，使之出现在问卷中的不同地方，这是为了检验被调查者回答问卷的真实与否。

确定问卷的问题后，需要考虑用一定的结构去组织问题。网络问卷的组织结构可以采取以下几种方法：按问题性质或类别排列，按问题的复杂程度、困难程度排列，也可以按问题的时间顺序排列。无论哪种方式，都要注意问题排列的逻辑严密性。

在具体问卷设计中，还要注意：内容具体，不要笼统抽象；问题单一，而不是将两个或两个以上的问题合在一起；用词通俗，避免生僻词语、专业术语；问题的用词要准确，而不要使用模棱两可、含混不清或有歧义的词；提问的态度客观，不要使用有诱导性或倾向性的词；问卷形式可以有选择题、判断题、填空题；回答问题的时间不宜超过1小时；提问方式要尽量简单易懂。

网络问卷的卷面一般由前言、主体和结语3部分构成。

(1) 前言部分主要用于对调查目的及事项的说明。这部分要引起被调查者的重视和兴趣，以争取合作与支持。

(2) 主体部分包括调查的问题、回答的方式及其说明的内容。这部分是问卷设计中最主要的内容与构成。

(3) 结语部分一般用于对被调查对象表示感谢，也可以征询对问卷设计及调查本身的意见。网络调查问卷有时可以不设计这部分。

设计被调查对象回答问卷的方式有两种：封闭式和开放式。前者是将问题的所有答案或几种答案列出，被调查对象从中选取一项或几项，这种方式的好处是有利于被调查者正确理解问题和回答问题，节约回答时间，提高问卷的回复率和有效率，也便于对回答结果进行统计与定量分析，有利于询问一些敏感问题。但是这种方式通常设计起来较困难，回答方式机械，在调查质量上也不容易保证；后者则是对问题不提供具体答案，让被调查对象自由填写。这种方式灵活性大、适应性强。但是回答的标准化程度低，在问卷的回复率和有效率方面也可能不够理想。

目前，网络问卷的形式主要有完整问卷调查、投票式调查两种。

完整问卷调查采用规范的问卷形式，内容较全面、完整，包含了各类问题，提问的方式也比较多样，这一形式的问卷多用于了解网民状况。这类问卷调查可以获得参与调查人员的背景信息，有助于使得到的结果更可靠，也有助于对调查信息进行进一步的分析。但由于程序复杂，网民参与调查耗费的时间较长，通常能吸引到的网民不多。

投票式调查是一种较为简单的问卷，这类问卷一般只设一个问题，下设若干备选答案，网民可以用单选或多选的方式参与调查，通常也称为“投票”。这种调查因为快速简单，网民参与的积极性较高，但调查效果有时并不能完全真实地反映受众的意见。

图 7.11 是一个典型的投票式调查问卷，其调查主题是学生对待取得英语和计算机等级证书的态度。调查只有 3 个备选答案，但基本能反映 3 种最有代表性的观点。

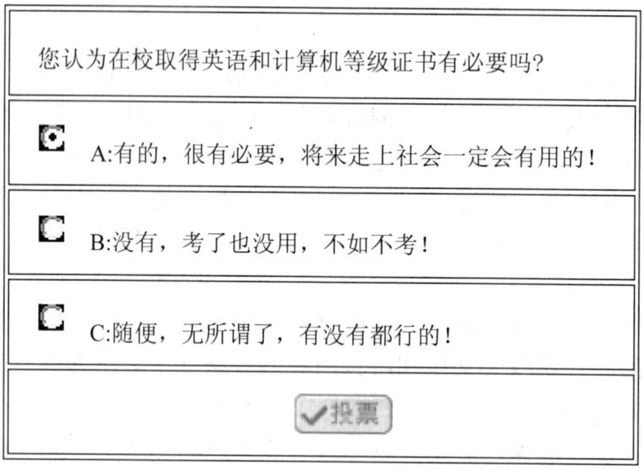

图 7.11　投票式调查问卷

(资料来源：http://jwpd.hcit.edu.cn/vote/index.asp)

在设计“投票式”问卷时，备选答案的设计十分关键。科学的问卷，应该考虑到社会意见的各种可能性，给出正面、负面及中性等各种不同方向的选项，使持不同意见的人都有表明自己真实态度的可能。但是，通常一个事件引起的态度是很难用几个答案来简单概括的，因此，网民投票的结果只能作为一种参照，在引用调查数据时，不能将这些数据的价值过分夸大。如果可能，也可以设计一个“其他”选项，并让网民在此选项中自由发表其他不同的意见。

3. 数据处理

CGI 方式问卷的回收，一般在受众完成卷面的填写后，单击“提交”等相关条目即可回收；通过 E-mail 方式发放的问卷，则需要网民打印、填写后以信件形式寄回，或者网民在线填写后以 E-mail 附件寄回。调查结束后，所有回收的问卷经过编码的调查数据都已经存储在数据库服务器上。

数据处理即对回收的问卷进行加工处理，获得调查所需要的结果。通常可以利用相关计算机软件，例如 Excel、SPSS 来进行数据的处理。简单的投票问卷在调查过程中就可进行数据处理。较复杂的调查数据的处理，通常需要统计学的相关知识，因此，这项工作常常是由专业人员来承担的，网站也可将数据处理工作交给专业调查公司来完成。

简单的投票问卷在调查过程中就可以进行数据处理，并且可以实时地显示最新的调查结果。在它的结果统计中，需要点明调查主题、参与调查人数、各个选项的内容及投票的票数与比例等。通常可以设计一个类似图 7.12 的表格，来进行直观的结果统计与显示。

调查时间	2005 年 1 月 27 日至 2007 年 6 月 23 日
调查内容	您会认真对待对任课教师的测评吗?
投票人数	1623 人
投票情况	A：会—1384 票(85%)B：不会—81 票(4%)C：随便—158 票(9%)

图 7.12　投票式调查的结果统计表格示例

(资料来源：http://jwpd.hcit.edu.cn/vote/index.asp)

4. 调查结果分析与应用

数据处理后，网站的编辑还需要根据研究工作的需要生成相关统计和细节信息，并进行结果分析。调查结果的分析主要包括有效性分析、可用性分析及意义分析等。

调查结果的有效性分析，即根据参与调查的人数及人员构成等情况，分析调查的结果是否有效。

调查结果的可用性分析，主要因为有些结果虽然在统计方法上是有效的，但结果不一定是真实可靠的，这时只能将结果作为内部参考使用，而应该避免公开地加以利用。在判断结果是否可用时，可运用综合分析、推理等手段。例如，一个结果如果明显不合逻辑，那么，它就是不可用的。

调查结果的意义分析，就是对有效而又可用的调查结果进行进一步的分析，发见其深层意义。例如对于新闻事件的受众态度的分布，反映了什么样的社会舆论或社会思潮，这背后的深层原因是什么，都需要做出进一步的分析。网站的编辑对于在网民调查中反映出的对网站内容或经营上的意见，也需要认真做出分析与评价，以便从中筛选出有用、有利的部分。

调查结果一般有以下两种应用形式。

(1) 用于新闻报道。网络调查的结果，可以有机地结合和运用到新闻报道中。有时，网站记者可以根据调查结果撰写相关报道，也可以将部分结果用于有关报道，以增加报道的说服力。

(2) 形成调查分析报告。调查分析报告一般由调查方法简介(说明调查的目的、调查对象、调查时间及实施方式等有关程序性的问题)、调查数据的分类统计(将各调查项目的数据统计结果进行分门别类的说明，可以用表格、柱形图、饼图、折线图等方式直观地显示统计结果)、调查数据的分析(对调查中得到的数据进行分析，对这些数据所揭示的意义或反映的事物发展的趋向做出分析与预测)和相关建议(如有必要，可在数据分析的基础上，向有关部分提出对策与建议)构成。在报告中，调查数据的分类统计、调查数据的分析及相关建议等内容，也可以融合在一起。

网站进行战略调整时，常常以调查报告为依据。有时为了有关部门进行相关决策，报告也作为直接的参考资料使用。在撰写调查分析报告时，调查者不能故意修改、伪造调查数据，以免直接并严重影响网站的声誉。

7.5.2 论坛

从一般的意义上来说，论坛就是“公众发表议论的地方”，即“公开交流思想、交换信息的地方”。由于网络论坛是以数字化的形式存在的，所以有时人们也将网络论坛称为电子论坛。

1. 网络论坛的结构

具体的网络论坛都具有一些基本的结构要素，帖子(post)、帖子的组织、帖子索引、版/分论坛和板块是其中的基本元素。

论坛通常会把同类帖子的话题集中到一起形成“分论坛”或“版”。有些论坛在版/分论坛的上一层还有“板块”的设置。论坛的结构要素为：板块→版/分论坛→帖子索引→主帖→回帖。

2. 网络论坛的功能

注册。通过填写个人的部分或者全部信息完成注册，网民在论坛上拥有一个区别于其他网民的名字。

登录。网民使用注册成功的用户名和密码，再次进入论坛页面提供的登录界面中，论坛数据库系统提示登录成功后，即可使用论坛的各项功能。

浏览帖文。网民登录论坛后，即可单击论坛网页，阅读论坛上的帖文、其他网友交流讨论的各类话题内容和活动信息。

上传帖文。网民登录论坛后，直接填写自己想表达的文字内容，即可上传到论坛上，同时可以通过上传方式参与其他网友的话题讨论。

3. 论坛管理的基本要求

对网站管理员的要求。论坛管理员是论坛管理的重要力量，论坛管理员直接管理论坛前端技术平台和论坛帖文信息数据，决定论坛的运行规则和稳定。因此，论坛管理员要懂得网络技术的基本情况，提出论坛功能规划和技术需求方案。同时，要懂得基本的管理知识，招聘版主，考核版主，引导版主具体管理论坛版面业务。

对版主(主持人)的要求。版主的素质高低直接决定一个论坛版面的水平，选择什么样的版主来管理版面就显得尤其重要。版主要具备良好的文字功底和政治思想水平，具有良好的协调能力。版主要能够撰写有特色的优美的帖文；及时推荐网友撰写的帖文，并引导网民参与讨论；要善于协调网友的观点争论；运用政治业务水平指导把关，及时删除有害信息。

网友的自我约束。网络的开放性决定了论坛的多向性传播特点，网民成为论坛的组成部分。一个论坛对于吸引什么样的网民参与同样重要。论坛上的网民需要有自律意识，自觉遵守法律法规和社会道德，为论坛营造健康有序的活动空间。

4. 论坛管理

1) 论坛内容管理

策划设置话题。为了体现论坛话题讨论的范围和导向性，便于参与话题讨论的网民了解论坛的性质和主题，论坛的管理员和版主通过技术手段和内容策划来设置可以讨论的话题，引导网友按照预定的范围和方向参与讨论。

话题讨论的引导和控制。引导讨论方向，当论坛发起某个话题的讨论之后，管理员和版主根据策划的要求，随时参加话题讨论，发言要注意引导讨论方向，让网友的发言不偏离主题。控制讨论范围，论坛的话题讨论处于开放的虚拟环境，参与的网民可以匿名参与，在一定程度上存在放任自流的倾向，管理员和版主的职责就是将与讨论主题无关的内容删除，并限制影响话题讨论的网友的发言行为。

2) 论坛不良信息的处理

(1) 改帖。即不允许违规性言语出现在论坛的网页上，可将帖文中不良发言修改后再予以发布。

(2) 扣帖。一些网站的论坛，在所有帖子发布前都会进行审查。对于认为不适合发表的帖子，版主或管理员对其进行扣发是一种常见的管理手段。

(3) 删帖。将已经在网页上发布而在内容、形式上存在不符合有关规定的帖文，予以删除。

(4) 汇编整理不良信息。管理员和版主要定期编辑、整理、删除不良信息，并分析研究，上报上级有关部门。还要根据分析研究报告，总结规律性倾向用来指导以后的工作，便于引导和控制论坛的良好秩序。

不良信息的技术防范措施：关键字过滤，通过设定和不良信息内容有关的字段，论坛的管理平台根据关键字标志，自动拦截部分不良信息，既可减轻管理员和版主的压力，也便于对部分内容实行先审查后上传的控制管理。另外，可以设定用户权限和特定 IP 段阻止。

3) 论坛成员的沟通

在论坛上，网站管理员、版主和网民组成一个群体，这个群体在网上通过一定的沟通方式来交流。主要的沟通方式包括参与话题讨论、参加聚会活动、网站的建议意见收集与回复等。

4) 论坛成员的管理

(1) 管理版主。

① 招聘版主。论坛对于版主的要求是，懂得基本网络技术，文字水平较高，了解网络语言和行为模式，善于组织和引导话题讨论，定期组织活动。

② 版主登记。登记个人基本情况，对所有版主的资料建立规范的数据库管理，随时更新。另外，还要对版主进行动态的考核管理。

③ 策划组织大型话题讨论和活动。论坛管理员要协调和组织版主针对版面性质来定期组织话题讨论和开展活动。

④ 收集和回复网民意见。收集和回复的渠道包括电话、电子邮件、论坛留言和其他的在线即时沟通工具。

(2) 管理网民。

① 解答网民问题。网民的问题包括两类，一类是关于版面功能操作；另一类是关于话题讨论本身。对于这些问题，版主要及时答复，给提问的网民比较满意的答案。

② 协调网民之间的观点纷争。

③ 倡导网民自律，可以通过发起倡议、鼓励举报监督来推动。

④ 控制网民的网上行为纷争。

7.5.3 创建网络个人博客

博客按存在方式的不同，一般分为 3 种类型。一是托管博客，无须自己注册域名、租用空间和编制网页，博客们只要去免费注册申请即可拥有自己的博客空间，是一种“多快好省”的方式；二是自建独立网站的博客，有自己的域名、空间和页面风格，需要一定的条件；三是附属博客，将自己的博客作为某一个网站的一部分(如一个栏目、一个频道或者一个地址)。这三类之间可以演变，甚至可以兼得，而且还可以一人拥有多种类型的博客网站。

1. 博客的申请

博客的申请较为简单，跟一般的网站注册程序差不多。目前网络上提供免费 Blog 服务的网站很多，例如博客网(www.bokee.com)、Qzone(qzone.qq.com)、新浪博客(blog.sina.com.cn)、百度空间(hi.baidu.com)、网易博客(blog.163.com)、搜狐博客(blog.sohu.com)、天涯博客(blog.tianya.cn)、TOM 博客(blog.tom.com)、博客园(www.cnblogs.com)、和讯博客(blog.hexun.com)、中国教育人博客(www.blog.edu.cn)等。

下面就以国内最大的博客网站——博客网(www.bokee.com)为例来介绍博客的申请和日常使用及维护方法。

1) 建立博客账户

(1) 打开浏览器输入博客网(www.bokee.com)地址，进入其首页页面，如图 7.13 所示。

图 7.13 博客网首页

(2) 单击博客网首页中的“注册”按钮，打开博客通行证注册页，在这个页面里，输入用户名、密码、确认密码、电子邮件地址、提问、回答等信息，根据项目要求填写相应的内容，并正确填写验证码，最后勾选表单最下方的复选框，如图 7.14 所示。

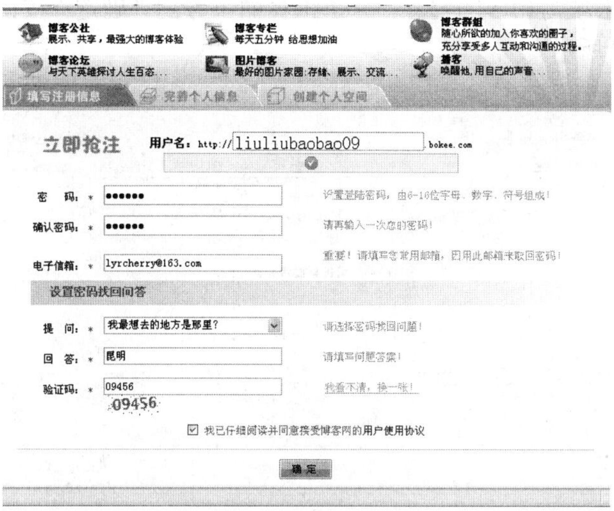

图 7.14　注册

(3) 填写完成后，单击页面下方的“确定”按钮。打开核实邮箱页面，如图 7.15 所示。然后单击“OK，我要进行下一步”按钮，打开如图 7.16 所示的“完善个人信息”页面。

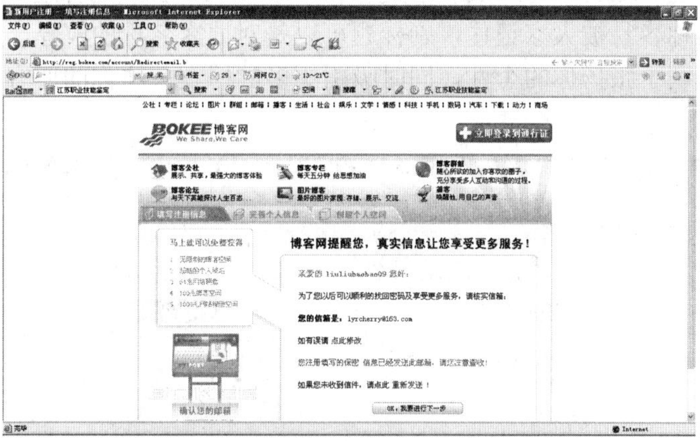

图 7.15　核实邮箱

图 7.16　完善个人信息

(4) 根据项目要求填写相应的内容，并单击页面下方的“确定”按钮，打开“创建个人空间”页面，如图 7.17 所示。

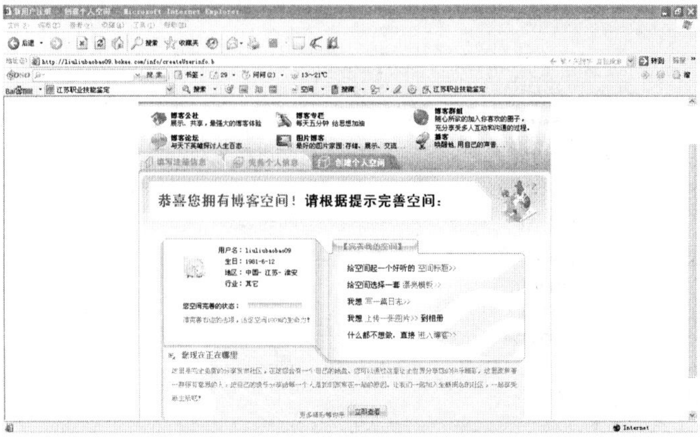

图 7.17　创建个人空间

2) 给博客起名

在“完善我的空间”栏里单击“空间标题>>”链接，打开“填写空间标题”页面，如图 7.18 所示，在“空间名称”框中为博客起个好名字填上，在“副标题”框中输入博客的副标题。好的博客名称容易被大家记住，副标题可以是对博客名称的解释，也可以是一段美好的文字，这些都有利于张扬你的个性，同时吸引更多的博友关注你的博客，填好后单击“确定”按钮。

图 7.18　填写空间标题

3) 选择模板

在“完善我的空间”栏里单击“漂亮模板>>”链接，打开“选择漂亮模板”页面，如图 7.19 所示，在这里可以根据个人爱好，为你的博客网站选择一个漂亮的模板，并单击“确定”按钮。

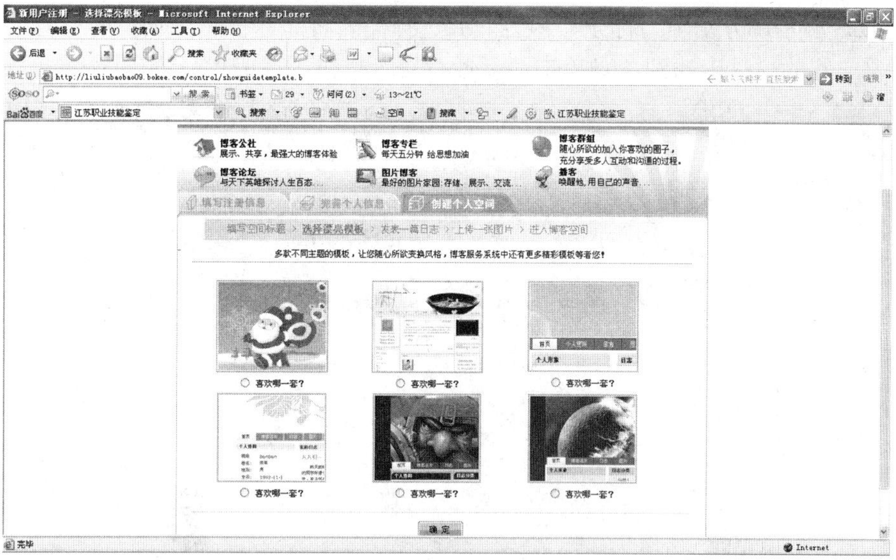

图 7.19　选择模板

2. 登录博客

要使用博客，首先要登录博客。在浏览器地址栏里输入刚刚申请的二级域名(本例为http://liuliubaobao09.bokee.com)，打开博客，这时候页面的右上角出现“登录”功能键，单击后出现如图 7.20 所示的对话框。输入用户名和密码，即可成功登录博客网站的管理后台。

图 7.20　登录博客

3. 发表文章

在用户登录状态下可以看到首页中的“日志模块”，如图 7.21 所示，或日志管理页面中的“日志管理”模块，如图 7.22 所示。在首页中单击“撰写新日志”按钮，进入撰写日志页面，如图 7.23 所示，分别填写标题、内容，并选择需要将此篇日志添加至的栏目。如果此篇日志所需要放置的栏目未找到，则单击“新增栏目”按钮，完成栏目的添加。

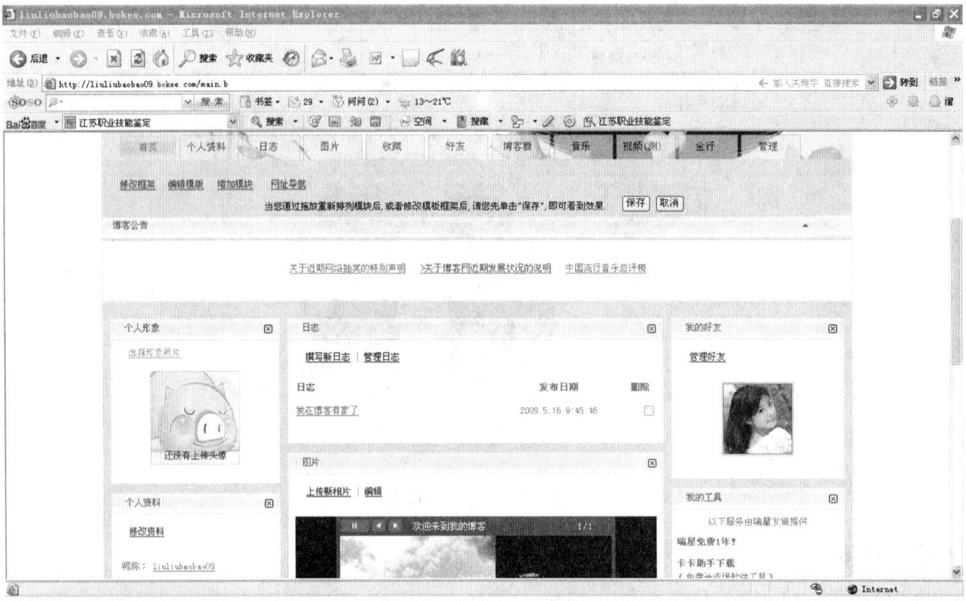

图 7.21　首页中的“日志模块”

图 7.22　日志管理页面中的“日志管理”模块

撰写完毕后单击“预览”按钮，可进入日志单页浏览页面进行预览，用户确认日志无误后，选择“保存为草稿”或“发布”。

通过上面的操作就完成了从博客的申请到发表博客文章的全部操作。不同的博客网站具体的操作方法会略有不同，用户需根据具体网站情况具体对待。

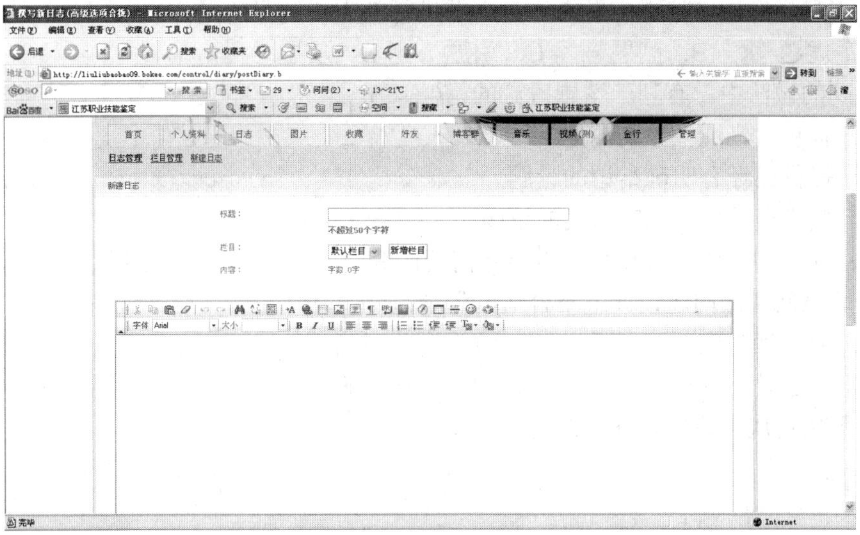

图 7.23　撰写日志

知识巩固

1. 单选题

(1) 摄像机的位置不动，只做角度的变化，其方向可以是左右或上下运动的方式是(　　)。

A．移镜头　　B．跟镜头

C．摇镜头　　D．甩镜头

(2) 以下关于镜头组接说法错误的是(　　)。

A．蒙太奇就是镜头组接

B．转场也是镜头组接的一种方式

C．利用空镜头和特技是转场的时候比较常见的方式

D．镜头组接是一个纯技术工作，与编辑者、拍摄者的思想和理念无关

(3) 以下关于采访的说法，错误的是(　　)。

A．采访分为显性采访和隐性采访

B．在隐形采访时不要侵犯公民的隐私权

C．隐性采访不得泄露国家机密

D．隐性采访也可以适用于未成年人

(4) 消息中以画龙点睛式的说理议论，提出观点和结论的导语称为(　　)。

A．叙述式导语　　B．描写式导语

C．评论或结论式导语　　D．设问式导语

(5) 下面是一个复合型的消息标题，其中属于虚题的是(　　)。

① 胡锦涛会见参加第二十八届奥运会的中国体育代表团时

② 高度评价体育健儿取得的优异成绩，热情赞扬体育健儿的昂扬精神风貌

③ 吴邦国、温家宝、曾庆红、黄菊、吴官正等参加会见

A．①　　B．②　　C．③　　D．①和③

(6) 在消息标题中，位于主题之后对主题进行补充或解释的是(　　)。

A．虚题　　B．副题　　C．引题　　D．实题

(7) 下列的做法中，有利于论题讨论的是(　　)。

A．提供含糊或抽象的论题

B．提供已经有明确结论的论题

C．提供有较强的现实意义的论题

D．提供的论题层次较高，需要专门的研究

(8) 在调查问卷的问题设计中不合适的做法是(　　)。

A．内容涵盖广　　B．调查对象明确

C．问题设计单一　　D．题目表述明确清楚

(9) 以下角色属于论坛管理者的是(　　)。

A．会员

B．系统管理员

C．版主或网站某个专栏的主持人

D．网管

(10) 以下关于投票式问卷调查的说法不正确的是(　　)。

A．备选答案必须完备

B．添加一个“其他”选项是必要的

C．可以采用提交以后才能查看别人的调查结果的方式

D．投票式调查问卷一般只有一道题目，调查范围太窄，不具有统计意义

(11) 对问卷调查进行数据分析时一般不需要考虑(　　)。

A．调查结果的有效性分析

B．调查结果的可用性分析

C．如何选取调查结果的分析软件

D．被调查者是否明确了调查目的

2. 多选题

(1) 常用的文字处理软件有(　　)等。

A．Freehand　　B．Adobe Reader　　C．写字板　　D．Word

(2) 关于摄影的说法，下列正确的是(　　)。

A．近景是表现人的上半身或场景局部的画面，能较好地表现主体与环境的关系

B．俯摄有利于表现辽阔、深远的感觉

C．逆光能强烈地表现空间深度感和立体感，但不利于对景物层次的体现

D．顶光会使照片的明暗反差强烈，影调对比生硬

(3) 以下关于稿件修改的说法正确的是(　　)。

A．稿件修改时应尽量尊重原作风格

B．“文责自负”说明文章的观点属于作者的私事，编辑因而无权改动作者的稿子

C．对于网站已经发布的错误稿子，只要撤下就可以了

D．对于网站已经发布的错误稿子，除了撤下，还要加事后更正和说明

(4) 加入超链接的量与度，要考虑的外部因素是(　　)。
A．读者对象的层次　　B．超链接设置的位置
C．形势与时局的变化　　D．超链接的内容

(5) 下面属于隐性采访的是(　　)。
A．某记者书包里暗藏录音机，一连几日随“一日五游”车转，录下了司乘人员辱骂顾客的声音
B．某记者一连几日跟踪某歌星，终于拍到她与男友在一起亲密的照片
C．为了了解某企业的真实情况，在不让企业领导知道的情况下，采访有关知情者
D．《北京日报》记者，为了了解北京迎接第十一届亚运会的情况，以顾客的身份，去百家商店和餐厅“挑刺儿”

(6) 以下关于消息的说法正确的是(　　)。
A．报纸上凡标有“本报讯”的文章都是消息
B．对消息导语的一个基本要求是将信息的“高潮”开门见山地推出
C．导语分叙述性导语、描写式导语、评论或结论式导语、设问式导语等
D．消息的写作遵循“倒金字塔式”的结构，不能像平时写作时一样按事件顺序组织材料

(7) 新闻角度的选取会影响(　　)。
A．新闻价值的体现　　B．报道效果
C．新闻的趣味性　　D．新闻的实用性

(8) 关于稿件归类，下列说法正确的是(　　)。
A．根据关键词来进行归类是比较常用的方法
B．稿件归类需要编辑们协作才能完成
C．稿件归类不是绝对的，同一篇稿子可以归入不同的栏目下
D．要进行稿件归类，先要了解网站的结构

(9) 以下判断信息的真实性，常用的方法是(　　)。
A．通过信息的来源判断信息的真实性
B．判断信息要素是否齐全
C．稿件中的引语、背景资料也是判断信息真实性的依据
D．信息的真实性无法完全证实，因此，判断信息的真实性是很难实施的

(10) 以下关于内容提要的说法正确的是(　　)。
A．内容提要比标题详细，比正文简短
B．内容提要可以揭示稿件的精华
C．内容提要出现的位置常常是固定的
D．内容提要的写作要求大致与标题相同

(11) 以下关于信息的及时性说法正确的是(　　)。
A．突发性或跃进性的事实具有较强的时效性
B．渐进性的事情表现为一个过程，时效性无法在新闻中体现

C．过去发生的事情通过新闻由头的方式也可以体现时效性

D．新闻的时效性是新闻单位竞争的重要手段

(12) 以下关于网络稿件标题的说法正确的是(　　)。

A．网络稿件标题具有双重任务

B．网络稿件标题一般采用实题

C．网络稿件标题一般不能超过 30 个字

D．网络稿件标题一般采用单一型标题

(13) 以下关于消息标题结构的说法正确的是(　　)。

A．消息标题分为实题和虚题

B．消息标题有单一型和复合型两种

C．辅题包括引题和副题两种

D．主题和引题可以是实题也可以是虚题，副题一定是实题

(14) 新闻价值的判断体现在(　　)。

A．判断新闻的时新性

B．挑选那些有较大影响的事件

C．挑选人物、地点、时间等有知名度的事件

D．选择与受众心理距离或者地理距离比较接近的事件

(15) 以下关于超链接的说法正确的是(　　)。

A．超链接以在新窗口中打开为好

B．超链接充分体现了网络媒体的优势，因此不用刻意考虑它出现的位置和使用量

C．超链接可以延伸读者的阅读内容和范围

D．有些专家认为超链接尽量不要放在文中，而应该放在文末

(16) 以下关于新闻、消息、信息这 3 个概念的说法正确的是(　　)。

A．消息用事实说话，一般不提倡直接发表议论或抒发感情

B．消息是一种特殊的新闻体裁

C．信息是不确定性的减少或消除，这是信息论的创立者维纳提出的定义

D．广义的信息是指一切表述事物的内部或外部互动状态或关系的东西

(17) 以下关于新闻体裁和新闻写作的说法正确的是(　　)。

A．将新闻述评列入新闻评论的一种更为合适

B．常见的新闻体裁包括消息、通讯、特写、评论等

C．“倒金字塔式”的结构指的是按内容的重要程度从上到下依次递减

D．通讯的时效性不如消息

技能训练

请利用网络编辑技能实训平台，按照下述要求对题后稿件进行编辑发布。

(1) 进行稿件修改。

(2) 进行标题制作。

(3) 进行内容提要写作。

操作稿件：

昨日，中国政府网公布了《国务院批转发展改革委关于 2009 年深化经济体制改革工作意见的通知》，同时公布了发改委《关于 2009 年深化经济体制改革工作的意见》，其中，“开征物业税”再次纳入。近年来，国务院每年转发的该文件均提到物业税。《意见》明确提出，今年研究开征物业税，该项工作将由财政部、国税总局、发改委、住房和城乡建设部共同负责。面对国际金融危机这一不同于往年的新情况，《意见》将体制改革和产业结构调整放到了更加重要的位置。此次改革将致力于政府要为市场主体提供服务的目标，监察部将牵头落实削减和调整行政审批事项，切实把政府职能转到主要为市场主体服务和创造良好发展环境上。垄断行业改革也提到了比以往重要的位置，《意见》要求，加快研究鼓励民间资本进入石油、铁路、电力、电信、市政公用设施等重要领域的相关政策，以带动社会投资。而在市政公用事业改革方面，《意见》明确提出，要扩大城市供水供热供气、污水处理、垃圾处理等特许经营范围。为应对国际金融危机，中央政府去年出台一揽子计划后，有观点认为中国社会保障制度的不完善影响了内需的发展。《意见》单列一条提出民生领域改革要提高居民消费能力，合理控制收入分配差距，完善基本养老保险制度，继续开展做实个人账户试点，出台养老保险关系转移接续办法，推进事业单位养老保险改革试点，制订实施农民工养老保险办法，出台新型农村社会养老保险指导意见等。

岗位体验

刘翔正式穿上钉鞋，逼近受伤前状态重新腾飞倒计时

新浪体育讯 北京时间 5 月 26 日消息，中国飞人刘翔目前正在积极地恢复训练过程中。今天，刘翔穿上了钉鞋，这也意味着他距离彻底地康复越来越近了。

今天上午训练结束后，刘翔脱下跑步鞋，穿上了钉鞋，绕着跑道时而走时而慢跑，这也是刘翔手术之后第一次公开穿上钉鞋训练。事实上，刘翔穿着钉鞋慢走训练已经进行了两周，主要目的就是为了让他逐渐找回穿钉鞋的感觉。虽然还不能穿着钉鞋进行高强度训练，但刘翔距离这一天无疑已经很近了。

“挺枯燥的，每天就是训练、恢复、按摩。”刘翔说道，“虽然训练只进行两三小时，但休息，恢复按摩还需要占用很多时间，每天都是这个样子。”从美国手术之后的康复训练开始，刘翔就这样日复一日地进行着枯燥的训练，付出了比他受伤前更多的努力，这也是他恢复迅速的一个重要原因。

今天刘翔还穿着跑步鞋完成了跨栏训练，令人欣喜的是，他已经接近了跟腱受伤前的状态。“刘翔脚踝跟腱处手术后留下的窟窿还没有完全恢复，需要最后一次全面检测，确诊他一点问题没有后，才会正式穿上钉鞋训练。”孙海平教练说道，“对于刘翔今天训练的表现还是比较满意的。”

两周前，刘翔曾再次前往华山医院进行了回归后的第二次跟腱全面检查，结果显示恢复良好。而刘翔的第三次，也是最后一次检查时间就定在 6 月中下旬，届时，刘翔将真正穿上钉鞋进行训练。可以说，刘翔重新腾飞已经进入了倒计时。

田管中心主任杜兆才今天上午探望刘翔时表示，能不能在柏林世锦赛上复出，还要看伤病恢复情况。不过，前些时候刘翔已经明确表示将放弃世锦赛，毕竟 6 月底才能彻底恢复训练，距离 8 月份世锦赛仅有一个多月时间，是肯定不足以恢复到最佳状态的。

假如你是某网站的一名网络编辑，看到上述新闻后想做一个关于刘翔北京 2008 奥运会的专题并设置相关的网络调查问卷。请你收集相关资料并整理后发布到网络编辑实训平台上。在整个过程中，请你认真体会网络编辑在收集资料、筛选资料、撰写文稿、设计问卷、超链接设置等方面的工作，并发表感言。

第 8 章　网络专题策划与制作

学习目标

❖ 知识目标：

(1) 学生能够理解网络专题的概念及特点；

(2) 学生能够掌握网络版式设计与导航设计的方法；

(3) 学生能够掌握网络专题的策划步骤与方法。

❖ 技能目标：

(1) 学生能够对网络专题进行内容策划；

(2) 学生能够对网络专题进行形式策划。

引例

熊猫烧香病毒肆虐网络专题

在两个多月的时间里，数百万计算机用户被卷将进去，那只憨态可掬、颔首敬香的“熊猫”除而不尽。反病毒工程师们将它命名为“尼姆亚”。它还有一个更通俗的名字——“熊猫烧香”。

鉴于这种病毒的疯狂性，为了让人们更多地认识熊猫烧香病毒，更好地防控熊猫烧香病毒，把熊猫烧香病毒带来的危害减小到最低，新浪网的工作人员特意策划了“熊猫烧香病毒肆虐网络专题”，其截图如图 8.1 所示。

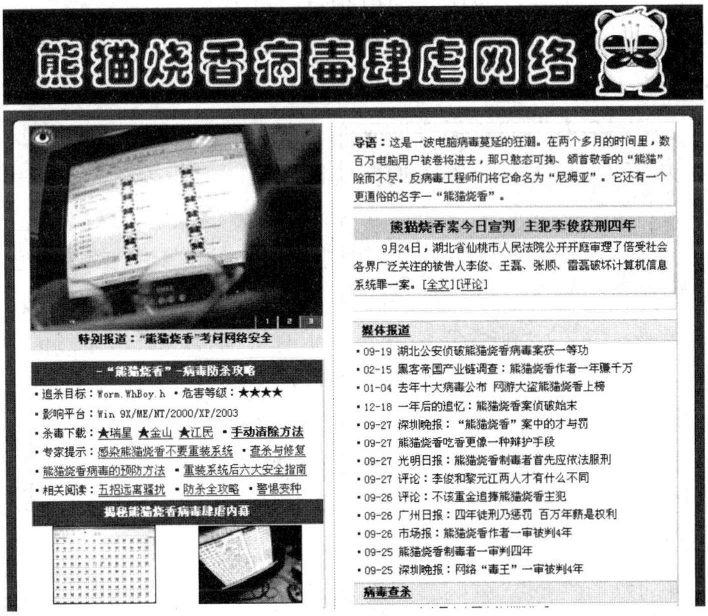

图 8.1 “熊猫烧香病毒肆虐网络专题”截图

(资料来源：http://tech.sina.com.cn/focus/Worm_Nimaya/)

专题制作是网络编辑的一项重要工作，如何策划并制作一个成功的专题，策划专题的步骤是什么，在制作专题的过程中应该注意什么问题，在本章中我们将做详细的介绍。

8.1 网络专题的内容策划

网络专题是伴随着网络媒体的发展而兴起的，它已成为网络媒体进行报道和引导舆论的利器，也成为网络媒体提高访问量和增强自身影响力的重要手段。为此，网络媒体纷纷加强了对专题的组织和策划。目前网络专题不仅种类丰富而且数量庞大，要想将专题做得更好，这就要对专题的选题和内容把握得更细。

8.1.1 网络专题的概念

想要真正地掌握网络专题就必须了解它的发展脉络，它是怎样产生又是怎样发展的，在它的发展过程中体现出什么样的特点，当这些问题清楚之后，才能知道什么是网络专题。

1. 网络专题基本概念

随着网络的发展，网络媒体在人们生活中的作用越来越重要，网络新闻由于其信息来源广泛已成为人们生活中不可或缺的信息源。但是，网络新闻为了追求时效性而频繁地更新，很容易造成新闻内容的零散。针对这个问题，网络专题便应运而生。网络专题可以更广泛地利用网络信息资源，有效地整合网络信息题材，并且还可以通过增加互动板块得到读者的即时反馈，这些都使得网络专题比传统的新闻更全面、更先进。

那么什么是网络专题？网络专题是怎样产生的？网络专题的意义何在？

在网络媒体出现后不久，网络编辑们逐渐发现，相同主题的几条新闻可以组成一个专门的页面进行发布，这样网络专题的雏形就形成了。

随着网络媒体功能的逐渐加强，编辑们发现，如果能配些关于这一主题的背景资料或相关图片，能理顺一个主题的前因后果，就能为网民阐明一个主题，网络专题就成形了。自此，专题开始成为网络媒体的一个主战场，也是“血拼”的前沿。在网络专题的发展时期，新浪有“新浪观察”，搜狐有“搜狐视线”(后来演变为搜狐星空)，网易有“第三只眼”(后来演变为网易时评)，这几家之间的“厮杀”，并不亚于时下财经报纸对市场的争夺。

网络专题是在一定的时间和空间内，以集纳的方式围绕某个重大的事件，运用各种题材及背景材料，调用图像、文字、图片、声音、视频等多种表现形式进行全方位的、连续的、深入的报道和展示事件前因后果的一种报道形式。

网络专题能反映出新闻事件的全貌，它在进行历史、纵深以及横向比较，能多层次、多角度地报道一个新闻事件，有时间感、空间感。它将分散的信息进行有机的整合，同时，还利用网络报道所具有的延时性的特点继续深入发掘，使报道得以长久延续。这就是网络专题这一表现形式存在的依据，也是网络专题存在的意义所在。

2. 网络专题的特点

随着人们对新闻网站认识的成熟，常规网络新闻的优势有目共睹，它的不足也一一暴露。

一方面，网民对新闻的短、新、快的理念制约了网络新闻的表现力。另一方面，网络新闻的大容量、超链接也使读者对网络新闻较之报纸、电视有更大的视觉漂移性。不过网络专题仍以其跨空间、超链接、容量大、互动传播的魅力，在网络传媒中异军突起。

在表现形式上，专题页面不仅能美化页面、吸引访问者的注意力，而且能为网站拓宽报道领域、报道深度。网络专题对于网站，就如同新闻调查、焦点访谈对于央视，是核心栏目。为此，各大网站内容部门普遍重视专题的建设，在人员编制和资源调配上，都给予极大的支持。

网络专题与其他媒体在表现形式和内容形式上都有不同的特点。

1) 多媒体性

传统媒体如报纸的表现形式为文字、图片，电视广播主要为音频、视频，而网络专题的表现形式非常丰富，包括文字、图片、图表、音频、视频、动漫、电子书、电子报、电子邮件、BBS、网络调查、网友互动、站内搜索等数字化传播样式，具有多媒体性。

2) 超文本结构

网络专题以互联网为载体，它呈现的最主要的特性就是超链接性也就是超文本结构。在超文本结构状态下，用户可以在网页之间，文档之间构造任意链接，从当前文档跳到 Internet 的其他文档上，这样的文本结构就像一张无边无际的大网，通过这张网可以不断把新的信息添加到组织的专题文本中，从而使网络专题的信息量被无限地扩充下去。

3) 交互性

交互性是互联网的重要特征，许多网民不仅满足于浏览信息，还表现出强烈的参与意识，希望发表自己的意见并和其他人一起讨论。网络将传统媒体的单向传播方式，改变成“多点对多点”的交互式传播。网络读者不仅是浏览者，也是信息的发布者，这就破除了传播组织的特权，实现了信息传播的多样化，形成了多点交叉的传播格局。网络专题可以让读者参加讨论、发表看法、接受调查，而网络编辑可以根据读者需求，及时调整传播策略，达到最佳传播效果。

4) 超容量性

传统媒体受版面或播送时段的限制，传播容量只能在一个很小的时空内调整。网络专题通过主题网页对相关的信息进行系统介绍，对相关题材进行深度挖掘，保证了传播内容的丰富性和多样性；理论上容量无限的数据库，能方便地将文字、声音、图片、图表、动态图像等内容存储起来，既保证信息的大容量，又能达到综合传播的效果。

5) 选题广泛性

网络专题的选题涵盖了所有选题。报纸报道的选题大都集中在国内外大事、方针政策、突出的社会问题等方面，既是富有人情味、富有趣味的软新闻，也是相对严肃正规的社会问题。网络专题的选题不仅包括了报纸报道的所有题材，还包括了报纸不做报道的一些话题。例如轰动一时的“虐猫”视频；备受关注的“躲猫猫”事件等都有相应的网络专题。这种受市场驱动的选题策略体现了报道的多样性，拓宽了报道的领域。读者可以根据自己的口味任意选择，享受网络媒体多方面的服务。

6) 检索方便

传统媒体对同一主题的报道可能会有系列或连续报道，但它相对网络媒体来说，就显得分散和凌乱，信息检索很不方便。在网络媒体中编辑按照一定的主题把分散的信息汇集成一个专题，并且存储在网站的数据库中，以方便用户检索信息，节省大量的时间和精力。

8.1.2 确定专题的选题

饭店都用自己的招牌菜来吸引客人，那么，在网站众多的栏目中什么才是它的“招牌菜”呢？

网络专题就是网络媒体对外炫耀的“招牌菜”，其制作水平能够直接反映网站的实力。一个好的专题要有好的主题，主题是专题的灵魂和宗旨。一个专题的标题如何制作，选择什么样的材料，版面如何设计等，都是和主题息息相关的。可见，一个专题做得好坏，关键是看主题选择和设计得如何。

1. 网络专题制作的分类

对于专题的分类，可以按照专题来源和生存周期的不同，笼统地分为主题类专题、事件类专题、栏目类专题和挖掘类专题。

1) 主题类专题

主题类专题一般来源于可预见的主题，例如党的十六大专题、2008 年北京奥运会专题等，这类专题的宣传性、服务性较强，编辑可以主动地进行策划，专题持续周期可由编辑自主策划或由主题的自身进程共同决定。主题类专题可分为活动主题、人物主题两种，分别以可预见的重大活动、公众人物为内容。由于主题是可预见的，因此可能导致多家网站同时推出同一专题。相同的信息来源、共同的背景，如何制作出优秀的专题，是网站策划能力、采访水平、编辑质量、制作实力的综合体现。

2) 事件类专题

事件类专题一般来源于突发事件，例如汶川地震抗震救灾、全球金融危机等，这类专题的新闻性较强，编辑在策划上是被动的，专题持续周期由事件的发展过程决定。事件类专题可分为自然性突发事件和社会性突发事件两种。由于事件的不可预知性，事件类专题的及时性是第一位的，应即时追踪事件发展过程，并提供背景材料满足读者需求，但在报道中必须强调客观性、公正性和准确性。报道应尽可能运用多种传播方式如视频、动画，来说明事件原由和进展，提高传播效果。同时，要开通读者反馈通道，并根据读者反馈及时调整报道内容。

3) 栏目类专题

栏目类专题一般来源于不特定的事件、人物，例如很多网站开设的《在线访谈》栏目等。栏目类专题围绕同一个主题，持续周期很长，等同于网站的固定栏目。

4) 挖掘类专题

挖掘类专题是对某一事件的深度报道，体现出不同观点之间的辩论争锋，以让读者领悟到事件实质为目的的新闻专题。挖掘类专题并不强调及时性，一般由编辑、专家、学者依据事实，对事件进行深入研究和系统总结，从媒体责任、读者需求、社会影响等诸多因素出发，提炼出新颖准确的观点，让读者了解到新闻背后的新闻。挖掘类专题是含金量最高的网络专题，也是未来网络专题的一个走向。

2. 选题的标准

网络专题做得成功与否，首要因素就是选题。如果选题选好了，网络专题也就做成功了一半。下面将从目标读者的需要、社会形式的需要、策划难度、创新性等几个方面对网络专题的选题标准进行说明。

1) 目标读者的需要

网络媒体面对的是所有读者，但是任何一家网络媒体都不可能满足所有人，只能满足一部分人的信息需要。同样，网络专题所面对的只是一部分读者。从读者对象的定位看，网站不仅要考虑读者的相关统计数据特征，例如年龄、性别、受教育程度等，还要尽可能考虑受众的心理与行为特征。这样才能做出更为准确的定位，从不同的层次上提供多元化的信息服务。

2) 社会形式的需要

网站的发展不能脱离社会的发展。网络专题应该为国家的团结稳定，社会的和谐发挥应有的作用，切不可迎合少数读者的需求，片面追求轰动效应，发布有碍安定团结的假消息或不负责任的言论。要重视专题在舆论导向性上的正确性，对于一些重要的专题要有正确的倾向。媒体的首要责任是“以正确的舆论引导人”，网站应该充分利用专题，增强报道的针对性、贴近性，最大限度地传播社会主流意识形态和主流价值观，凸显主流媒体的魅力。

3) 策划难易程度

策划人员在策划选题的时候同时也要考虑到专题实施制作的可行性。再好的创意，如果实施起来难度很大或费时过长，就违背了网络“快”的特点。

4) 专题深度

现在的网民已不再满足简单罗列的专题，如果编辑策划的专题不能达到一定的深度，提出自己的观点，就不能满足读者需要，也不能成为真正意义上的专题。当然，资讯服务类专题除外。

5) 创新开拓

网络专题必须与时俱进，达到一定的创新度。每一个选题都应该有新的构思，形成鲜明的个性特色，避免和已经出现的专题重复雷同。一个好的选题策划必须有自己的个性，有自己的思路、见解和风格，必须具有独特的视角，不能一味模仿、抄袭别人的选题模式。只有这样，制作出来的专题才能在网民中留下鲜明的印象。

8.1.3　选择和组织专题材料

在确定好主题后，网站编辑要考虑的就是专题内容的挑选。挑选什么样的内容能最全面地反映问题，能够让读者满意，关键要看这些内容是否与网站形象、功能定位相一致，与目标读者的定位相一致。

专题内容的挑选，主要就是网络编辑的组稿。组稿是一项综合性的社会活动，它要求网络编辑具有向创作者阐述选题过程、选题的目的和意义等能力，同时具备良好的专业素质和社会活动能力。

1. 专题内容挑选的方式

网络编辑组稿已不同于传统媒体编辑组稿，专题内容挑选的手段比以前丰富，并且组稿的速度越来越快。总的来看，主要有以下几种方法。

1) 引擎搜索

引擎搜索是目前网站编辑最常使用的收集材料的手段。它主要运用搜索引擎例如 Google、百度等，只要在搜索框中输入关键词，并单击“检索”按钮，引擎就会自动找出相关的网站和资料，并在网页上显示所有符合查询条件的全部资料，并把最精确的网站或资料排在前列。

其中关键词，就是在对话框中输入搜索框中的文字，也就是编辑要寻找的东西。关键词的内容可以是：人名、网站、新闻、小说、软件、游戏、星座、工作、购物、论文……，也可以是任何中文、英文、数字或中文英文数字的混合体。

你可以搜索“美国新总统”、“电脑价格”、“××考试”等。关键词，你可以输入一个，也可以输入多个，甚至可以输入一句话，例如搜索：“某某 mtv 下载”、“某某游戏攻略”等。网站编辑可根据专题策划方案的需要，通过搜索引擎来获取相关信息，然后对其进行分类整合，形成自己的专题。

2) 与传统媒体形成战略联盟，做到信息共享

尽管传统媒体有其先天的不足，但传统媒体的形成、发展经过了一个较长的历史发展阶段，拥有庞大的资源和记者队伍，这是当今网站所不具备的。因此，如果和传统媒体结成战略联盟，对于一些重要的信息就能共享，特别是编辑一些重大事件和活动的专题，采用这种方式组稿，一方面可以在最短的时间内获取最有效的信息，另一方面会降低成本，同时也为宣传对方提供了较好的平台。另外，由于传统媒体的发展历史比较长，有着相当宝贵的资料，通过双方的合作，网站就可以轻松共享。

3) 向专家、学者约稿

有些专题，编辑通过搜索引擎不一定能获取信息资料，需要编辑通过各种渠道联系到相关的专家、学者、权威人士，去深入挖掘、创作出相关的稿件。网络编辑可根据主题整理成篇，形成一个好的专题。组织创作大量的独家专题是网站生存与发展的重要条件之一，这就需要编辑具备良好的专业素质和社会活动能力，能充分运用自己手头的资源，同时对某个行业、领域有清醒的认识，清楚哪些人是行业中的佼佼者。

2. 专题内容的分类

专题内容也就是信息资料。一般来说，按照资料的时间来分，可分为新资料和历史资料；按照资料的来源分，可分为第一手资料、已加工资料、再加工资料等。下面就信息资料的不同来源，对第一手资料、已加工资料、再加工资料等进行分析、阐述。

1) 第一手资料

这里的第一手资料的概念是指没有经过编辑或记者加工过的原始资料，它类似于刚刚砍伐下来的原木，而不是经过切割烘干的木料。

在网络专题中，它主要包括党和政府的文件、法律法规原文、写实图片、原声记录、现场视频或记者的所见所闻等。第一手资料对于网站专题来说，是原创性作品写作的重要渠道，也是突出其与其他网站有所区别的重要特征之一。

2) 已加工资料

已加工资料是指经过编辑或记者选择、加工过的信息资料，类似于经过加工的板材木料。

一般来说，已加工资料主要集中在各个媒体上，包括报刊、广播、电视和互联网上刊登、

播发的各种文字、视频和音频资料等。这些资料对于网站专题来说，只需要在合法的范围内对其充分运用，就可以充实自己的专题，能节省大量的人力、物力和财力，并且可以建设重要的数据库。但要注意的是，这些资料明显带有编辑、记者的主观性和导向性。

3) 再加工资料

再加工资料相对加工资料来说，主要是指经过编辑二次以上加工过的信息资料，它类似于从木材市场中买回的板材木料，买回来企业可以制作家具进行出售。网站编辑很难区分加工资料和再加工资料，但对于新闻体裁来说是很容易识别的。例如，在新闻的消息头上加有“据××消息或报道”等字样，像这类信息一般都是再加工资料。

在一般情况下，网站专题要多采用原始资料，保证专题的原创性；同时要广泛集纳其他媒体和网站加工过的资料，保证专题的全面性。

3. 专题内容选择的注意事项

专题内容的选择要围绕专题的主题进行。网站编辑在专题内容选择上还要注意一些相关的事项。

1) 要选择真实的材料

真实是网络专题的生命。我们在专题中所运用的原材料、加工材料和再加工材料，无论是人名、地名、时间、数字等，都必须真实、准确；各种背景资料也必须有根有据，准确无误。

2) 要选择有代表性、权威性的材料，同时还要注意材料的时效性

例如西藏旅游专题，读者可以通过它了解西藏的旅游特色、人文景观、优秀的旅游线路以及景点等，这些知识是西藏旅游专题应该重点体现的。专题的内容要凸显自己的权威性，权威性材料的来源主要有：党和政府的红头文件、法律法规、专家或学者的报告等。例如旅游专题，采纳的材料可以有旅游局有关发展的政策、条文，景区当地政府机关发布的旅游预报，专家、学者、资深游客关于旅游的文章、论文等，这些材料的权威性相对来说比较高。时效性也是增加专题内容的可信度的重要手段之一。专题材料也会因为时间的推移而变得和实际情况不符合，比如旅游景区的门票价格变动，旅游线路的变更，等等，这些都要即时发布，保持专栏的权威性。

3) 要重点选择未经加工过的原材料

网络专题的独特性，主要在于它的内容。一般来说，原创性的内容多，独特性就比较突出。网站要充分利用自己的优势，多刊发具有原创性的内容。比如企业网站，就可以利用自身企业的资源优势，在网络专题中重点突出它，可以在第一时间报道企业的财务状况，为广大股东的投资做决策参考；可以在第一时间报道企业的原料需求信息，让各方原料经销企业根据自己的实际情况来决定是否参与竞标等。这些内容是其他网站所不具备的优势。

4) 要考虑正反两方面的材料

网络专题与传统媒体专题的不同就是其包容性大。正面的、反面的材料，有利的、不利的材料，都可以放置在网络专题中。读者可以对某一现象、问题根据专题内容做出自己的判断。

4. 专题内容的标题

“看文先看题”、“题好文一半”这两句话充分概括了标题的重要性。标题，是文章的

眼睛，也是编辑工作的重要环节，对网络新闻来说，标题的作用更明显。制作好的标题需要创意，但也要遵循一定的原则，网络标题的制作要符合网络传播的特点和规律。

1) 网络标题制作要求

网络标题的制作和传统报纸标题一样，将重要的事实或观点放入标题依然是基本要求，但标题在互联网中的重要程度远高于传统媒体。

首先，网络标题承担更多的“导读”功能，它先于新闻正文部分出现，网民在阅读时首先接触的是标题，一条新闻的内容即使再好再重要，如果标题制作得不够理想，网民也不会去点击。其次，由于网络中最常见的是列表式新闻，在主页面上通常只有标题列表，这就要求编辑高度浓缩信息的内容(有时为了页面美观，同一栏目的标题还会要求字数相等)，同时还要对网民有吸引力，而且除了头条新闻之外，网络标题较少使用字体、字号和色彩等来吸引注意力，这无疑加大了网络标题制作的难度。

网络标题更要注重适应网民的心理。在结构复杂的网页中，网民每天都会接触到海量的信息，注意力不如读报时集中，所以在选择信息时也就更加依赖于标题。同时，网民浏览网页无非是了解最新最快的资讯，好的标题更容易满足网民的信息、心理和情感需求，形成一种良性的在线阅读心境。在制作标题时多揣摩网民的阅读心理，会取得更好的效果。

2) 网络标题制作法则

制作标题是有讲究的，虽然网络媒体强调速度，对标题无法做到字斟句酌，但是写出高质量的标题是完全有可能的，从一天做三五条质量高的标题，到整个网站标题水平的提高，通过努力还是有可能办到的。在网络标题制作过程中应该注意以下几点。

(1) 网络标题应以明示内容为第一要旨，即要简洁、准确。遵循标题制作的一般原则，即网络标题要用最简洁的文字将最有价值、最生动的内容展示给读者。由于只能做一行标题，且字数有限，一般不使用《×××再上新台阶》、《×××成绩显著》、《×××闪亮登场》等套话，这样就会流于空泛，给人以似曾相识之感，很难吸引网民阅读。另一种极端是“语不惊人死不休”，刻意追求标题的冲击力、渲染力，例如“惊曝”、“惊现”等词频频出现，有失真实性。比如在标题中以“张柏芝惊现快女”为饵，其实不过是长相相似的女选手而已，矫揉造作，反而给读者带来一种莫名其妙的感觉。因此，标题制作须首先避免上述种种毛病，才能做到恰如其分，准确无误。

在网络新闻标题有限的字数中，应把可有可无的字都删去。但需要注意的是，不能为了节省空间和一味地追求版面的美观而省略不该省略的词汇或空格，以免造成歧义。

(2) 强调动感，准确使用动词。标题要呈现出一种动态感觉，在标题制作中应尽量多用动词、活用动词，富于个性的动词常常能使文句简练而传神。美联社对记者提出的10条写作要求中也明确规定：“要牢记，一个句子汇总，至少有一个实体动词，而这个动词，应当是句子里最重要的词。”对尤其需要吸引读者眼球的网络标题来说，更需要找准这个能让文章“动”起来的动词，以增强感染力、表现力和立体感，吊起读者的阅读兴趣。

(3) 一行两句，主副题结合，虚实结合。一行标题有长有短，长的一行标题可由两个断开的短句组成，可以是主题和副题，实题和虚题。网络标题一般采用实题，虚题部分可有可无，是否需要应根据新闻事实本身的性质、重要程度来决定。如果需要发挥标题的宣传鼓动作用、提炼新闻的本质精神，也可以有虚有实、虚实结合。

(4) 让网络标题“亮”起来。要用一些人们喜闻乐见的语言形式吸引受众，贴切地借用古诗词、俗语、流行歌曲等，用通俗的语言代替深奥的词，让人眼前一亮。例如《“狗咬人”多了，也便成了新闻》(人民网)就借鉴了鲁迅先生“走的人多了，也便成了路”，这样的标题可以较大限度地降低网民的阅读障碍。

8.1.4 设置专题栏目

网络专题内部栏目是构成整个网络专题的骨架，若处理不当，就容易导致专题内容的不丰满，甚至产生畸形。好的栏目设置主要从网站的服务重点以及读者需要出发，尽可能地在有限的版面上合理地设置栏目。

在收集完所有的相关信息、材料以后，要对其进行整理，整理以后再根据专题的侧重点，结合网站定位来确定专题的栏目设置。开始时会因为栏目较多而难以取舍，这时就要抓住重心，反复比较，给定下来的内容进行分类归档，画出栏目的树形结构图，来帮助表达专题结构。

常用的栏目一般有以下几种。

1) 编者按语

编者按语主要分为文前按语、文中按语和编后语，其中文前按语地位最重要。所谓编者按语就是编辑在文稿前加上的简要评论。在网络专题中，编者按语主要以文前按语居多。它的主要特点是居于文稿前面，言简意赅、提纲挈领，用语言鲜明地论述编辑对事件、问题的看法和观点，帮助读者了解编辑的意图。

编者按语在网络专题中，主要有两种常见的表述方式：一种是评论性的文前按语，这种评论方式是表明编辑对此专题的一种态度，是赞扬还是批评等；另一种是说明性的，说明编者为什么要选择此专题，它的重要意义在什么地方，能给我们什么样的启示。

在网络专题的实践中，并不是所有的专题都需要编者按语，而是根据实际需要来定。一般来说，在以下几种情况中需要加编者按语：一是估计到读者对此事件、问题或现象持有疑虑时加入，比如人民币该不该升值等；二是要对发生的事件、问题、现象进行必要的舆论引导，可以通过加入编者按语进行赞扬、肯定或批判与否定；三是有些不良风气、习气或生活习惯需要加以纠正时，要通过编者按语来说明意义等。

2) 要闻栏

要闻栏一般也称为“动态栏”。这个栏目主要就某个事件、问题、现象等某一方面的最新进展、最新成果、最新发现、最新的措施等进行报道，它是专题的重点所在。要闻栏的篇幅不限，对于新闻专题来说，要闻栏可能所在的版面篇幅较大；而对于其他普通型专题，要闻栏中可以是一条或几条关键性的要闻，所在的篇幅相对比较短小。

要闻栏相对其他栏目来说，是更新最多的栏目之一。这是由要闻栏的特性——关注的是最新动态来决定的。对于那些失去时效性的内容可以逐渐转移到其他栏目中。这对于编辑来说，就要时时刻刻关注相关专题中的最新进展、变动，并且随时更新。这也是网络专题区别于一般传统媒体的地方，可以随时更新和扩容，并且还可以对一些过时的东西进行剔除。

3) 评论栏

评论栏主要包括权威人物的论述、重要媒体的评论、专家学者的评论、网友评论等。在专题实施中，也可以把这几项评论分开，设置成不同的栏目。

在要闻栏中主要是向读者叙述事件的进展情况，仅限于动态性的消息；而评论栏中主要是评论者对事件产生与发展的思考和态度的表达，表明评论者的立场和观点。作为主流网站有义务引导人们去关注一些影响国计民生的重要事件、问题和现象，同时还要承担舆论引导的职责，在最大程度上保证社会朝着健康有序的方向发展。因此，对于一些重大事件、问题、现象，网站编辑有必要设置评论栏，一方面能引导舆论，另一方面能帮助读者认清事件、问题的本质。

评论栏在更新速度上有两种：一种是要求紧跟事件的发展，随时更新评论栏中的内容，比如时事评论，要求及时、快速；另一种是资料性的评论，更新速度较慢，有的甚至不用更新，比如已故领导人对某个问题的论述、评论，或者一些经典的理论论述，等等。为此要根据专题情况适时而定，如图 8.2 所示。

图 8.2　新浪网友评论栏

4) 背景栏

背景栏也是网络专题中重要栏目之一。网络专题具有数据库的特征，背景栏就承担着部分“数据库”的功能。在背景栏中，网络编辑要更全面地安排相关的背景资料。这些背景资料包括解释性背景资料、对比性背景资料和说明性背景资料，等等。在背景栏的整体设计中，可以考虑以多种文本形式传播，比如纯文字的、图片的、视频的、音频的、动画的，等等，力求形象、生动，同时能给广大受众更多的背景信息。

背景栏与要闻栏相比，更新的频率相对比较慢，有时甚至不存在更新，只是会随着时间的推移，内容会不断地增加。因此，背景栏对于网络编辑来说，只需要在设计的时候，全面收集资料，然后再定期注意把要闻栏的相关内容及时更换到背景栏中。

5) 互动栏

网络专题要重视与读者的互动，有必要开设互动栏。它的主要内容包括刊登读者的评论、留言、疑问、意见和建议，以及为读者服务的内容等。这也是网络媒体区别于传统媒体的重要特征之一，读者的反馈及时有效。传统媒体很难在第一时间了解读者是谁，在什么位置，有什么想法，而网络媒体则能在第一时间与读者进行沟通，及时调整传播策略。

互动栏的设置是有针对性的，主要是针对某专题。读者可以延伸专题内容甚至能帮助编辑挖掘专题深度，能在第一时间为网络编辑提供智力支持。网络编辑要充分地运用互动栏来提升服务品质，共同把网络专题做得更深入、更全面。

6) 调查栏

设置该栏也是为了与读者进行互动、联络，以了解读者对某个事态、问题、现象等的看法。它不同于互动栏，互动栏提供给读者的是各抒己见、畅所欲言的空间，而调查栏相对来说比较规整、统一。它通常是编辑将根据具体情况设置的几个问题和答案，放置在页面上，然后由读者根据自己的理解单击答案。通过统计软件，读者能在第一时间了解自己选择的情况是否与大多数人的想法一致。此统计结果对于网站来说，是非常好的原始读者资料，为以后类似的事件、问题、现象，设置网络专题提供较好的决策依据。

调查栏设置的通常是一个问题，有的也有两三个问题。这些问题的设置通常与专题内容相关，但不涉及专题中的具体内容。一般来说，它的主要内容是有关读者对专题内容态度、行为的调查，如图 8.3 所示。

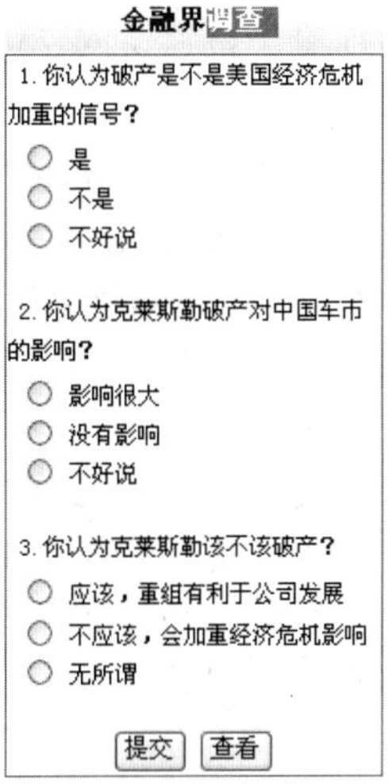

图 8.3　金融界网站调查栏

专题由于不会局限于版面的限制，因此其内容是非常丰富的，其表现手段也是多样的。而其中网络专题的形式策划正是专题建设的一个重要组成部分，并且能够在极大的程度上引起人们的注意，可见网络专题的形式策划在专题建设上就显得非常重要。

8.2　网络专题的形式策划

在网络中有成千上万的专题，这些专题的读者定位以及理念很多是相似的。如何才能展示自己的特色，就需要编辑在网站的形式上下工夫，做到让读者赏心悦目，要将丰富的意义和多样的形式组织成统一的页面结构。

8.2.1　网络专题形式编辑

1. 网络版式设计原则

网络版式设计已受到业界人士的普遍重视，版式已成为各家网络媒体争夺人们眼球的重要手段。面对网络专题版式的发展，大致有以下 4 个必须遵守的原则。

1) 风格化原则

网络的版式风格是读者区别其他网络媒体的相对固定的特色。风格一旦形成，就不宜轻易改变，只宜做一些细节上的微调而不宜做颠覆性的改变。风格不仅是读者从诸多网页中一眼就能认出自己的依据，同时又是让读者 “情人眼里出西施”的感情纽带。尤其是一些门户网站，很多读者都是好几年浏览一个网站，已经成为习惯，如果突然做翻天覆地的改变，读者心理上是很难适应的。

根据对读者对网站忠实度的调查显示，版式风格具有很重要的作用。在网络媒体日益增多的现在，网络媒体的竞争实际上是同类的竞争。在网络中有成千上万的站点，这些网站在有限的新闻资源、相近的读者定位以及相似的理念下，如何才能展示自己的特色，版式风格就成为首要因素。各个网站都力争在版式上与众不同，这就要求我们必须树立自己的风格。在树立风格的同时应符合视觉审美的规律，以自家网站的性质及读者定位为准则。

2) 人性化原则

读者大多处于职场竞争和自我发展压力较大的生存空间中，忙碌一天以后，上网浏览是为了休息和获得各种信息，他们会有选择地进行阅读，并不是你的标题有多粗、有多大，版式有多么花哨就可以被吸引住的。满足读者的感官享受，应以舒适、清馨、悦目为准则，切不可为凸显自己而对读者的眼球重拳出击，一味求粗求大，与内容相比显得虎头蛇尾，惹人反感，而是应以清爽流畅、温馨雅致为宜。

比如，现在网站的专题节目，它们的版式改革后都在不同程度上体现了人性化追求，即每栏字数减少，字号变大，标题颜色柔和，更符合网络时代人们的阅读视频和阅读习惯；扩大字间距使版面疏朗大气；大标题统一字体，色彩趋于单一明快；文章的排列变过去的“交错咬合”式为整版竖通栏式，使版面整齐、易读。如今，网络专题的版式在讲究风格化、合理化原则的同时，还要讲究人性化，这是版式设计的核心理念。

3) 时尚化原则

版式设计者不能就版式论版式，应开阔眼界，触类旁通，关注流行和时尚的相关艺术，增强自己的艺术修养，以及对设计规律的理解和把握能力，令版式紧跟时代的步伐。例如，对服装、电影、平面设计的新理念、新技术等都要有所了解。另外，还可以和国外的流行的版式设计接轨，网站的版式设计者要不断学习，开阔眼界，才能在实践中游刃有余。

4) 合理化原则

合理化原则是一个传统原则，同时也是一个基本原则。这里说的合理化与传统的合理化不同，网络媒体发展之初，多是坚持内容第一性，所谓版式设计仅仅是把内容简单地进行排版。如今的版式合理化则有新的内涵，它的合理性更多地体现在风格化、人性化和时尚化原则之下的科学性。比如许多网站的导读功能增强、栏目设置的相对固定、具体版面的分块修饰等。又如一些网站的内容都采用一种字体，改变了以前一个版面上各种字体混杂的局面。像新浪、百度等，更是确定宋体字为标准字体，宋体字经过千余年的历史筛选，更符合中国人的文化气质，这从某种意义上说，也是一种合理化选择。

这 4 个原则看似老套，但实施起来并非易事，能否把它们有机结合、灵活运用，还需要设计者不断地揣摩实践。

2. 设计网络专题版式

网络专题版式是网络专题形式美的重要体现，人们对专题的第一印象就是专题的版式，如果版式的设计符合读者的审美观，读者才会继续热情关注专题的内容。在注重专题内容传播的时候，要充分考虑专题版面。

从现有的专题版面来说，主要有 4 种：综合式、重点式、对比式、集中式。

(1) 综合式版面是一种常见的版面类型。它的主要特点是栏目多，并且内容、体裁和篇幅都不相同。这种版面上的信息可吸引不同层次、不同兴趣的网络受众。这种版面栏目虽然有主次之分，但并不是编辑有意突出。如果专题栏目设置较多，涉及面广，没有特别重要的栏目需要强调时，而且稿件的分量相差不是很大，那么版面就可以选择综合式。如图 8.4 所示为凤凰网咨询中心的综合式设计版面。

图 8.4　综合式设计版面

(2) 重点式版面的主要特征是特别强调版面的某一局部，并运用各种编排手段，使其成为版面上引人注意的重点。当需要特别强调一两个栏目时，可采用这种版面，让栏目处于强势地位，例如上层的中间部分。同时标题要做得醒目，可以采用不同的字体、字号和一些有冲击力的图片或颜色等，如图 8.5 所示。

图 8.5　重点式版面

(3) 对比式版面是指版面上编排了相互对立或矛盾的两个栏目，使版面上形成强烈、鲜明的对比，使矛盾暴露得更加清楚，褒贬更加鲜明。对比式版面的形式主要是两个栏目的强烈对比，如图 8.6 所示。

图 8.6　对比式版面

(4) 集中式版面的最大特点是用整个版面或版面的绝大部分刊登有关同一主题的报道。往往针对重大的主题，例如国际、国内重大事件等。这种版面内容集中，具有较大的声势，给人的印象深刻。这种版面内容单一，一般在必要时才用，否则会造成报道面的狭窄。运用集中式版面应注意，主题要单一，内容、体裁要多样，如图 8.7 所示。

图 8.7　集中式版面

以上是专题版式的4种主要类型，网站编辑在搞专题策划时要根据专题的类型、专题内容、专题主题选择相应的专题版式，最终的目的是突出主题、强调美感以及视觉冲击力，在最大程度上吸引网络读者阅读、浏览。

3. 结构设计

结构设计是专题形式策划的一个重要内容，一方面可以让版面美观，更重要的是鲜明地突出主题，展现网站的特色。主题是结构的基础，要紧紧围绕主题思想去安排材料，对零碎的材料进行整合，使专题有一种整体感。应根据主题的需要进行整体布局，注重内部结构，使专题层次分明，上下一致，浑然一体，使专题的结构有一种统一感。网络专题常用的结构有以下几种。

1) 简洁型结构

简洁型结构是网络专题的初级结构形式。从现在网络专题来看，这种结构的专题数量已经比较少。所谓简洁型结构，即在专题中只有一两个栏目，有的甚至没有栏目设置的结构形式。从网络业的发展看，此种结构的专题将会慢慢地退出网络。

2) 纵向进程结构

纵向进程结构是最常见的一种时效性强的专题结构形式。纵向进程结构是指专题以事件发生的时间为原点，通过时间轴向前或者向后推移来寻找新闻点，或者依照事件的发展态势来顺次拓展，以期引起广大受众的注意。纵向延伸的方法多适用于事件性新闻专题的报道。这种方法使得网络专题脉络清晰，编辑容易策划，读者易于理解，能在很大程度上满足目标读者在第一时间获取信息的需要。

例如，新浪网对于“神七”的专题报道，大致是按发射过程、星箭分离、太空行走、返回地球的时间顺序来进行栏目设置的，各大新闻专题也是按这个逻辑来进行编排的。一般来说，它主要运用于网络新闻专题，重点是对新闻事态进展的关注。

再比如《2008年美国总统大选》就是按倒时间顺序来安排结构的：

奥巴马大选获胜 副手拜登迎政治生涯最重要时刻

(2008-11-05 12:56)

麦凯恩致电奥巴马 恭喜其当选美国总统

(2008-11-05 12:46)

美国广播公司:奥巴马324张选举人票 麦凯恩145张

(2008-11-05 12:27)

奥巴马获超过270张选举人票 当选美国总统

(2008-11-05 12:04)

奥巴马以103：58票暂时领先麦凯恩

(2008-11-05 09:48)

奥巴马以77票反超麦凯恩的39票

(2008-11-05 09:30)

……

对于纵向进程结构的网络专题来说，编辑要注意的是尽最大可能紧跟事态、事件的发展进程，保证专题的显要位置的信息都是最新的。

3) 横向维度结构

横向维度结构是指搜索与专题相近的话题和资料，包括对事件背景的收集整理，对事件发展态势的前瞻，以及寻找类似发生的过往事件，等等。

以腾讯网的“神七”专题为例，除了 3D、滚动、图集、视频、花絮、评书这几个大专题外，其下分栏目分别设置有大策划大制作、天行漫记、飞天科学院、神舟家族、太空 72 变、太空第一人、飞天特训、航天传奇等 12 个子栏目。其专题维度扩散极广，几乎涵盖了多媒体的各方面内容。

4) 多点聚合与单点分解

多点聚合是指将多个零散的新闻点或者新闻事件加以整理加工，找寻出共同点，筛选出所需的新闻话题。

单点分解则是将某一新闻主题细化分解，对分解出来的新闻点再进行深入报道，挖掘出新闻背后的新闻。多点聚合与单点分解多适用于非事件性报道，例如形势的分析、政策的解读等。

8.2.2 网络专题导航设计

网络专题的内容繁多而且复杂，为了使浏览者不在网络专题中迷失方向，最好的办法是为网络专题设计导航系统，我们必须让浏览者觉得它既直接又简单，最低限度应保证每个网页中至少有一个指向主页的链接。

1. 导航设计原则

1) 明确性

人本能地具有空间感。想象一下你的床放在卧室的什么位置？大学时的挚友是坐在你的前面还是后面？——不用问大家都能很快地回答出来。同样，我们在设计网站导航的时候，一定要清晰地告诉访问者“在哪儿”和“能去哪儿”。无论采用什么导航策略，导航设计应该明确，让读者能一目了然。具体表现为：能让读者明确自己的浏览路径，包含过去的和未来的；能让读者了解自己所处的网站位置等。只有明确的导航才能真正发挥“引导”的作用，引导读者高效地浏览专题。

2) 便捷性

导航系统应该在显眼的位置，让读者可以简单地跳转到他想要去的网页。例如对于弹出式的导航窗口，可以定义按钮、快捷操作键等作为导航信息的启动事件，同时设定相应的按钮来完成离开或关闭导航窗口的操作，做到随时进入，随时退出。

3) 动态性

导航信息可以说是一种引导，动态的引导能更好地适合读者，解决读者的具体问题。即时、动态地解决读者的问题，是一个好导航必须具有的特点。

2. 导航设计结构

读者需要知道他们当前所处的位置，对此，要通过设计导航系统来帮助读者建立空间感。一个完整的导航系统应该包括全局导航、局部导航、辅助导航、上下文导航、友好导航、远程导航等。

1) 全局导航

从专题内容的底层页面到达其他页面的关键点，无论读者想去哪里，都可以在全局导航中找到路径，如图8.8所示。

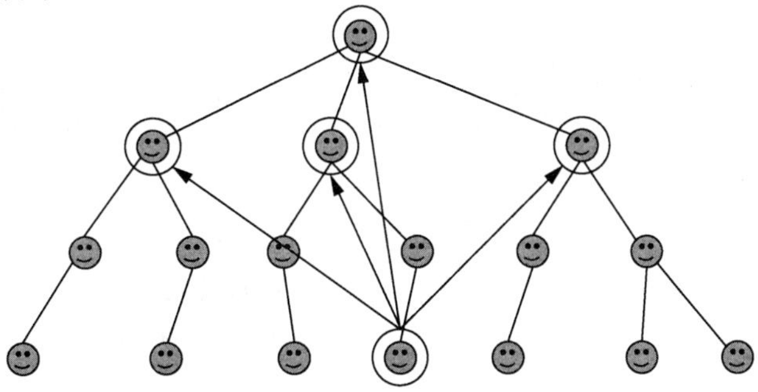

图8.8 全局导航

2) 局部导航

提供一个页面的前驱和后继通路，是用户在专题信息空间中到达附近页面的路径。局部导航设计得好坏会直接影响到整个导航系统的质量，如图8.9所示。

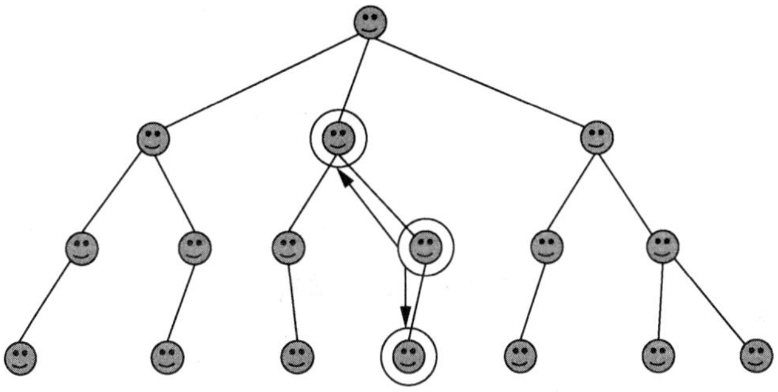

图8.9 局部导航

3) 辅助导航

提供了全局导航和局部导航不能快速到达的相关内容的快捷路径。用户转移浏览方向不需要从头开始，如图8.10所示。

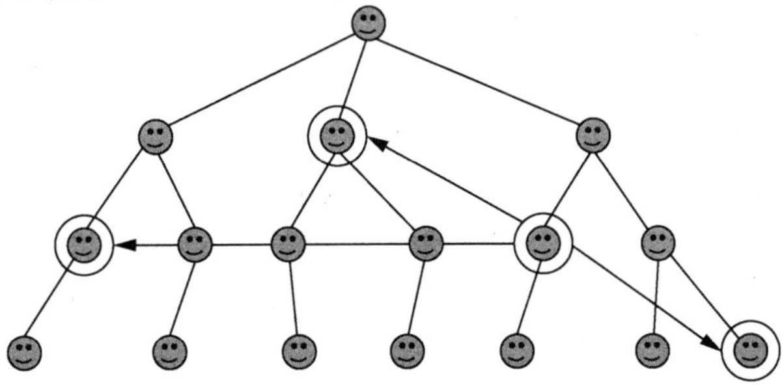

图8.10 辅助导航

4) 上下文导航

用户在阅读文本的时候，恰恰是他们需要上下文辅助信息的时候。准确地理解用户的需求，在他们阅读的时候提供一些链接(如文字链接)，要比用户使用搜索和全局导航更高效。上下文导航的示意图与辅助导航类似。

5) 友好导航

一些用户通常不会使用的链接，确实需要时又能快速有效地帮助用户。例如：联系信息、反馈表单和法律声明等。

6) 远程导航

独立方式存在的导航。例如网站地图，它简明地展示了网站的整体结构。在用户被其他导航搞得晕头转向时，一般可以选择网站地图。如图 8.11 所示为中华人民共和国文化部网站的网站地图。

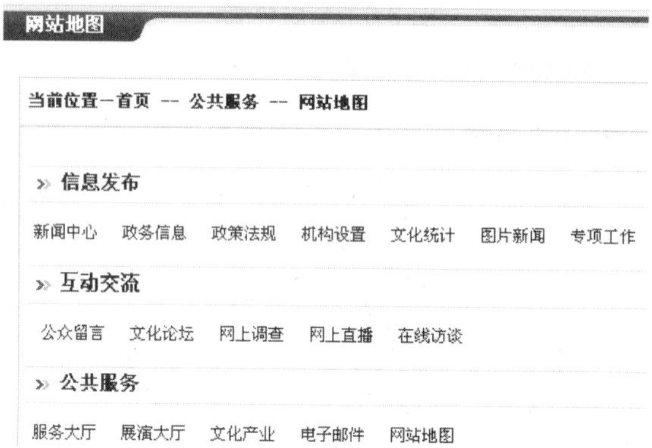

图 8.11 网站地图

导航结构在网络专题设计中是起到决定性作用的，同样导航菜单外观是专题设计中关系到整个设计成败与否的关键。导航菜单栏常常通过颜色、排版、形状和一些图片来帮助网络专题创造更好的视觉和感受，它是专题设计的关键元素。虽然导航菜单的外观是关键，但其视觉效果也不能影响到网络专题的可用性。最理想的设计是：专题导航的外观既能比其他专题的导航外观更吸引人，又不会夺走专题内容的焦点。

除了上面介绍的内容外，还有许多导航技巧可以应用，它们可以为浏览者提供更简单和更有效的导航。以下是几种主要的导航技巧。

(1) 抓住能传达主要信息的字作为超链接，这样可以控制超链接的字串长度，避免字串过长或过短，而不利于浏览者的阅读或单击。

(2) 超文本的颜色应该与单纯叙述文本的颜色有所区别。

(3) 不要在短小的网页中提供太多的超链接。适当、有效地使用超链接，是一个优良的导航系统不可或缺的条件之一，过分滥用超链接，会损害网页文章的流畅性与可读性。

(4) 暂时不提供超链接到尚未完成的网页。

8.2.3 制作网络专题

网络专题的制作流程为：确定选题→确定方案→专题策划→收集汇总资料→组织资料→设计栏目→设计版设和导航→审核→发布。但这仅仅是网络专题实施的前期和制作阶段。完整的网络专题实施共有 4 个阶段，分别是前期准备阶段、制作专题阶段、专题推出阶段和专题结束阶段。

1. 前期准备阶段

前期准备阶段的制作流程包括确定选题、确定方案和策划选题。

1) 确定选题

主题的选择是整个专题的灵魂，是统率整个活动的思想纽带和思想核心。主题的确立往往建立在掌握各种资料和整合各种资源的基础上。选题可以关注当前社会比较热议的事件或者自己去发掘一个富有新闻价值的点子。那种比较有煽动力的事件或者能够引起人们共鸣的事件更能达到表现效果。

选题是专题制作的基本功，又是难点。做好每一个专题，要严格控制专题选题，很好地把握及挖掘选题，在质量上要有严格的保证，尤其是在角度把握方面。一个好的选题，有时甚至会引导整个媒体的舆论导向。

2) 确定方案

一个专题可以从不同的角度来做，不同的角度有不同的重点，不同的角度会产生不同的方案，一般在编辑们讨论后都要从多个方案中选择并确定一个方案。而确定这个方案的标准就是宣传效果的大小和追求价值的最大化。这里所形成的方案往往比较宽泛并有待于进一步细化。必须说明的是，在最初的讨论时期，方案的宽泛有利于从多个层次展开采访活动。

3) 策划选题

当选题确定好之后就需要对专题进行策划。专题策划是指对选题进行有创意的设计、指挥和调控。其目的在于充分挖掘客观事物的新闻价值，选择最适当的时机、运用最恰当的方式推出报道，以求达到预期的传播效果。专题策划从实施的角度来说，一般有 4 个步骤。

(1) 市场分析。要做一个策划，必须先对策划对象所在的环境有深入的了解，比如对象的历史，对象的现状，对象发展的新特点，相关的法律等。了解得越详细，掌握的信息越多，就越有可能从中挖掘出有价值的新闻点。

(2) 确定宣传目标。对专题策划来说，主要需要确定的是宣传的范围和宣传的目标人群。这一点很重要，因为宣传目标影响着后面宣传的形式、手段和预算的编制等步骤。比如宣传范围只是地域性的，那么就不一定非策划出轰动全国的新闻事件，编辑也只需关注地方就可以了，预算也会比全国性宣传低得多。再比如宣传是针对年轻白领的，那么策划的专题必须能吸引他们的关注，宣传的形式和手段也应针对性地选择白领的特点。

(3) 编制预算。专题报道必然需要财力的支持，但资金并不是无限制的，这就需要有周密的预算。策划不同的专题所需要的实施费用往往会根据具体的策划而有所不同，为此应采用“目标任务法”来预算。所谓“目标任务法”，就是先确定一个专题策划的目标，然后再估算出要达到这一目标所需的费用，包括新闻事件采集费用、版式设计费用和人员工资，等等，这些费用相加就是一次新闻策划的总费用。

(4) 策划的实施和控制。策划的实施和控制是专题策划中的另一个重要环节，也是具体实施的指导。因为再精妙的策划，也需要强有力的实施，如果各部门无法配合，专题是不可能获得成功的。在专题的策划中必须明确专题制作的时间表，制作的内容，把任务分解成单元，分配到部门和个人，进行分工计时，同时还要确立一个有效的配合机制协同作战。

一个完整的专题往往可以分解成一个个独立的单元结构。往往每个结构单元代表了一个次主题。专题分解成单元之后，再对文章总体结构和每一个单元的任务做进一步细化：每一个单元将包括哪些内容？难点和重点是什么？成稿后的面貌如何？等等。

分工与计时具体包括：根据编辑工作的不同点，把编辑对象和编辑内容分配到每一个相关人员，提出注意事项。分工的策划将会最终形成两张表：工作人员表和日程表，交与主持者和每个相关人员掌握。工作人员表使参与者有章可循、相互监督，把责任分解到人。日程表主要用于时间的控制，一般以时间进度表(倒计时)的方式来表现。时间的安排要合理，在考虑同业竞争的同时也要留有余地。一般来说，日程表上前面的时间进度较紧凑，后面可以留有时间余地来调整。

当整个前期准备阶段完成之后，就要进入到制作专题阶段。

2. 制作专题阶段

制作专题阶段的流程包括：收集汇总资料，组织资料，设计栏目，设计版设和导航，审核和发布。

1) 收集汇总资料

收集汇总资料是资源上的准备，在网络专题推出前通过网站推荐或者其他的形式在社会上为自己的专题造势，联系与此专题相关的单位、商家，以及社会上关心此类事件的民众，建立起拥护群体，为丰富专题内容集思广益，也为稿件的收集做准备。网络专题要多采用原材料，保证专题的原创性。一般来说，来自于民众的原生态的东西是最能引起民众关注的。同时还要广泛集纳其他媒体和网站加工过的材料，保证专题的全面性。

2) 组织资料

组织资料是对前期收集上来的材料进行分类整理，要选择有代表性、权威性的材料，同时对第一手材料进行深加工，通过编辑对材料的加工体现网站的舆论导向。

3) 设计栏目、版式和导航

在设计栏目、版式和导航时要注重与自己网站的风格相一致，这样不会让访问者产生突兀烦躁的感觉。

4) 审核和发布

当专题的内容和形式都已经完成之后就要交由本站专家审核，审核通过后便可发布。审核的重点是文章内容、体裁和风格。

文章内容要树立媒体公信力。公信力，是媒体安身立命、发展壮大的根本，要做到敏锐及时、应事而动，追求新闻报道的真实性、时效性。体裁关系到报道的性质，可以选择解释性报道或者预测性报道、调查性报道的新闻体裁，也可以在分析研究的基础上提出对策性很强的研究报告，也可以策划为整合报道或者连续报道、组合报道。风格问题关乎文章的外在表现形式，更重要的是它可以产生独特的叙事修辞。通常，风格的策划背后，多少会存在一个较为理想化的摹本——它或是本媒体的典范作品，或是一个存在于新闻人心灵深处的经典范例。在风格策划的细致之处，甚至会涉及是否采用倒叙写法，要不要“编者按”，如何对待日常用语、科学用语，重视讲故事还是重视说服力等一类微观问题。

3. 专题推出阶段

专题推出之后要对专题所表现的新闻热点进行及时的跟踪报道，尤其是事件的关键人物等甚至可以对其进行视频采访等，充分突出网络专题的优势。

在专题推出的过程中，我们可以对此类事件进行不断的旁敲侧击，不断地找出与此相关的新闻线索，对这类事件进行归纳总结，形成一系列的相应话题，然后在网站的论坛上开辟其独立的板块，比如评论栏、投票栏等，充分发挥其网络强大的交互性，让更多的民众能自由地发表评论，参与到网络专题的建设中来。

还可以联系相关的专家，或者学者发表评论或者看法，以此来形成网络专题的科学性和权威性，形成一种专家效应，达到一种“关注何事件必关注何网络专题”的效果。

效果与实事的联系，也就是说，当一件事情从民众中反映上来时，必然要给予响应，必然要有一个解决的方案，从而对此类事件形成一个响应机制，联系相关工作人员，及时地解决问题，这样才能达到其宣传效果，在民众中赢得好评，形成共鸣，从而使更多的人参与其中。

4. 专题结束阶段

在这个阶段，最主要体现在一个互动的环节，从而将专题的效果推向一个新的高潮。其主要的表现形式就是充分利用论坛和博客。网络社区在如今的网络中有着非常高的人气，充分利用这个资源也对一个专题是否成功有着很大的影响。一个网站的影响力要看它的网络社区的参与人数，而一个专题的影响力要看网络社区中讨论的人数。在网络社区中进行广泛的讨论和发表评论文章是民众参与其中的表现。当然在社区中要及时地进行引导，不能对社会造成负面影响。当专题页面上的内容结束时，论坛上的板块依然是需要继续保留的，它可以让人继续发表观点，引起后来人的思考，并保持专题的热度。

知识巩固

1. 单选题

(1) 通常网站通过(　　)来显示其网站的整体结构，网络编辑可以通过它了解网站的全面构成情况。

A．网站设计　　B．网站规划

C．网站分类　　D．网站地图

(2) 消息的副题位于主题之后，用事实对主题进行补充或解释，副题一定是(　　)。

A．实题　　B．虚题

C．或实或虚　　D．虚实结合

(3) 网络编辑在制作标题的过程中需要做的一个最基本的判断是(　　)。

A．选用好生动、富有个性的词汇

B．对稿件中出现的事实进行分析、提炼，决定将什么样的事实放到标题中

C．巧用好标题的修辞手法

D．决定好是采用复合型标题还是采用单一型标题形式

(4) 目录索引客户可以不用进行关键词(Keywords)查询，仅靠(　　)，便可找到需要的信息。

A．图片　　B．网站导航

C．分类目录　　D．历史记录

(5) 网络稿件的来源是多元化的，不同来源的稿件质量可能不一样，有些来源的稿件甚至是不能在网站上发表的。对稿件来源做出判断是处理稿件的基本出发点，也是判断稿件价值的一个因素。关于网络稿件的来源，下列选项中，错误的是(　　)。

A．本网站原创稿件　　B．转载国内传统媒体稿件

C．转载国内其他网站稿件　　D．任何稿件

(6) (　　)能够清楚地显示网站的整体结构。

A．网站首页　　B．网站地图

C．网站频道　　D．网站栏目

2. 多选题

(1) 下列文体属于新闻评论类型的有(　　)。

A．评论员文章　　B．短评

C．编者按语　　D．专栏评论

(2) 网络专题的特点有哪些？(　　)

A．多媒体性　　B．超文本结构

C．双向交互性　　D．检索方便

(3) 网络专题的版面有哪几类？(　　)

A．综合式　　B．重点式

C．对比式　　D．集中式

(4) 网络专题的选题标准有哪些？(　　)

A．目标受众的需要　　B．适应社会形式的需要

C．策划难易程度　　D．创新开拓

(5) 专题内容挑选的方式有哪些？(　　)

A．引擎搜索

B．与传统媒体形成战略联盟，做到信息共享

C．向专家、学者或创作者约稿

D．专栏评论

(6) 网络专题的结构设计有哪些？(　　)

A．简洁型结构　　B．重点式

C．纵向进程结构　　D．横向维度结构

(7) 网络专题制作的分类包括哪些？(　　)

A．事件类专题　　B．主题类专题

C．挖掘类专题　　D．栏目类专题

技能训练

1．假如你是做技术频道专题的，这是比较严肃的频道，做这种专题时，选取内容是选专业性的文章比较好，还是选一些博文或者网友的帖子比较好？请选择和汽车相关的技术文章进行专题设计，并在网络编辑实训系统中进行制作与发布练习。

2．假如现在朝鲜进行了第二次核试验，这是一次突发事件。主编要求你立刻以此为内容策划一个专题。请你按照下述工作流程策划制作一个专题。

前期：马上挂上滚动文字新闻，这个文字新闻是没有链接的，只是告诉大家一个新闻点。然后成立小组进行专题方案选择，同时广泛地收集资料，处理图片和录像，翻译外电内容。当方案选定完成后立即进行专题策划，包括将资料组织汇总并检查错误，确定栏目，设计版式，审核网友评论，编制预算等，这些都是要由一个团队来完成的。

中期：派人到现场，以便得到第一手资料。编辑们继续维护专题内容，并且邀请嘉宾作客评论。

后期：对新闻的后续关注要跟上，包括社会各界的反映，要保存专题的人气，这一点很重要。

岗位体验

通常一些网站(包括网易、搜狐等大型网站)的网络编辑的招聘条件都有如下几条：

(1) 把握网站内容运营导向，提供符合网站需求的专题策划方案；

(2) 根据网站内容运营方向，完成专题及频道的规划、内容审核；

(3) 收集相关专题媒介资料并进行分析，及时把握行业动向，协助完成推广计划。

从以上网站招聘编辑的实例中可以看出，网络专题现在是网络传播的一种重要方式，同时这也对网络编辑们策划专题、实施专题提出了更高的要求。假如你目前正好处于毕业前找工作的阶段，某网站需要招聘一名专题栏目的网络编辑，请你结合上述招聘条件自拟一份应聘简历和应聘成功后的工作计划。

第9章　网络时评

学习目标

❖ 知识目标：

(1) 掌握传统时评和网络时评的概念及特点；
(2) 理解网络时评的社会意义；
(3) 了解网络时评与传统时评的区别及优势；
(4) 了解 BBS 时评的传播形式及特点；
(5) 了解博客时评的传播形式及特点。

❖ 技能目标：

(1) 学会编辑和写作一般的网络时评；
(2) 会完成简单的网络时评策划工作；
(3) 会利用论坛编辑、写作时评；
(4) 会利用博客编辑、写作时评。

引例

为什么民众不以偷税为耻

单方面制定的税收，不可能具有权威性和正当性。对此，人们往往采取消极抵抗的方式，尽可能偷税漏税，或者行贿。既然纳税人被强制征税，他们也就普遍不以偷税为耻，也不以行贿为耻。

自 1995 年以来，我国税收连续 12 年平均增长 20%，而 GDP 平均每年增长却不到 10%。全国城乡居民的收入增长，更低于 GDP 的增长率。……

评析：各传统媒体纷纷设立网络版面，网络时评更是以其灵活的形式、广泛的参与性、即时的互动性，迅速发展起来。本例曾引起热烈讨论，跟帖评论达数百条。

(资料来源：南方周末网络版，岑科)

我国历来就有重视评论的传统。评论常常重于新闻，而时评以其反应快捷、不拘形式、观点新鲜自由、战斗力强等特点，一直受到人们的欢迎。作为新闻传播的附属功能，观点传播是对新闻传播的延伸。时评作为观点传播、舆论引导的重要途径，在经济快速发展、各种思想激烈碰撞的今天，有着其深刻的现实意义。作为时评的新品种，网络新闻时评和传统媒体的时评在质的规定性上没有太大的区别。它往往针对刚刚发生的新闻事件进行迅速及时的评说，它常常以新闻事件为由头，一事一议，不求长篇大论，而求精悍深刻，追求时效是其突出特点。时评之“时”，一为评时事，二为迅速及时。网络时评与传统媒介时评的不同之处是它选择了承载时评的新型媒介——网络。网络媒介的特质，影响着时评的表现形态、编排方式、表达效果等，从而形成了网络时评与传统媒体时评在外在形态和内在功能等方面的诸多不同。下面对网络时评的这些特点、功能和优势进行分析，对网络时评存在的一些问题做简要探讨，以便摸索、寻找出网络时评在写作和策划上的一些规律性的东西，并以此来指导我们的工作。

9.1　网络时评的概念与意义

时评是新闻媒体对时事发表的评论的文体，它以快捷、深刻、尖锐等特点帮助受众及时解读新闻背后的意义，具有聚焦、“消化新闻”、宣泄公众情绪、调节社会舆论等作用，历来为传统新闻媒体所重视。在网络媒体这个广阔的平台上，信息传送的渠道更多，传递的速度更快，有更充分的反馈和交流的空间。可以说“现代网络”极其体贴地迎娶了“传统时评”，双方实现了完美的契合，这种契合更延伸了传统新闻时评的外延。网络时评拉近了时事与百姓之间的距离，给了普通老百姓一定的话语权，变得更加平民化、大众化，这实际上可以说不单单是一种民主进程的体现，也是一种民主发展的促进。

9.1.1　网络时评的概念

1. 网络时评概述

对于什么是网络时评这一问题，目前还存在着争论。有人从维护新闻评论体裁特征的角度出发，认为只有那些在网络媒体上发表的较为完整地表达了一定意见的“成文”的文章才称得上是真正意义上的网络评论，至于那些讨论区里的你一言我一语的讨论，即便有一定的主题，也算不上是网络评论。也有人从发展的角度看待新闻评论体裁，认为新闻评论体裁诞生于报刊，在报刊之后每诞生一种新的媒体，新闻评论体裁就会有新的媒体传播方式与之相结合，并在实践中逐步形成有别于其他媒体评论的具体表现形态和个性特点。

与传统媒体一样，网络新闻媒体除了发布新闻、提供信息服务外，同样应该及时对重要事件发表意见和看法，这些意见和看法就可以叫做网络时评。只要其“新闻性”、“政治性”的特征还在，“不成文”的讨论应当和“成文”的文章一样，纳入网络评论的范畴。

2. 时评的概念

要搞清楚什么是网络时评，就必须先弄清楚时评是什么？顾名思义，就是“因时而评”，“合事而著”，属于新闻评论范畴。它是传播者借助大众传播工具或载体针对现实生活中的新闻事实、现象、问题，在第一时间直接发表意见、阐述观点、表明态度和看法的一种有理性、有思想、有知识的论说形式。评论和新闻一虚一实，如同鸟之比翼，构成传媒的两大文体。以与新闻结缘为前提，但凡各类具有新闻价值的论说文，不拘长短，不论署名与否，均可称为时评。

第一，它因时而评，往往评论当前时事、社会热点问题，具有较强的新闻时效性。第二，缘事而发，寓理于事，往往源于具体事件，有感而发，不会流于空泛议论，具有较强的现实意义。第三，题材广泛，内容灵活生动。第四，新闻的视角多元化，可以表达个人的看法，也可以站在某一社会群体的角度来透视新闻热点问题。

3. 网络时评的概念

网络时评以网络媒体取代传统媒体作为传播的主要载体和途径。那么基于互联网互动性之上的网络新闻时评与传统时评的区别仅仅是传播的载体不同吗？答案当然是否定的，互联网的特性大大拓展了传统时评的功能，增添了新鲜的活力，翻开了新闻时评崭新的一页。

1) 网络时评与传统时评的区别

网络时评具有交互性评论特点。当今社会呈现多样化趋势，即时新闻已经不能满足网民的需要，新闻正向专题化、评论化方向发展。互联网强大的实时交互功能，使网民不再像电视、报刊等传统媒体一样只是被动地观看阅读，而可以积极而及时地参与讨论。每一个人都可以既是信息的获取者，也是评论的提供者。我们可以把自己知道的信息或发表的意见传播给别人，或者针对别人的信息来发表自己的见解。很多新闻网站在主要新闻后面经常加上“添加评论”等字样，以鼓励网民对新闻的互动参与。

网络评论与网上交流是平等自由的。在传统媒体关系中，由评论传播者完全掌握话语权，对受众拥有绝对权威，高高在上，新闻评论具有居高临下的优越感。今天的互联网络在信息传送上，为普通人提供了平等交流、不受空间限制的物质条件，真正实现了信息传播的对称性。评论者要求以一种平视的目光多角度的方向来关注生活，着力从受众的意识、情趣和情感世界去寻找、认识和衡量新闻价值。在网络传播体系中，普通老百姓也可以获得一定的话语权。

网络评论具有多样性、多元化特点。当今社会呈现出多样化、文化多元化、价值多元化的客观趋势，而网络评论最能反映出多元而驳杂，甚至在形式上以各种超文本的形式呈现着它的多样化特性。事实上以网民为主体的网络评论不同于传统媒体评论，除了形式上的多变，它还带来了新的内容不确定性，纷繁复杂、新奇百怪的各类网络评论层出不穷，良莠不齐是肯定的。所以，网络评论理应进行正确的舆论导向，符合正确的道德观和价值观。在对社会产生影响的同时，也必须承担社会责任，有责任引导网民正确认识新闻事件，正确参与社会热点问题。

2) 网络时评的定义

我们知道了传统新闻时评的概念，了解了网络时评相对传统时评所独具的特点，那么究竟什么是网络时评呢？

网络时评就是传播者借助互联网这个广阔的交流平台，并利用其特性针对现实生活中的新闻事实、现象、问题，发表意见、阐述观点、表明态度和观点，展开具有互动性、多样性、平等自由等特性的一种有理性的论说形式。

网络评论作为一种议论文体，与传统媒体的评论并无本质上的区分。但互联网对我们的影响是如此之大，使网评已不再是传统媒体概念中的新闻评论。只有充分地认识网络评论的概念和特点，才能有效地把握网络评论；只有正确地反映网上舆论，才能有效地引导网上舆论。

阅读案例 9-1

观点 PK“地方省份五一错时放长假可不可行”

正方：恢复五一黄金周乃人心所向，但一旦又是全国性集中放假，势必又会被人指责。各省份错时放假，在目前的条件下，完全可以在几个省市区试行，在国家确定放假天数后，多一些人性化安排。错时放假也未尝不可，多点个性化的休假安排，也是这个日益多元化的社会的必然趋势。

反方：首先，国家机关政令就遭到黄金周地方版的梗塞。其次，于各省市公务来往办事不便。一旦广东设五一黄金周，而其他地方照常上班，那么，到广东机关、企事业单位办事就得“退避三舍”，这又对某些紧急要事的处理落实造成障碍。再次，与扩大内需的新形势更不适应。

(资料来源：太阳鸟时评)

点评分析：这个话题有很好的讨论基础，观点对立的网民都可以找到论据来支持自己的观点，形成很好的互动，平等交流的氛围。这种并列呈现正反观点的 PK 评论形式，体现了网络时评形式的灵活性和内容的多样性，并充分引导了受众强烈的参与意识，在积极的互动交流中，能正确地引导社会舆论，逼近事实和真理。

9.1.2 网络时评的意义

基于互联网互动性之上的网络新闻评论，已经是当前新闻网站的关注点和生长点。仅仅依靠即时新闻已经不能满足网民的需要，新闻正向专题化、评论化方向发展。人民网的“强国论坛”和“人民时评”、新华网的“发展论坛”和“焦点网谈”等在新闻媒体中已具有很大的影响力。网络评论中最具互联网特征的无疑是网民的交互性评论，这是新闻网站吸引网民的新颖形式，也是与传统媒体的核心竞争力之一。

(1) 网络时评的出现具有划时代的重要意义。今天的网民对于网络新闻不仅仅满足于消费，网络评论为现实社会提供了前所未有的舆论多元的空间。其强大的互动性，吸引了天南地北的网友广泛参与，在重大社会事件发生时迅速形成舆论。网络新闻评论可以看做是一种“互动式评论”。许多网站都开设了“我要评论”新闻栏目且人气很旺。这种实时交流的新闻栏目能够快速地反映民意，显示着网上舆论急遽更新的趋势，让受众有可能亲身参与到讨论中来，表达自己的意见，激发关注社会发展的热情。

网络时评更多地关注来自媒体以外的声音，是受众反馈的良好途径，使新闻活动不再是媒体的独角戏，而成为人民群众和媒体互动共存的社会现象，反映了现代新闻传播活动的历史进步，是对作者话语权的解放，使时评写作进入了一个全新的时代。

(2) 网络时评的交互性和超文本多样性导致书写和阅读方式产生变革，全民参与的形式，对提高民族文化素养具有积极意义。

网上评论的强人之处，还在于突破传统媒体的技术限制，让评论内容图文并茂、视听共赏。正是有了图片、音频和视频，才使网评世界更加绚丽。充分发挥多媒体优势，以便形成既“活”而又“动”的评论专题。网络评论受众追求的主动、平等的新闻信息传播在互联网络上比传统媒体更容易得到满足。这一切使得更多的人积极关注、参与时评的热情高涨，在构建一个百姓各抒己见、集思广益的交流平台的过程中，对社会舆论价值方向的正确引导，对普通百姓文化素养的提高，明辨是非的判断力和价值观的提高都具有积极意义。

(3) 网络评论的高集纳度使网络评论拥有跨时空、超文本、大容量、强互动的魅力，推动了新闻评论向专栏集纳化方向发展，尤其对新闻热点问题的报道评论更加集中、深入和广阔。也更有效地对社会弊端和丑恶现象起到了监督作用。

网络评论以尽可能快的速度跟进事件的发生发展，通过网民的互动对新闻评论进行整体推进。网络具有最广泛的参与和较为公开透明的环境，以及信息资源共享的优势，这些都有利于发掘新闻事件的真相，并对敏感问题给予广泛、持久的关注和监督。

时评是一种社会利器，理应捍卫正义，鞭笞邪恶，对社会起监督作用。而网络时评可以让广大群众畅所欲言，对丑恶腐败现象和社会弊端的揭露和抵制尤其有效。

(4) 网络时评目前存在的问题。网络评论的高度开放和参与度，也带来了新的内容不确定性。网民评论的自发性、随意性和爆发性的特点，也使得网络时评需要规范引导和加强监督管理。同样对有“问题的”网络评论也要分析后区别对待，应根据实际情况采取不同的管理措施。目前对网络舆论，主要有以下三个层面的引导策略：①加强网络传播的法律法规建设，这是一种硬性控制手段；②加强网络道德规范，虽然这只是一种软性的控制手段，但也相当有效，能够防患于未然；③通过技术手段封杀一些违法信息。

9.2 网络时评的传播形式和特点

网络时代的到来，使得原本竞争很激烈的传媒业竞争更加白热化。许多门户网站都把评论作为其重要的传媒产品之一。像人民网、光明网等国家级的大型网站都开辟专门的评论栏目来发表网络评论，像人民网的“人民时评”，光明网的“光明观察”等。以供给新闻为主的，如新浪网，也有自己的评论专员。同时，网络评论是人们表达观点、交流意见的重要方式，为人们提供了发表自己看法的场所，这与网络传播本身的匿名性、开放性和交互性是分不开的。

网络时评的传播形式多种多样，按照不同的分类标准可划分成不同的种类。例如，按照其表达的符号来分，可以分为网络文字评论、网络多媒体评论、漫画评论等多种形态。同时，网络时评的传播形式还可以分为网站评论、电子论坛(BBS)形态和博客(BLOG)形式，它们彼此都有不同的特点。

9.2.1 BBS 网络时评的传播形式与特点

1. BBS 概述

BBS 的英文全称是 Bulletin Board System，翻译为中文就是“电子公告板”。BBS 最早是用来公布股市价格等信息的，当时 BBS 连文件传输的功能都没有，而且只能在苹果计算机上运行。早期的 BBS 与一般街头和校园内的公告板性质相同，只不过是通过计算机来传播或获取消息而已。一直到个人计算机开始普及之后，有些人尝试将苹果计算机上的 BBS 转移到个人计算机上，BBS 才开始渐渐普及开来。近些年来，由于爱好者们的努力，BBS 的功能得到了很大的扩充。目前，通过 BBS 系统可随时取得各种最新的信息；也可以通过 BBS 系统来和别人讨论各种有趣的话题；还可以利用 BBS 系统来发布一些“征友”、“廉价转让”、“招聘人才”及“求职应聘”等启事；更可以召集亲朋好友到聊天室内高谈阔论……

2. BBS 网络时评的传播形式

这里所说的 BBS 就是我们通常所说的社区 BBS 论坛，例如，天涯论坛、西祠胡同就属于这一类。这类网站本身就是一个大的电子论坛，然后在其下又分成许多小板块，在小的板块之下再设话题。

网络时评在BBS上的传播形式主要有以下几种。

(1) 主题式。每个话题一般都会有一个主帖，而评论就发表在主帖的后面。这是自由跟帖式。

(2) 访谈式。例如×××做客新浪，××访谈等。由媒体出面，邀请某方面的专家、学者，针对当前社会中出现的某一问题或者现象，来回答网友的疑问。

(3) 辩论式。辩论式就是由论坛方组织，针对当下的某个富有争议性的问题，设正反两方或者正、反、中立三方，然后网友在后面自由跟帖进行辩论。

这种网络评论充分发挥网民的自主性，网络媒体相对于传统媒体的交互性和开放性就体现在这些方面。因此，这种形态的网络评论能够集聚多方的意见，其信息容量相当大，同时由于其自主参与性和互动性，能够以此吸引网友的参与，网络媒体的魅力因此而显现。但是，另一方面我们也应当看到，由于网民素质的良莠不齐，同时对这种论坛的监管又不能太过于苛刻，因此，这种网络评论的水平也就良莠不齐。同时，还会有一些如“口水帖”之类的，纯粹是网民发泄心中情绪的文字。

3. BBS网络时评的特点

BBS网络时评具有如下特点。

1) 连续动态性

网络评论是一种连续动态的评论。传统新闻评论一般是静态的评论，在时间和空间上具有一定的间隔性。网络新闻评论，是网络媒体在互联网上为网民提供的就新闻和社会问题发表、交换意见的场所，在相互传递和交换信息的过程中形成了一种无形的用户交流网。网络新闻评论强大的互动性，吸引了大量的网民参与评论，从而就某一问题形成连续的、动态的评论，使评论的时效性大大增强。“全天候的滚动新闻是网络媒体独有的新闻形式，在网络上，新闻文本的时间已经细化到了几分几秒。”网络新闻评论借助着网络传播的即时性实现了无时不评。

2) 交互性

网络是一种双向交互的媒介，BBS更是体现了这种特点，受众直接通过网络就能与传播者进行交流。从这个意义上说，受众既是接受者，也是传播者，这从根本上改变了传统的大众传播模式中普通受众只能被动接受，而不可能发布信息和意见这一状况。在这种交互性的特点下，读者通过媒体了解了新闻，媒体通过读者了解了民众对新闻事件的看法及民众的思想动态等。这样，读者和媒体之间的互动就基本实现了。

受众都能接收和发布信息，他们内部之间也存在着互动，这一点在聊天室和论坛里体现得最为突出。在聊天室，网民可以与室内任一网民就任一问题进行交谈。在BBS里，网民可以选择自己感兴趣的专区发表意见，还可对别人的意见发表自己的看法。

在交互性上，传统媒体，无论报纸、广播或电视，都无法和网络相比。

3) 意见表达的多元性

网络以最先进的计算机技术作为后台支持，它提倡多元的思考，为公众的言论自由和表达自由提供了前所未有的空间，为现实社会提供了舆论多元的空间。当然提倡多元化的思考并非是让新闻媒介放弃自己的主体价值判断，而是要综合各方面意见，在把握事实的基础上，做出与时代精神相符合的、与时代同步的价值判断。例如，2005年4月，日本想加入联合国安理会常任理事国的消息一经传出，便引起我国人民强烈的反日情绪，不仅在网络上出现了一些过激的非理性言论，同时许多城市也出现了抵制日货等过激行为。在这种情况下，许多保持理性的网民立即在 BBS 中发帖，纷纷呼吁人们的理性行为，论坛中理性网民的发言引导了大众行为。

4) 网络评论的开放性

网络受众追求开放的新闻信息传播的要求在互联网络上比传统媒体更容易得到满足。开放的心态、平和的态度是网络评论实现传播和交流的基础。网络评论的开放性还体现在网民对新闻热点事件的超时空关注上。在这里没有空间距离，没有时间间隔，也没有人为障碍，网民即时对同一社会热点共同论说。

5) 网络评论的参与性

最具互联网特征的网民评论，是一切传统媒体所望尘莫及的。今天的网民对于网络新闻不仅满足于消费，而且表现为强烈的参与。它为现实社会提供了前所未有的舆论多元的空间。其强大的互动性，吸引了天南地北的网友广泛参与，在重大社会事件发生时迅速形成舆论，体现出大众参与的特点。

6) 网络评论的随意性

以网民为主体的网络评论与传统媒体评论相比，带来了新的内容的不确定性。网络评论应进行正确的舆论导向，符合正确的道德观和价值观。由于互联网的开放平等、即时交互等网络特性，导致“无害的”网络新闻评论的外延远比“有益的”网评概念来得宽泛。它们的客观存在对互联网的发展是有意义的，对丰富网民的文化生活也有促进作用。由于网络评论反映社会的多元而驳杂，导致了有些网络新闻评论总体上是有益的，但是评论的枝节上有不正确之处。此外，网络评论中不可否认存在着不少有害信息，有害评论比有害新闻有更强的煽动性和更大的破坏性。

7) 网络评论的集纳性

网络新闻评论拥有跨时空、超文本、大容量、强互动的魅力，与传统媒体评论相比成为一个全新概念。随着人们对新闻评论认识的日趋成熟，仅仅依靠单条新闻评论往往不能满足网民的需要，新闻评论正向专栏集纳化方向发展。它要求随着新闻事件向纵深发展，不断向专题评论充实最新、最快的信息，争取以尽可能快的速度跟进事件的发生、发展，同时将与新闻事件相关的横向报道和背景资料等容纳在专题新闻评论中。

9.2.2 博客网络时评的传播形式和特点

1. 博客概述

“博客”一词是从英文单词 Blog 翻译而来的。Blog 是 Weblog 的简称，而 Weblog 则是由 Web 和 Log 两个英文单词组合而成的。Weblog 就是在网络上发布和阅读的流水记录，通常称为“网络日志”，简称为“网志”。

博客通常由简短且经常更新的帖子构成，这些帖子一般是按照年份和日期倒序排列的。而作为博客的内容，它可以是你纯粹个人的想法和心得，包括你对时事新闻、国家大事的个人看法，或者你对一日三餐、服饰打扮的精心料理等，也可以是在基于某一主题的情况下或在某一共同领域内由一群人集体创作的内容。它并不等同于“网络日记”。作为网络日记是带有很明显的私人性质的，而Blog则是私人性和公共性的有效结合，它是对网络信息进行收集、排列和整理，并通过链接使零散的信息汇集，以提供“增值”信息的中介服务类型。它绝不仅仅是纯粹个人思想的表达和日常琐事的记录，它所提供的内容可以用来进行交流和为他人提供帮助，是可以包容整个互联网的，具有极高的共享精神和价值。简言之，Blog就是以网络作为载体，简易、迅速、便捷地发布自己的心得，及时、有效、轻松地与他人进行交流，再集丰富多彩的个性化展示于一体的综合性平台。

2. 博客网络时评的传播形式

博客技术、BBS、即时通信、个人网页等主要网络信息传播形式有各自的特点，也有一些相似之处。我们通过将博客技术与其他网络传播方式进行比较，就能够发现博客技术是网络交流手段的一种新的突破。研究博客的传播路径和特点，成为当前互联网必须注意的问题。研究博客传播是如何发生的？它的传播模式主要有几种主要形式？以下将对几种主要博客传播形式进行分析。

1) 博客网主页推荐传播形式

互联网传统新闻时评主网页版式，是一个汇集编辑整合起来的信息阅读浏览窗口。它的特点是，密集而重点突出，显而易见，起到了导航作用。博客网主页继承了这个特点，将分散式的个人博客主页进行编辑式整合，让大众化创造的资源获得了一次集体化的呈现，虽然并不是全部博客内容，但却为每一个博客，预留了一个顺序呈现的窗口，并带着自我更新秩序和速度。自然排序的力量，凸现了个性鲜明博客和优秀博客，从而决定了博客传播的快速扩张力。新浪、网易、搜狐、博客网、和讯都采取这种传统方式推介博客快速传播，这种传播带着主流文化和传统认同的推荐力量，将边缘化的博客迅速带入到主流文化浪潮，同时也影响了新闻阅读的方式。

2) 个人网页链接式传播

友情链接和互联网资源在博客里随处可见，那些已经链接的博客和网站都成为博客传播的区域，这种方式拓展了个人博客传播的范围和可能涉及的领域，并可能是未来博客传播的主要形式之一。你可以经过一个著名的博客，跳跃式地看到许多与他相关的博客。进入一个博客就进入了一个链接世界，再加上有些文章在写作中利用了超链接方式，使博客文本扩张了自己的文章内容。文本内链接与网志友情链接的方式，是博客目前主要的传播形式。你踏入链接的博客网络世界，就踏上了一片互联网沃土。

3) 人际交流互动式传播

有些博客纯粹是私人朋友们聚集的地方，这个私营网络互动的圈子，就是一个可以自由交流聚集的平台。他们经常进行不同形式的交流，谢绝其他人进入圈子；同时，他们的文章也谢绝他人评论，开放性与封闭性相结合，灵活地表达了博客交流过程中隐蔽性与开放性的矛盾与问题。在这里，人们的交流是完全被对方保护和同意接受的，是一种文化和亲情，或者说是信仰的认同。私密性博客传播会让博客个性化更加凸现出来，在一定程度和范围内满足了人们窥视他人的欲望，又引发了熟悉群体更加活跃的交流和更多样化的互动。

4) 社区圈子联邦式传播

具有不同文化价值认同的网络人群，会通过博客建立自己的网络社会，例如网易博客部落圈子就是由一个个不同博客群落组成的。他们之间爱好相同，或者说信仰和价值观一样或相近，这是一种开放式的博客传播形态。在网络社会中，不同的博客群体自觉地结为一体，并且与其他群体进行广泛的传播互动。在这里，一些圈子中的主要组织者积极发挥作用，他们团结不同社区的博客进行共同交流互动。许多博客圈子就如同网络加盟共和国，实行着自己认可的原则和思想，对不同博客群体进行相互认同。虽然，不同的博客处于不同的圈子里，但却和谐地生存于整个网络社区之中，他们之间的交流传播是和谐生态网络追求的目标。

5) 纸媒新闻出版式传播

自从新浪推出博客服务以来，纸媒报道和新闻出版博客的传播构成一道风景，新浪用专门版面转载纸媒出版物对博客的系统报道，这种使博客走出网络向现实社会靠近的做法，是利用传统媒介来传播博客的主要手段之一。用传统宣传方式来推荐博客浪潮，是主流社会文化对博客的一种认同。只有这样传统的方式经由纸媒的宣传，才能更快地推进博客大众化的进程。博客网曾以图书形式传播博客概念，也是借用传统的方式推荐博客的做法。他们先后推出博客书籍、博客杂志或博客电子网刊造成影响。总之，从网络中走出来寻找现实肯定了博客道路，这是纸媒介对博客传播的一种强有力的推动，它影响了网民对于博客的快速认识，也将博客文章从电子虚假的文本转换成现实可读的出版物，这是虚拟与现实共同传播的一种形式，今后还将得到更快的发展。

3. 博客网络时评传播的特点

博客上的网络时评更具开放性和建设性，它能根据博客者个人的喜好进行更新，它追求简洁明快的风格，集中体现传播者的主体情绪、意见、智慧和思想。博客时评作为一种新的文化现象，使得网络时评步入一个更高的个性化阶段。

1) 集合性

博客的成功就在于集众多个人网页于一体，将分散的信息组合在一起，通过一个站点将旗下各个博客页面的最新信息通过链接的形式收集起来，形成对外统一的信息传播界面(网站门户)。再利用博客个体对站点内容的不断更新形成大规模的信息流动，最终形成一个信息流量大、思想丰富的信息阀门。

2) 开放性

博客是一种“零门槛”的网上个人写作、出版的方式，博客对作者是完全开放的，只要你手边有台计算机，能上网，会简单的计算机操作，你就能成为一名博客。博客对读者同样是完全开放的，这种全新的网上个人出版方式让传统的“把关人”角色不复存在，博客集信息的接受者、发布者与传播者于一身，各种思想均可在此充分地分流、整合。

3) 交互性

在博客中可以迅速地产生传播效果，并逐步衍生出以兴趣、话题归类的群体传播链。与传统的单向媒体完全不同，他们的读者和编者可以实现真正意义上的实时互动，甚至读者和编者的身份也模糊了，两者之间已成为真正意义上的对话者。博客与读者的交流是博客生命力之所在。当你的一篇文章、一个思路获得诸多反馈时，你就会明白博客除了给读者奉献知识外，同时也从读者那里获取了更多的智慧。

4) 即时性

网络媒体在新闻时效上的特点就是它的全时性，可以实现和新闻事件的同步。在网络上，庞大的博客群即时更新博客的写作方式很好地满足了网络的时效性。博客成为人们每天的“必修课”，经常更新是博客文体区别于其他个人文章、著作的主要特征。

5) 个人性

每个人都有独立表达和交流的需求，而博客则充分地满足了人这一需求，并且，人们可以在自己的博客上“当家做主”。博客作者可以把自己在现实生活中的压抑和快乐，对自己关注的外界事件在网络世界里进行自由的、个性化的记叙和评述，通过这种方式实现自我和自己与社会之间的信息互换，这实际上是一种“使用与满足”。

9.3 网络时评的写作与策划

网络时评是媒体思想、观点的体现和表达。网络时评的撰写和策划的成败，关系到网民对网站的印象的形成，关系到网站长期、忠实受众群的形成。好的网络时评策划和写作方式可以大大激发阅读者的兴趣，聚拢人气，形成热议的氛围，完成时评更广泛、更有效的传递和影响，也有利于时评的观点、立场得到更多的支持和认同，实现时评创作者的初衷。

9.3.1 网页时评的写作与策划

网页时评是传统媒体评论的延伸，它在较大程度上保持了传统媒体新闻评论的特点，这些评论有的由网络媒体的编辑撰写，有的由专栏作家撰写，有的由网友撰写，也有的是转发传统媒体的评论。网络媒体在这里扮演布告栏的角色，充当传播媒介，只为作者提供一个发表其评论作品的地方。其作品是作者事先创作好的成型的文章。而在评论页的首页，像书的目录一样，一般都列出了评论的题目，网民可通过评论题目的链接来阅读评论文章。

1. 网页时评的写作

网页时评一般都需经过严格的把关、审核和编辑修改，具有较高的质量要求，有一定的代表性。那么如何才能撰写出符合要求的网页时评呢？

1) 选好题材

选材就是在收集资料信息后，通过研究找到合适的题材。

取材是写时评文章的第一步。取材其实很简单，每天从各个报纸、新闻网站上看看，当天发生了什么重要的或者备受关注的新闻，然后进行分析，这些新闻的背后是否有可以挖掘的东西。比如，最近发生的一些社会性事件有：真假华南虎事件、邓贵大娱乐致死事件、杭州飙车事件等，还有当地的报纸上刊登的地方性新闻、自己在生活中遇到的各类看似正常或本来就不正常的现象。这些新闻事件和现象背后一定有其深层次的原因和相关的因素值得去挖掘。这就是写作的取材。

2) 选好标题

标题是评论的眼睛，好的标题，对于一篇时评的作用不亚于所谓的“画龙点睛”中眼睛的作用。网络靠的就是吸引眼球。能吸引大家阅读，才有可能实现传播目的。标题制作的成败直接决定了时评的点击率，换句话说，就是直接决定了时评是否能实现它的传播效果的关键。

3) 选好引论

选择好的引论就是选择好的评论的由头、观点。要根据写作材料形成自己的观点，在立论时找到一个好的新闻由头。这样能引起受众的兴趣，为受众所熟悉，提高阅读率。比如真假华南虎事件就可以由此来拷问社会诚信度问题，从技术或者情感角度去支持某一方，真假华南虎问题带来的社会正面影响、负面影响，等等。

4) 组织好行文

行文组织要结构合理，组织有序，逻辑严谨。立意再深远，观点再正确，评论再精彩，也必须以评论自身的结构组织、行文来依托。评论结构安排是否合理，逻辑是否严谨，行文是否组织好了，决定了评论能否经得住推敲，能否入木三分。

2. 网页时评的策划

策划，其基本含义是“计划、打算”。网络时评作为提供给受众，让受众理解、接受它所承载的信息的媒介，好的组织规划更利于让受众接受这种理解信息的方式，达到帮助受众、赢得受众的目的。网页时评的策划包括选题、评论方式方法和手段的选择运用以及观点呈现的方式。

1) 网页时评的选题

网页时评的选题指的是评论的对象和论题讨论的范围以及深入的程度。从实际工作生活中去寻找选题，把群众关心的问题，群众迫切需要解决的问题，列入评论“选题策划”中是一种好的途径。同时，网络媒体自身的特点使其受众面更广，主动性更强、互动性更强，及时的反馈也成为可能。总的来说，网页时评的选题主要有以下两点。

(1) 热点选题。网络媒体的时效性和受众的交互性、参与性是传统媒体不可比拟的。因此，网络媒体将这两点很好地结合起来，在社会新闻动态问题、热点问题的选题上将比传统媒体能发挥更大的优势。同时，更应该在“评论”本身多下工夫，提高评论的质量，以质取胜。

(2) 冰点选题。所谓冰点选题就是在一段时期内，不是热点，被媒体所忽视，但又与人们的生活息息相关的问题。这类选题因为较少被关注，一旦选好了题目，投其所好，冰点选题将成为热点选题。

2) 评论的方式

在网络传媒中传播者与接收者的角色重合，网民的交流，受众与传播者的交流，受众之间的交流成为网络时评中的重要环节，这种评论交流的方式也就显得格外重要。选择合适的评论方式，可以提高受众的参与度和论题的影响力，对于网络时评自身的成长建设有着深刻的意义。

(1) 跟帖评论式。现在很多网站的时评网页在其评论的后面，都会为受众发表评论设立栏目。例如“我来说几句”，“添加评论”，“我有话要说”，等等。这些都是供受众发表对新闻事件看法的地方。一般而言，新闻、话题所引起的轰动效应越大，其争议性越大，跟帖者就越多，可能在跟帖里展开激烈的讨论，发表各自的意见。

(2) 嘉宾访谈式。一般是邀请专家、领导或者新闻事件的当事人、相关人与网友围绕某一主题，进行交流、展开讨论。在这种交流方式中，网友可以向嘉宾提问，后者提供解答，也可以展开相互的讨论。这种方式可以帮助受众理解新的社会事件、社会现象或者更接近事实真相，消除错误认识和误解，有利于受众理性认知的形成。

阅读案例 9-2

市场经济是个人解放的必由之路——陈志武教授访谈录

耶鲁大学管理学院金融学教授陈志武一直关注中国金融市场是如何影响社会的，社会因此会有什么变化。对此，他从金融学角度提出了一家之言。陈先生认为金融市场的发展将瓦解传统、释放个人自由。其论断虽然仍可商榷，但令人耳目一新。

南方周末：市场在如何改变中国？

陈志武：人与人之间的关系、社会结构在改变。儒家文化一直强调以血缘关系为基础来实现人际间的利益交换和互助，“血浓于水”，血缘内交易的违约风险小。……

评析：通过主持人与嘉宾问答的形式展开观点，释疑解惑。

(资料来源：南方周末网络版)

(3) PK 辩论式。在这种方式中，网友往往被分成正反两个阵营，有时候也有中立的一方。网民们可以对事件展开充分的辩论，在激励的辩论中，让观点更加清晰。这种交流有利于舆论的形成，深化对各种问题的认识。

3) 观点的呈现方式以及涉及的范围控制

以什么样的方式框架来呈现观点，观点的平衡性、涉及范围的控制，直接影响到受众对时评观点的接受及其自身看法的形成。要注意网络时评中集体的盲动和无意识将形成盲目一边倒的现象。在自由跟帖式中，由于网民素质高低不一，帖子也良莠不齐，这就需要引导和管理审核。新闻网页时评的观点也代表了该网站对某一新闻事件的基本态度，所以优化观点，控制涉及的范围尺度就显得尤为重要。

9.3.2 论坛时评的写作与策划

首先我们知道论坛本身就是一种网络传播平台，与其他网络传播方式有很多共同的特点。论坛时评的写作也与其他的网络时评写作有很多相似的地方，网络时评写作的一般规律同样也适用于论坛的时评写作。同时论坛时评也具有一些自身固有的特点，具有更大的开放性，更广泛的参与度，更多样化、随意性的表达方式。下面我们主要介绍论坛时评写作与其他网络时评写作的不同之处。

1. 论坛时评的写作

论坛具有高度的开放性，参与者众多，可以说是鱼龙混杂，素质高低不一。我们在写论坛时评时首先要注意网络道德，遵纪守法，文责自负。表达的观点既要旗帜鲜明，又要留有余地，切忌绝对化、措辞激烈的言论。同时还要选好标题，提高行文质量，这样才能完成一篇优秀的论坛时评的写作。

1) 文责自负，遵守网络道德

用户的隐秘特性，容易导致不负责任的现象发生，称为网络恶搞。不能在论坛时评写作中涉及、传播不当信息，比如传播恐怖、暴力、色情、欺诈、迷信的内容，诋毁和诽谤他人，发表有损国家民族尊严的言论，涉及知识产权侵权，这些可能发生的情况极易引起网民之间的互相恶意攻击，破坏网络文明环境。“网络文明，人人有责。净化网络环境，做一个文明网民，应该从我做起！”这是人们在网络论坛发表言论的基本原则。

2) 选好标题

活泼生动、鲜明有趣、标新立异的标题才能吸引人去点击阅读。论坛中主题帖众多，一般来说，一个网民不可能每个帖子都打开看看，他只会选择一些标题能够吸引他的帖子来阅读。所以在论坛时评写作中，标题的选择显得尤为重要。有人甚至为了吸引眼球，选择一些夸大其词，甚至子虚乌有的，与内容完全脱离联系的标题，网上称之为“标题党”。这种方式当然不值得提倡，但也从一个侧面反映出在论坛写作中标题的重要性。我们写论坛时评时，当然不能选择那些夸大、虚假的标题，但是适当的夸张和提炼还是可行的。

3) 写好内容

要有力有据，深入浅出地谈问题，泛泛而谈，流于形式，势必成为“口水帖”。论坛的读者与传统读者不同，他们阅读的习惯往往是浏览，这就要求论坛时评的写作要精简、提炼、字字珠玑，过多的空话、套话很容易引起读者反感，丧失兴趣。同时，论坛参与者素质高低不同，理解能力差别很大，在写作中还应注意行文的通俗易懂、言简意赅，切忌咬文嚼字、措辞晦涩。

2. 论坛时评的策划

论坛时评的策划要注意以下几点。

1) 找好切入点

这里说的找好切入点，既是指找出关键的问题，也是指找准发表位置的问题。首先要清楚从哪个角度入手。切入点的好坏直接关系到一篇时评的整体走向和写作价值。没有好的切入点，再好的文笔，作品也只是辞藻堆砌的空壳，没有灵魂。与此同时，一篇切入点准确，立意深刻的时评也必须找准自己发表的位置。目前，论坛数量众多，各类综合论坛，专业论坛林立，就是同一论坛里，也划分了诸多板块、专栏。在什么样的论坛或者什么样的板块来发布什么样的时评，是需要认真考虑的。不同的论坛，它的阅读群体也是不同的，时评发布要找准位置，否则就有可能是“明珠暗投”了。

2) 找好组织形式

针对不同新闻事件的时评，也可以利用论坛的特色，采用不同的组织和表达方式。对于争议性较大的新闻事件，可以采用 PK 辩论的形式，这样可以使得正、反两方阵营立场明确，展开激烈、充分的讨论，在思想碰撞和思辨角力的过程中，接近事实的真相，明晰事故的原委。对于一些社会热议的问题，可以在表达自己观点之外，增加一种选择投票的形式，可以聚拢人气，吸引坛友的广泛参与。同时，这种允许和倾听不同声音的形式也是一种民主言论的体现。

阅读案例 9-2

电影局副局长评价《南京！南京！》是一部“世界观公正、经得起现实和历史考验的电影”，您对这部电影的看法是？(网络投票 南方周末网络版)

投票项：(1) 残酷之余不失冷静，是部好电影

(2) 不过不失，可以更出彩

(3) 美化侵略者，有“文化卖国”之嫌

(4) 没看过，无法评价

有近千人参与投票，讨论热烈。

3) 找好表达方式

除去传统的文字表达方式之外，可以充分利用论坛网络资源，将对新闻事件的评论由单一的文字评论转变为由图片、视频、动画等多媒体方式构成的超文本式、立体式的评论方式。这种表达方式往往更加直观，容易被阅读、接受和理解，也更受欢迎，更能实现论坛时评写作的价值。

9.3.3　博客时评的写作与策划

博客与传统的传播方式相比，有着无可置疑的颠覆性，甚至和与其同根生长的其他互联网方式相比也有着诸多优势。论坛同样也在互联网上为传播者提供了一个畅所欲言的空间，然而，作为一个公共性的论坛，参与人员众多且身份复杂，话题的讨论难以集中和深入。而博客作为个人网络空间，主人可以实时维护讨论话题的纯粹性，满足专业领域的要求，提升话题的思辨深度。相对于可以随意发帖子的论坛，博客专栏显得更整齐有序、一目了然。博客作为单个的个体在互联网上进行信息的创作和传播，但是，他们的单个个体并不是孤立的，他们整体构成了一个开放的“知识共同体”。博客具有更加鲜明的个性化特征，也更容易形成某成特有的风格格调，博主的观点立场也往往具有某种一惯性。

既然博客与其他网络媒体相比，有着独特的优势和特点，那么博客上网络时评的写作与策划也就有其不同的特点和方式。

1. 博客时评的写作

博客时评作为网络时评环境下出现的新的时评类型，从其形式上看，它拥有简洁、立体、系统化的特点，它是人们个性化思想、个性化生活的记录以及个性化情绪的宣泄。写作博客时评要做到以下几点：

1) 博客时评的写作要客观、要表达真情实感

博客时评的写作完全是自由的、随意的，是个性化的表达，无须为了几个稿费，接受编辑的审查、认可，甚至随意的删改。而它的空间在一定范围内又是完全公开的，可供别人阅读、评析。正是这种私人空间与大众空间的结合，我们在写作博客时评时，更应该避免写作的随意、自由，努力开拓生活视野，结合自己的生活体验，写出客观、深刻的时评。

2) 根据个人爱好，表现自我特色

韩愈说“闻道有先后，术业有专攻”，博客的表现正是如此。与其写那些不伦不类的评论，不如根据自己的学识、兴趣和爱好，专注一点，主攻一面。这样，你的博客时评才有见地和深度，才会拥有读者，才会产生影响力，从而体现博客时评的价值。读者在搜索或单击网页时往往存在明确的目的性。当读者单击不值得看的东西时，他们就会对作为一种资源的博客网页失去信任，而且不大可能再来回访。

3) 行文要简洁明快、活泼而且紧凑

网络资源的信息量十分庞大，令人眼花缭乱。网络读者一般没有时间、没有心思去对作品做细细的品读，大多采用略读和速读的方式完成初读，他们对又长又臭的文章往往不屑一顾。因此，博客文章特别要注意条理清楚，结构紧凑，形式活泼，内容生动。读者更喜欢开门见山，一目了然的作品。一部博客作品的成功系数等于高点击率和高回访率。

4) 注意个人文化修养，规范网络语言环境

网络的出现，培养和拥有了亿万网民。网民成分的复杂性不仅造成了网络内容五花八门，异彩纷呈，而且使网络语言环境千奇百怪，甚至千疮百孔。比如，为了争取文字输入的速度，“笔误”可以连篇累牍，酱紫(这样子)、“jj”(姐姐)一类的缩略语层出不穷。加强语言文字修养，规范语言文字环境，保持祖国语言文字的纯洁性是一个博客应尽的义务和责任。

2. 博客时评的策划

博客时评的策划在网络评论传播中大显身手。在2007年的两会期间，中央电视台国际网络有限公司开创了“名嘴两会博客”，开通了“两会博群”，囊括了央视主持人、记者和央视国际网络记者关于两会的博文。既是新闻传播渠道，又是影响广泛的互动空间，“小丫两会博客”里的优秀博文一度成为各大媒体争相转载报道的热点。

1) 名人效应策划

博客具有强烈的个人化色彩，使得人们对博客的发布者——博主给予了更高的关注。可以说，一个博客的博主是谁成了吸引眼球的一个重要因素。甚至有的网民只看×××写的博客时评，或者只要是××写的时评一定会看。利用博客的这种“名人吸引眼球”的效应，可以更有效地推广博客时评的传播。

一是名家博客，主要指专家学者，也包括部分演艺或体育明星。这些人是公众言论的代表或权威，是公众人物。他们利用自己的博客，对社会舆论和焦点事件以言论的形式参与公共事务。

二是记者博客时评，专业记者能在媒体上公开发表的文章，往往不过是采访中得到的信息总量的一小部分，大部分信息都被割舍掉，这应该看做记者信息资源的一种巨大浪费。如果很多有价值的观点无法出现在评论版面上，可以把这些消息在博客上刊出，让博客成为专业记者稿件的第二出口。

2) 博客的主题策划

博客时评的写作要善于认识与理解网络读者的阅读需求与习惯，选择他们最感兴趣的主题。网络读者不是被动地接收信息，他们往往比印刷品的读者和影视观众更主动、更活跃。我们在写作博客文章的时候，要考虑博客网页的目标受众，提供积极健康、能引起他们关注的感兴趣的话题，并通过互动空间积极地吸收反馈意见。博客成功的标志取决于其点击率，这里的点击率直接反映在传播效率上。就传播效率而言，网站具有抵达全球的潜力，因此，写作博客文章时要把多元文化的适应性与普适价值考虑进去，以满足更多读者的胃口。

3) 组织形式框架策划

(1) 采用多样的表现形式。运用超文本技巧，做到图文共赏，声情并茂。基于超文本技术的多媒体信息能使人产生深刻的印象。它的最大特点就是交互性，它和观看电视、电影、录像、VCD光盘的最大区别是能够让受众参与，受众可以控制整个过程，从而获得受众认为理想的结果和感受。

(2) 广泛地占有信息，提供相关性链接。和普通文章的写作过程一样，作者应该充分地收集用于写作的素材，通过充分地梳理、比对、分析、定位等一系列的整理活动，提炼出一个鲜明的主题．并围绕主题取舍、优化，谋篇布局，组织材料。写作一篇博客文章是一个非常精细的编辑加工过程，这个过程建立在我们对主题特别是对支撑主题的材料所建立的信心之

上。但我们的信心并不能取代读者的心态，为了使读者确信，我们应该把所获取的网络信息资源和其他相关的博客时评通过超级链接的方式提供给读者参考。

(3) 文章的排列、组织方式。博客文章一般是以日期为顺序进行排列的，越是近期完成的文章，在排列上越靠前。我们当然也可以根据实际情况，将文章按类别来分门别类地排列，设置专栏。尤其对于重大的新闻事件的连续评论可以采用这种归类的排列方式，以方便读者查阅，甚至可以将两种排列方式综合起来运用。

知识巩固

1. 单项选择题

(1) 下列叙述错误的是(　　)。
A．论坛里的讨论话题容易出现跑题现象
B．论坛的语言可以不需要过多强调规范
C．论坛时评的观点呈现应适当留有讨论余地
D．论坛版主是论坛的主要管理者

(2) 在选择或提供论坛论题时应注意避免哪种情况？(　　)
A．论题应明确具体，让人一目了然
B．论题要注意引导舆论，应有明确、毋庸置疑的结论
C．论题现实性要强，才能吸引网民更多的关注
D．论题本身要有讨论的余地

(3) 请看下面网络稿件中的一句话，分析它的语病是什么？(　　)
“目前，我国各方面人才的数量和质量还不能满足经济和社会发展。”
A．用词错误　　B．指代不明
C．成分残缺　　D．搭配不当

(4) 与传统媒体的时评相比，不属于网络时评基本特点的是(　　)。
A．平等自由的交流特点　　B．交互性评论的特点
C．选题的个性、醒目　　D．多样性、多元化的特点

(5) 网络时评的写作要注意很多问题，以下哪项不在此注意范围内？(　　)
A．标题要生动　　B．注意时效性
C．语言要简洁　　D．结构要多层

2. 多项选择题

(1) 网络时评传播主要包括(　　)。
A．网页时评　　B．BBS 时评
C．博客时评　　D．即时通讯时评

(2) 下面对博客的描述正确的是(　　)。
A．博客的私密性说明博客具有私密的个人性质，不能公开
B．博客是集丰富多彩的个性展示和轻松有效的交流为一体的综合性平台
C．博客就是在网络上发布和阅读的流水记录，通常又称为“个人网页”
D．博客是一种“零门槛”的网上个人写作、出版方式

(3) 博客网络时评传播的特点是(　　)。

A．集合性　　B．公开性

C．即时性　　D．个人性

(4) 在论坛里我们经常使用哪几种方式来写作时评？(　　)

A．主题式　　B．访谈式

C．投票式　　D．辩论式

(5) 写作网页时评的时候，我们应该注意(　　)。

A．挖掘新闻事件和现象背后的深层次的原因和相关因素

B．精心制作好标题，可采取适当夸张的手法

C．组织行文要结构合理，逻辑严谨

D．语言要尽量通俗易懂，多用口语

技能训练

请就“原韩国总统卢武铉涉嫌受贿自杀”一事，写作一篇网络时评。

岗位体验

1．在自己熟悉的论坛上就某个热点问题策划一次主题辩论活动。

2．请结合本章所学内容，选取一篇关于社会新闻热点问题的时评进行点评。

参 考 文 献

[1] 范慰慈．助理网络编辑师(国家职业资格三级)[M]．北京：中国劳动社会保障出版社，2006．

[2] 谭云明．网络信息编辑[M]．北京：中央广播电视大学出版社，2007．

[3] 郭春燕．网络信息采集[M]．北京：中央广播电视大学出版社，2007．

[4] 新夫．网络编辑实用教程：助理网络编辑师[M]．北京：海洋出版社，2008．

[5] 劳动和社会保障部，中国就业培训技术指导中心．助理网络编辑师[M]．北京：电子工业出版社，2005．

[6] 彭兰．网络新闻编辑教程[M]．武汉：武汉大学出版社，2007．

[7] 谭云明．网络信息与发布[J]．北京：中国经济出版社，2008．

[8] 延百亮．新闻摄影[M]．长春：吉林摄影出版社，2002．

[9] 陈华．音频技术及应用[M]．成都：西南交通大学出版社，2007．

[10] 李民强．办公自动化设备与应用[M]．北京：中国铁道出版社，2007．

[11] 胡立德．新闻摄像[M]．杭州：浙江大学出版社，2006．

[12] 何苏六．网络媒体的策划与编辑[M]．北京：中国传媒大学出版社，2001．

[13] 范慰慈．网络编辑师高级网络编辑师[M]．北京：中国劳动社会保障出版社，2006．

[14] 韩隽，吴晓辉．网络编辑[M]．大连：东北财经大学出版社，2007．

[15] 杜骏飞．网络新闻学[M]．北京：中央广播电视大学出版社，2001．

[16] 庄琨．网络新闻编辑的角色定位[J]．新闻传播，2005(12)．

[17] 王金才．上海市规范报刊审读稿件录用标准[J]．今传媒，2006，4(下月刊)．

[18] 许昌泰．医学编辑应加强语文修养[J]．杂志工作通迅，2007(9)．

[19] 耿苏志．博客传播的九个有效途径[J]．传媒研究，2006(2)．

[20] 黄文英．博客写作刍议[J]．文学教育，2008(1)．

[21] 周怡．论时评与新闻的共生状态[J]．新闻界，2007(5)．

[22] 中华人民共和国国家标准・标点符号用法(GB/T 15834—1995)[S]．

[23] 中华人民共和国国家标准・出版物上数字用法的规定(GB/T 15835—1995)[S]．

[24] 现代汉语(http://www.yyxx.sdu.edu.cn/chinese/new/content/1/)．

[25] 新华传媒(http://www.xinhuanet.com/newmedia/cbsj.htm)．

[26] 国家职业资格考试网(http://www.100zyzg.com/)．

北京大学出版社本科电子商务与信息管理类教材(已出版)

序号	标准书号	书 名	主 编	定 价
1	7-301-12349-2	网络营销	谷宝华	30.00
2	7-301-12351-5	数据库技术及应用教程(SQL Server 版)	郭建校	34.00
3	7-301-17475-3	电子商务概论(第 2 版)	庞大莲	42.00
4	7-301-12348-5	管理信息系统	张彩虹	36.00
5	7-301-13633-1	电子商务概论	李洪心	30.00
6	7-301-12323-2	管理信息系统实用教程	李 松	35.00
7	7-301-14306-3	电子商务法	李 瑞	26.00
8	7-301-14313-1	数据仓库与数据挖掘	廖开际	28.00
9	7-301-12350-8	电子商务模拟与实验	喻光继	22.00
10	7-301-14455-8	ERP 原理与应用教程	温雅丽	34.00
11	7-301-14080-2	电子商务原理及应用	孙 睿	36.00
12	7-301-15212-6	管理信息系统理论与应用	吴 忠	30.00
13	7-301-15284-3	网络营销实务	李蔚田	42.00
14	7-301-15474-8	电子商务实务	仲 岩	28.00
15	7-301-15480-9	电子商务网站建设	臧良运	32.00
16	7-301-15694-0	网络金融与电子支付	李蔚田	30.00
17	7-301-23803-5	网络营销(第 2 版)	王宏伟	36.00
18	7-301-16557-7	网络信息采集与编辑	范生万	24.00
19	7-301-16596-6	电子商务案例分析	曹彩杰	28.00
20	7-301-16717-5	电子商务概论	杨雪雁	32.00
21	7-301-05364-5	电子商务英语	覃 正	30.00
22	7-301-16911-7	网络支付与结算	徐 勇	34.00
23	7-301-17044-1	网上支付与安全	帅青红	32.00
24	7-301-16621-5	企业信息化实务	张志荣	42.00
25	7-301-17246-9	电子化国际贸易	李辉作	28.00
26	7-301-17671-9	商务智能与数据挖掘	张公让	38.00
27	7-301-19472-0	管理信息系统教程	赵天唯	42.00
28	7-301-15163-1	电子政务	原忠虎	38.00
29	7-301-19899-5	商务智能	汪 楠	40.00
30	7-301-19978-7	电子商务与现代企业管理	吴菊华	40.00
31	7-301-20098-8	电子商务物流管理	王小宁	42.00
32	7-301-20485-6	管理信息系统实用教程	周贺来	42.00
33	7-301-21044-4	电子商务概论	苗 森	28.00
34	7-301-21245-5	管理信息系统实务教程	魏厚清	34.00
35	7-301-22125-9	网络营销	程 虹	38.00
36	7-301-22122-8	电子证券与投资分析	张德存	38.00
37	7-301-22118-1	数字图书馆	奉国和	30.00
38	7-301-22350-5	电子商务安全	蔡志文	49.00
39	7-301-22121-1	电子商务法	郭 鹏	38.00
40	7-301-22393-2	ERP 沙盘模拟教程	周 菁	26.00
41	7-301-22779-4	移动商务理论与实践	柯 林	43.00
42	7-301-23071-8	电子商务项目教程	芦 阳	45.00
43	7-301-23735-9	ERP 原理及应用	朱宝慧	43.00